现·代·农·药·应·用·技·术·丛·书

植物生长调节剂卷

金 静　孙家隆　张茹琴　主编

化学工业出版社

·北京·

内容简介

本书根据植物生长调节剂最新进展，详细介绍了植物生长调节剂的基本知识与使用技术，每个品种有针对性地给出了结构式（包含分子式、分子量和 CAS 登记号）、名称（化学名称、其他名称）、理化性质、毒性、作用机制与特点、适宜作物、剂型、应用技术、注意事项等内容，内容丰富新颖，编排科学合理，实用性强。

本书可供农业技术人员及农药经销人员阅读，也可供农药、植物保护专业研究生、企业基层技术人员及相关研究人员参考。

图书在版编目（CIP）数据

现代农药应用技术丛书. 植物生长调节剂卷/金静，孙家隆，张茹琴主编. —北京：化学工业出版社，2021.6（2025.1重印）
ISBN 978-7-122-38742-4

Ⅰ. ①现… Ⅱ. ①金… ②孙… ③张… Ⅲ. ①植物生长调节剂-农药施用 Ⅳ. ①S48

中国版本图书馆 CIP 数据核字（2021）第 047700 号

责任编辑：刘　军　孙高洁
文字编辑：温月仙　陈小滔
责任校对：杜杏然
装帧设计：关　飞

出版发行：化学工业出版社（北京市东城区青年湖南街 13 号　邮政编码 100011）
印　　装：大厂回族自治县聚鑫印刷有限责任公司
880mm×1230mm　1/32　印张 8¾　字数 289 千字
2025 年 1 月北京第 1 版第 4 次印刷

购书咨询：010-64518888
售后服务：010-64518899
网　　址：http://www.cip.com.cn

定　　价：38.00 元

"现代农药应用技术丛书"编委会

本书编写人员名单

主　　编：金　静　孙家隆　张茹琴

编写人员：（按姓名汉语拼音排序）

高庆华　山东省滨州市农业农村局

胡丽丽　青岛农业大学

胡延江　青岛农业大学

姜仁珍　青岛农业大学

金　静　青岛农业大学

孙家隆　青岛农业大学

王远路　青岛农业大学

易晓华　青岛农业大学

张茹琴　青岛农业大学

张　炜　青岛农业大学

丛书序

自党的十八大以来，全国各行各业在蒸蒸日上、突飞猛进地发展，一切都显得那么美好、祥和，令人欣慰。农药的研究与应用，更是日新月异，空前繁荣。

本丛书自 2014 年初版以来，受到普遍好评。业界的肯定，实为对作者的鼓励和鞭策。根据 2017 年 2 月 8 日国务院第 164 次常务会议修订通过的《农药管理条例》，结合新时代"三农"发展需要，对"现代农药应用技术丛书"进行了全面修订。这次修订，除了纠正原丛书中的不妥和更新农药品种之外，还做了如下调整：一是根据国家相关法律法规，删除了农业上禁止使用的农药品种，并对限制使用的农药品种做了特殊的标注说明。考虑到当前农业生产的多元性，丛书在第一版的基础上增加了相当数量的农药新品种，特别是生物农药品种，力求满足农业生产的广泛需要。新版丛书入选农药品种达到 600 余种，几乎涵盖了当前使用的全部农药品种。二是考虑到农业基层的实际需要，在具体品种介绍时力求简明扼要、突出实用性、加强对应用技术和安全使用注意事项进行介绍，以期该丛书具有更强的实用性。三是为了便于读者查阅，丛书对所选农药品种按照汉语拼音顺序编排，同时删除了杀鼠剂部分。

这套丛书寄托着作者无限的祝福，衷心希望该丛书能够贴近三农、服务三农，为三农蒸蒸日上、健康发展助力。

丛书再版之际，衷心感谢化学工业出版社的大力支持以及广大读者的关心和鼓励。

农药应用技术发展极快，新技术、新方法不断涌现，限于作者的水平和经验，这次修订也参考了当前比较成熟的实用资料，难免有疏漏之处，恳请广大读者批评指正，以便在重印和再版时作进一步修改和充实。

孙家隆

2020 年 12 月 15 日

前　言

植物生长调节剂在增强植物抗逆性、提高作物产量、改善产品品质、提高种植效益等方面有着巨大的作用，利用植物生长调节剂调控植物生长发育已成为农业生产中的一项重要措施，并在生产上大面积推广，取得了显著的效果。2014年出版的《现代农药应用技术——植物生长调节剂与杀鼠剂卷》（以下称《植物生长调节剂与杀鼠剂卷》）指导了广大农户安全、合理、有效地使用植物生长调节剂，并受到了广泛的欢迎。随着科技和农业生产的不断发展，植物生长调节剂的种类和应用技术也在不断增加和完善，为满足发展和读者的需求，现编写了《现代农药应用技术——植物生长调节剂卷》。本书与《植物生长调节剂与杀鼠剂卷》相比，删减了杀鼠剂部分，增加了植物生长调节剂的使用方法及注意事项一节，并增补了39种植物生长调节剂，其中有：

（1）我国创制的获得登记的植物生长调节剂品种，苯哒嗪丙酯、乙二醇缩糠醛、菊胺酯和呋苯硫脲，这4个品种都曾获得过临时登记，但均未续展，目前都为无效状态，本书对这四种进行了介绍。

（2）2017年我国发布了新修订的《农药管理条例》和一系列配套规章，并登记了4种属植物生长调节剂的新农药，分别为糠氨基嘌呤、14-羟基芸苔素甾醇、22,23,24-表芸苔素内酯和二氢卟吩铁。其中糠氨基嘌呤在《植物生长调节剂与杀鼠剂卷》中为激动素，14-羟基芸苔素甾醇和22,23,24-表芸苔素内酯是芸苔素类农药中增加的两种新活性成分，二氢卟吩铁（丰翠露®）是2019年成都科利隆作物专业研发团队创新开发的新一代的植物源生长调节剂，它将开启一个全新的农业化控时代。

（3）生物农药绝大多数具有杀菌作用，属于杀菌剂类，但武夷菌素、香菇多糖两种生物农药对植物的生长起调节作用，故本书对二者做了介绍。

本书还做了如下变动：

（1）结合我国现今植物生长调节剂的种类和使用情况，删除了一些老旧种类及国家禁用的种类，如删除了 2017 年农业部公布的《限制使用农药名录》中丁酰肼（比久）的内容；根据 2015 年发布的《关于豆芽生产过程中禁止使用 6-苄基腺嘌呤等物质的公告（2015 年第 11 号）》中，明确指出的"豆芽生产者不得在豆芽生产过程中使用赤霉素、6-苄基腺嘌呤、4-氯苯氧乙酸钠等物质，豆芽经营者不得经营含有 4-氯苯氧乙酸钠、6-苄基腺嘌呤等物质的豆芽"规定，删除了规定中提及的三种植物生长调节剂在豆芽上的应用技术；删除了除草剂兼脱叶剂的百草枯（2016 年起我国禁止销售和使用）、除草剂草甘膦、杀菌剂苯胺灵的内容。

（2）将部分植物生长调节剂使用的商品名称改为通用名称，如激动素改用糠氨基嘌呤，增产素改用对溴苯氧乙酸，丰啶醇改用吡啶醇，调环酸改用调环酸钙，抑芽丹改用青鲜素。

（3）补充了部分植物生长调节剂与其他药剂复配的使用技术及效果；增加了部分药剂使用后作物药害的表现症状；鉴于 2,4-滴丁酯（除草剂）已被限制使用的情况，对部分药剂与 2,4-滴丁酯复配使用做了特殊说明；针对 2019 年 1 月 1 日起欧盟正式禁止使用氟节胺、抑芽唑的农产品在境内销售的情况，对氟节胺、抑芽唑做了使用时的提醒说明。

由于编者水平有限，许多应用技术未能深入阐述，疏漏之处在所难免，恳请相关专家及广大读者批评指正。

编者
2021 年元月

目 录

参考文献 / 261

农药英文通用名称索引 / 264

第一章

通 论

天然植物生长调节剂，是指由植物或微生物产生的，对同种或不同种植物的生长发育（包括萌发、生长、开花、受精、坐果、成熟及脱落的过程）具有抑制、刺激等作用或调节植物抗逆境能力（寒、热、旱、湿、风、病虫害）的化学物质。

植物生长调节剂是人工合成、人工提取的具有植物激素生理活性的外源物质，在很低剂量下即能对植物生长发育产生明显促进或抑制作用。该类物质可以是植物或微生物自身产生的（称为内源激素），也可以是人工合成的（称为外源激素）。其特点是使用剂量低、调节植物生长发育效果明显。

植物生长调节剂品种较多、化学结构各异、生理效应和用途各不相同，有的能提高植物的蛋白质、糖的含量，有的可以增强植物的抗旱、抗寒、抗盐碱、抗病的能力，有的可以促进生长，有的可以抑制生长。但对不同植物以及同一植物的不同生育期，施用同种调节剂或不同浓度的同种调节剂，效果可能完全不一样。因此，施用时必须针对不同对象、选用不同的调节剂，采用不同的浓度和方法。到目前为止，商品化的植物生长调节剂已经有100种以上，通常按照生理效应和用途、激素类型、化学结构等进行分类。

第一节 植物生长调节剂类别

一、按照生理效应和用途分类

按照生理效应和用途可以将植物生长调节剂分为矮化剂、生根剂、摘心剂、疏花疏果剂、催熟剂、脱叶剂、干燥剂、去雄剂、保鲜剂、催芽剂等。

1. 矮化剂

主要用于控制作物生长，使其矮化健壮、增加抗逆性或控制株型的一类药剂，具有减缓植物营养生长、缩短节间、矮化茎秆的作用，其作用原理是抑制植物体内赤霉素的生物合成。如矮壮素、多效唑、调节啶等。

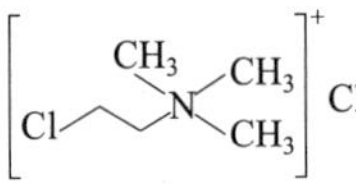

矮壮素 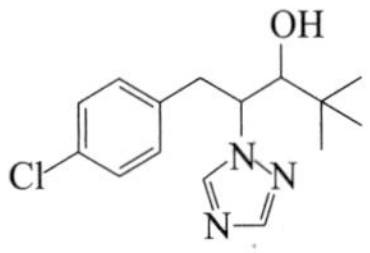　　　　　多效唑

2. 生根剂

能促进切条产生不定根的植物生长调节剂，对加快果树、园林花卉苗木的无性繁殖具有重要意义。常用的生根剂有吲哚乙酸、吲哚丁酸、萘乙酸、ABT 生根粉等。脱落酸、多效唑、调节啶以及低浓度的 2,4-滴也具有促进生根的作用。

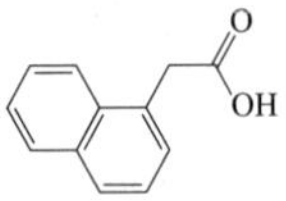

萘乙酸 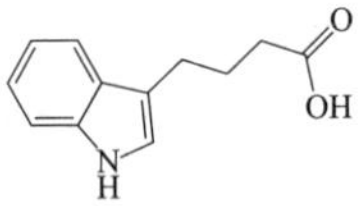　　　　　吲哚丁酸

3. 摘心剂

对植物顶端生长点具有强烈破坏作用，能使植物顶端停止生长的一

类植物生长调节剂，用于控制花卉、绿篱和树木造型，也用于果树、棉花、烟草摘心打顶控制生长。主要有青鲜素（抑芽丹）、抑芽敏、三碘苯甲酸等。

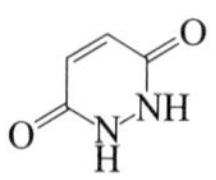

青鲜素 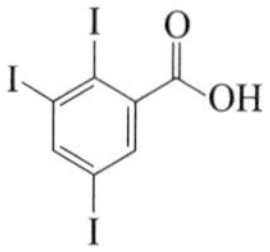　　　三碘苯甲酸 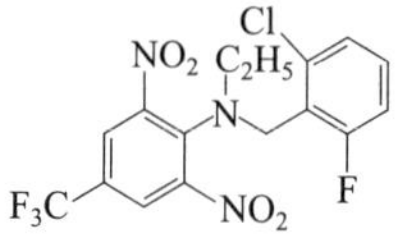　　　　　　抑芽敏

4. 疏花疏果剂

可以使一部分花蕾或幼果脱落的植物生长调节剂。常用品种有二硝基甲酚、萘乙酸、萘乙酰胺、乙烯利等。杀虫剂甲萘威也有疏花疏果作用，用于苹果树和桃树。萘乙酸常用于苹果树和梨树，乙烯利用于苹果树。

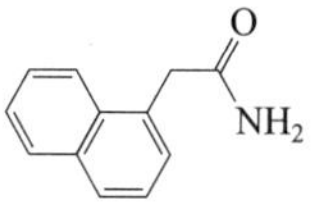

萘乙酰胺 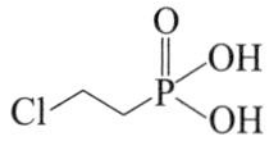　　　　　乙烯利

5. 催熟剂

促进作物产品器官内部生化反应，加速成熟的一类植物生长调节剂。主要品种有乙烯利和增甘膦等。乙烯利主要用于番茄、辣椒、香蕉、柿子、桃、梨、苹果、西瓜、菠萝、柑橘等瓜果催熟，也可以用于棉花催熟早收增产。增甘膦主要用于甘蔗催熟，增加甘蔗糖分含量，加速成熟。

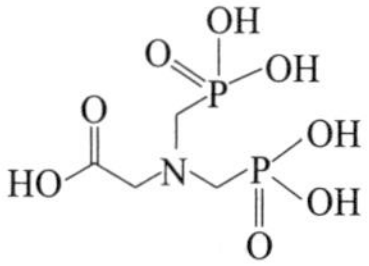

增甘膦

6. 脱叶剂

能促使植物叶片加速脱落的植物生长调节剂。主要品种有脱叶膦、脱叶亚膦、乙烯利、噻苯隆等。用于棉花、大豆、马铃薯、甜菜等作物

快速脱叶，便于作物的机械收获。

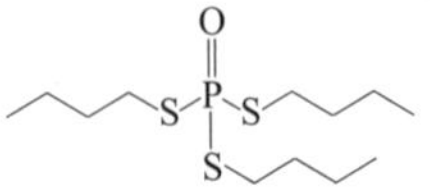

脱叶膦

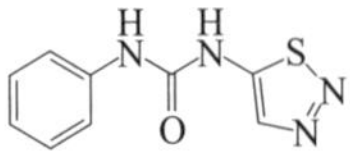

噻苯隆

7. 去雄剂

可以使雄性不育的植物生长调节剂。主要用于杂交育种，促进自花授粉的植物实现异花授粉，获得杂交后代。常用的品种有玉雄杀、杀雄啉、杀雄嗪酸、2,4-滴丁酸、2,3-二氯异丙酸等。

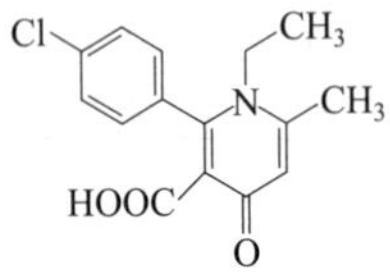

玉雄杀

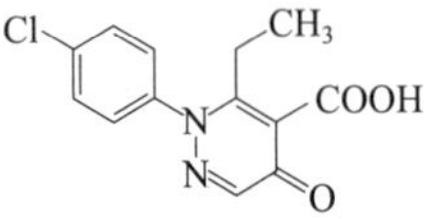

杀雄嗪酸

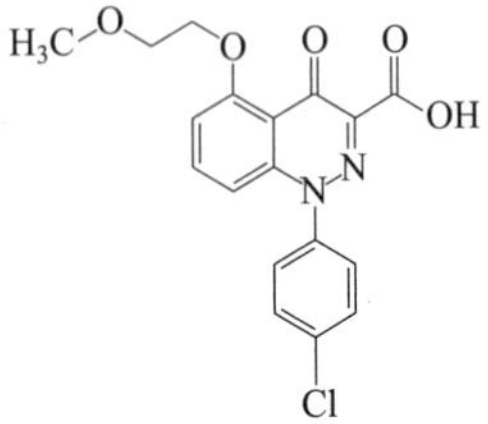

杀雄啉

二、按照植物激素类型分类

按照植物激素类型可以将植物生长调节剂分为生长素类、赤霉素类、细胞分裂素类、乙烯类、脱落酸类、生长抑制剂类等。

1. 生长素类

生长素类植物生长调节剂的主要作用特点是促进细胞伸长或加速细胞分裂，用于促进插条生根、促进果实膨大、减少花果脱落、疏花疏果、诱导开花等。主要品种有萘乙酸、对氯苯氧乙酸、增产灵、2,4-滴、吲哚丁酸等。

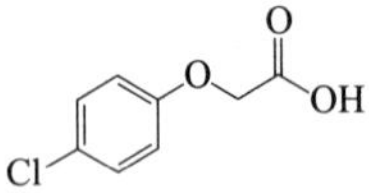

对氯苯氧乙酸

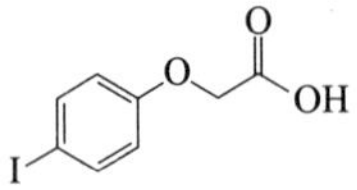

增产灵

2. 赤霉素类

赤霉素是植物体内存在的内源激素，为赤霉素菌的分泌物，目前已经发现的植物内源赤霉素已经有 70 多种。人工发酵合成的赤霉素类植物生长调节剂主要有赤霉素 4（GA_4）和赤霉素 7（GA_7）。

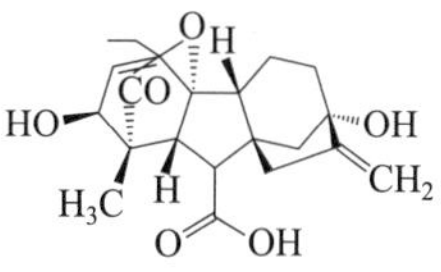

赤霉素 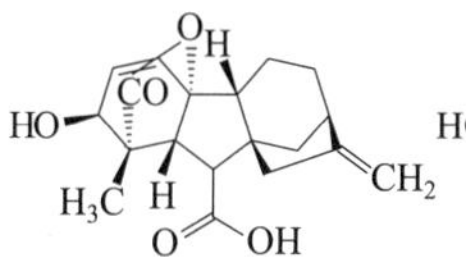　　　　　赤霉素4 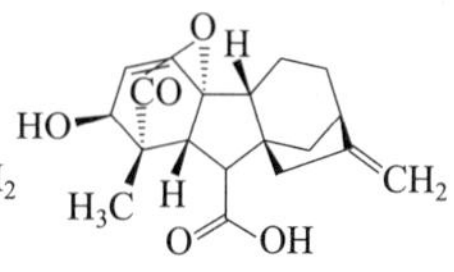　　　　　赤霉素7

赤霉素类植物生长调节剂的作用特点是刺激茎叶生长、扩大叶面积、加速侧枝生长，有利于代谢产物在韧皮部内积累，活化形成层；改变某些植物雌雄花的比例，诱导单性结实，形成无籽果实，加速某些作物果实生长，促进坐果；打破种子、块茎、块根休眠，提早发芽时间；抑制成熟、衰老、侧芽休眠以及块茎形成等。

3. 细胞分裂素类

该类激素的作用特点是促进细胞分裂和扩大、诱导芽分化、延缓衰老、促进侧芽萌发。主要是腺嘌呤（adenine）衍生物，如烯腺嘌呤（玉米素）、糠氨基嘌呤（激动素）、6-苄基氨基嘌呤（6-BA）、异戊烯基腺嘌呤（IPA）等。

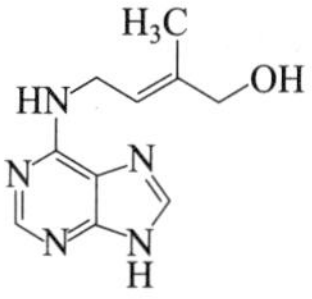

烯腺嘌呤 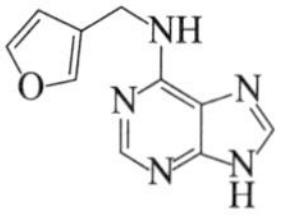　　　　糠氨基嘌呤 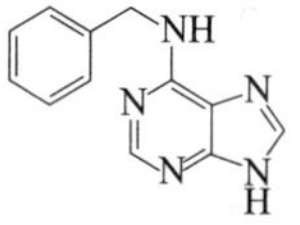　　　　6-苄基氨基嘌呤 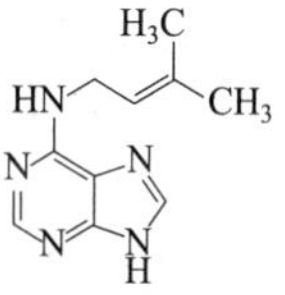　　　　异戊烯基腺嘌呤

4. 乙烯类

乙烯类植物生长调节剂都是乙烯释放剂，它们进入植物体内水解释放出乙烯而发生生理效应：促进种子发芽、控制伸长、培育壮苗；促进开花，使果实早熟、器官脱落、雄性不育，促进高产等。主要品种有乙烯利和乙二膦酸。

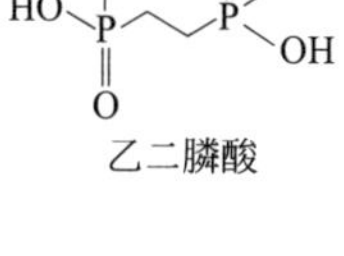

乙二膦酸

5. 脱落酸类

脱落酸类植物生长调节剂的作用特点是促进离层形成、导致器官脱落，促进植物芽和种子休眠；促进气孔关闭，增加植物抗逆性。主要品种有噻苯隆和脱落酸及其类似物。

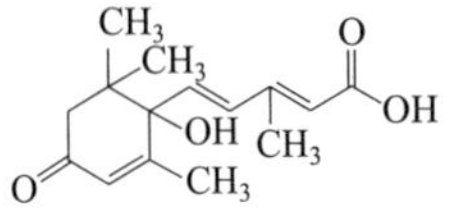

脱落酸 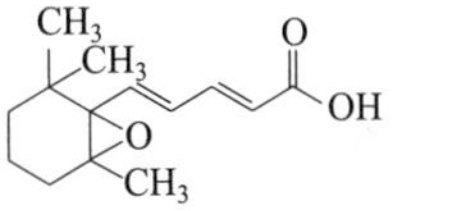 脱落酸类似物

6. 生长抑制剂类

此类植物生长调节剂主要有两种类型：一类对植物顶端生长点有强烈的破坏作用，使顶端停止生长，失去顶端优势，并且不能被赤霉素逆转。如青鲜素、增甘膦、三碘苯甲酸、杀木膦（调节膦）等。另一类对植物茎部分生组织细胞分裂和扩大具有抑制作用，使节间缩短、植物矮小、紧凑，但对节数、叶片数及顶端优势无影响，其效应可被赤霉素逆转。如矮壮素、调节啶、整形素等。

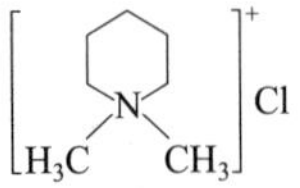

调节啶 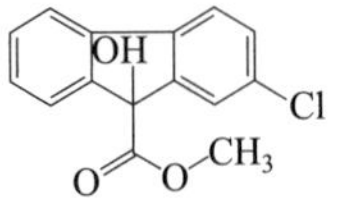 整形素 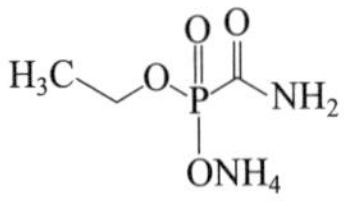 杀木膦

三、按照化学结构分类

按照化学结构可以将植物生长调节剂分为吲哚类化合物、嘌呤衍生物类、萘类化合物、胺及季铵盐类化合物、三唑类化合物、有机磷（膦）类化合物、脲类化合物、羧酸类化合物、杂环类化合物及其他类植物生长调节剂等。

1. 吲哚类化合物

母体结构含有吲哚环，主要品种有吲哚乙酸、吲哚丁酸等。

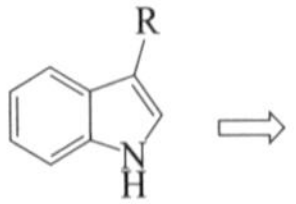

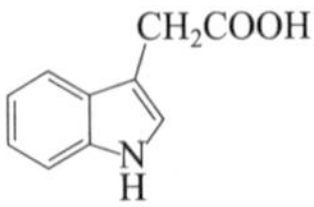

吲哚乙酸 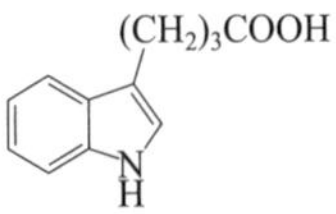 吲哚丁酸

2. 嘌呤衍生物类

母体结构含有嘌呤环，主要品种有烯腺嘌呤（玉米素）、糠氨基嘌呤、6-苄基氨基嘌呤（6-BA）、异戊烯基腺嘌呤（IPA）等。

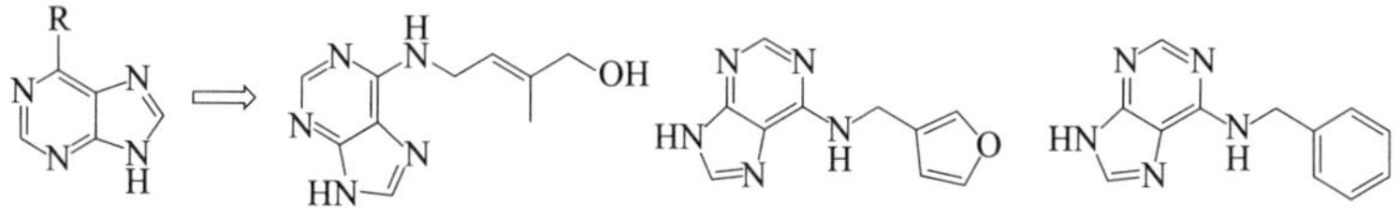

烯腺嘌呤　　　　　糠氨基嘌呤　　　　　6-BA

3. 萘类化合物

母体结构含萘环，主要品种有萘乙酸、1-萘氧乙酸、萘乙酰胺、抑芽醚等。

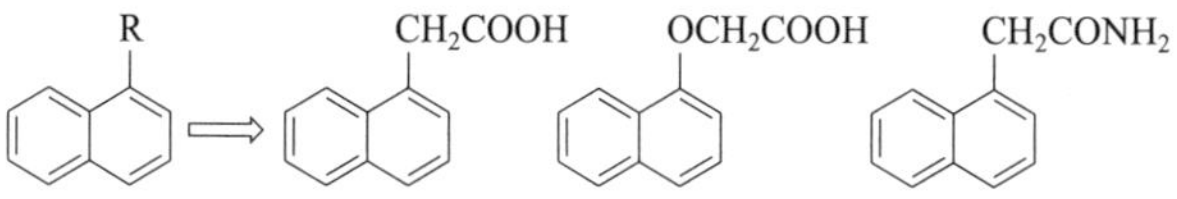

萘乙酸　　　　1-萘氧乙酸　　　　萘乙酰胺

4. 胺及季铵盐类化合物

该类化合物属于胺或季铵盐。主要品种有抑芽敏、矮壮素、调节啶等。

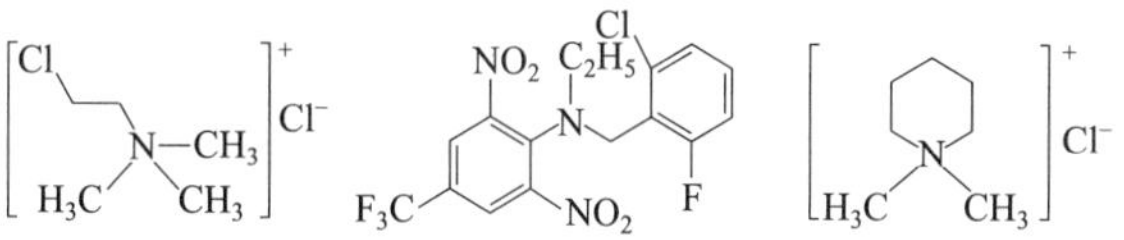

矮壮素　　　　　抑芽敏　　　　　调节啶

5. 三唑类化合物

母体结构含有 1,2,4-三唑环，主要品种有烯效唑、抑芽唑、多效唑等。

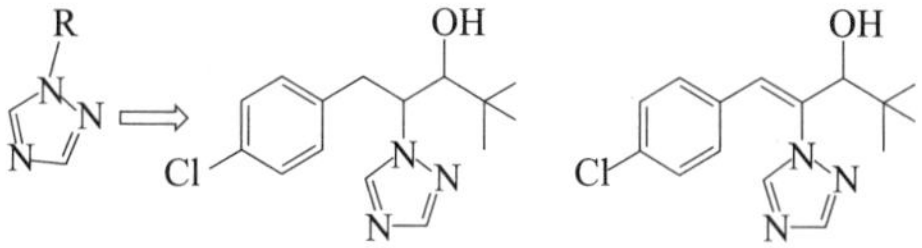

多效唑　　　　　烯效唑

6. 有机磷（膦）类化合物

该类化合物属于有机磷（膦）。主要品种有乙烯利、增甘膦、脱叶膦、杀木膦等。

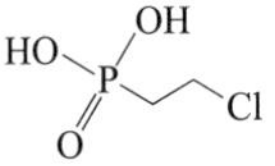

乙烯利 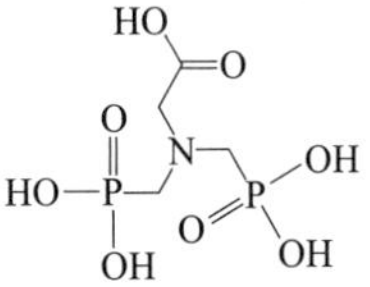　　　　　　　　增甘膦

7. 脲类化合物

该类化合物属于脲类衍生物。主要品种有氯吡脲、噻苯隆等。

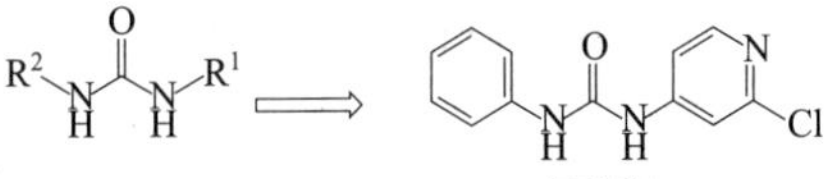

氯吡脲

8. 羧酸类化合物

该类化合物中含有羧酸官能团。主要品种有苯氧乙酸、三碘苯甲酸、脱落酸、对氯苯氧乙酸、增产灵等。

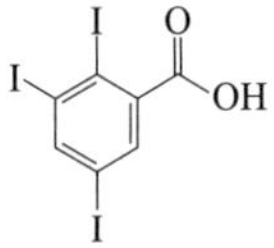

三碘苯甲酸 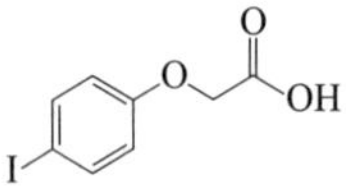　　　　　　增产灵

9. 杂环类化合物

该类化合物中含有杂环官能团。如青鲜素（抑芽丹）、玉雄杀、杀雄嗪酸等。

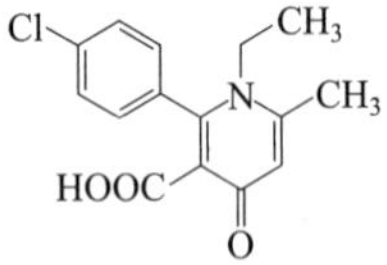

玉雄杀 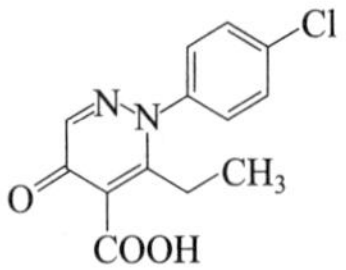　　　　　　　　杀雄嗪酸

10. 其他类植物生长调节剂

上述九类之外的品种，如芸苔素内酯、香豆素类、肼类衍生物、笏类化合物、萜烯类化合物、赤霉素等。

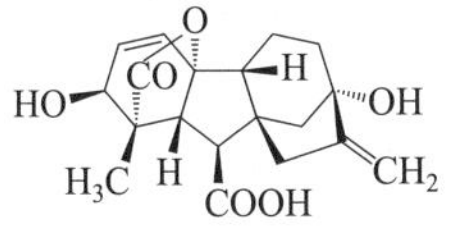

赤霉素

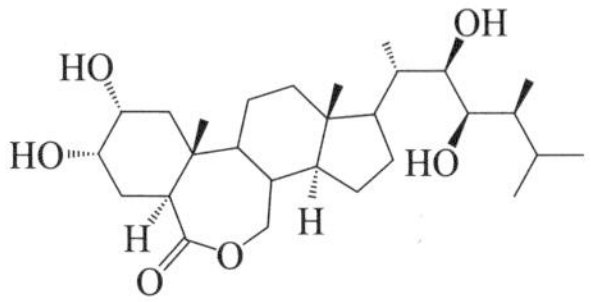

芸苔素内酯

第二节　植物生长调节剂使用方法及注意事项

植物生长调节剂作用面广，应用领域广，适用范围几乎包含了种植业中所有的高等植物和低等植物。植物生长调节剂可通过调控植物的光合作用、呼吸作用、物质吸收与运转机制、信号传导、气孔开闭、渗透压调节、蒸腾作用等生理过程，从而控制植物的生长和发育，改善植物与环境的关系，增强作物的抗逆性，提高作物产量，改进农产品的品质；可对植物的外部性状与内部生理过程进行双向调控。其使用特点为：用量小、速度快、效益高，大部分作物一季只需在特定时间内喷施1次，且针对性强，专业性强，可以解决一些其他手段难以解决的问题，如形成无籽果实。

一、植物生长调节剂使用方法

(1) 喷洒法　喷洒法是植物生长调节剂最常使用的一种方法，主要是对叶片、果实或全株进行喷雾。大部分植物生长调节剂都具有内吸传导功能，施用时先按需要配制成相应浓度，喷洒时液滴要细小、均匀，以喷洒部位湿润为度。同时，为了使药剂易于黏附在植株表面，可在其中添加适量的表面活性剂，如洗衣粉、十二烷基苯磺酸钠或其他辅助剂等，以此来提高药剂的附着力。

(2) 浸种法　将种子（块根、块茎）浸泡在一定浓度的药液中，经过一定的时间后，取出晾干播种，这种方法称为浸种法。为了提高水稻、小麦种子的发芽率，可采用细胞分裂素（CTK）浸种；赤霉素（GA）浸种薯可打破马铃薯的休眠。浸种选用的植物生长调节剂种类、浓度和浸种时间，应根据植物的品种、浸种目的及当时的温度而定。浸种时温度高（>25℃），时间应短，温度低（10~20℃），时间可略长一些。一般浸种时间不要超过24h，浸种时以药液浸没种子为限，并注意水质的变化。

（3）拌种和种衣法　拌种和种衣法主要用于种子处理。拌种就是使用杀菌剂、杀虫剂或微肥处理种子时，添加植物生长调节剂。如用胺鲜酯拌种，可刺激种子萌发，促进生根。种衣法是将专用型种衣剂包裹在种子外面，形成有一定厚度的薄膜，除可促进种子萌发外，还可达到防治病虫害、增加矿物质营养、调节植株生长的目的。

（4）浸蘸法　为了使插条成活，提高成活率，将插条浸于药液中或将插条基端蘸粉剂，再扦插于苗床上。一般有以下3种方法。

① 快浸法。将插条浸于高浓度的调节剂中2~5s后，随即插入苗床。这种方法的原理是高浓度的生长调节剂通过切口进入植物组织，从而促进愈伤组织形成及发根。如将葡萄、猕猴桃等插条基部放入5000mg/kg吲哚乙酸（IAA）溶液中3~5s，待插条基部略晾干后，插于苗床。

② 慢浸法。将插条在浓度较低的生长调节剂中浸蘸较长时间，促使插条生根。如将萘乙酸稀释至20mg/kg，再将插条基部3cm左右浸于药液中5~24h。浸蘸时间长短要视苗木种类、插条木质化程度和发根难易程度决定。一般一年生的插条，且发根较难的，浸蘸时间应长一些，若是刚开始木质化的嫩插条且较易发根的，浸蘸4~5h即可。

③ 蘸粉法。将插条基部用水浸湿之后，浸蘸混有生长素如IAA、α-萘乙酸、2,4-滴等的生根粉，插入苗床中培育。此法适用于嫩枝扦插，且方法简便，切口不易腐烂，发根成活率较高。

（5）浇灌法　将生长调节剂配成水溶液，直接灌在土壤中或者与肥料等混合使用，如大棚蔬菜种植过程中，复硝酚钠等随冲施肥一起施可促使苗齐、苗壮。盆栽花卉，所需的溶液量依植株和盆的大小而定，一般9~12cm口径盆需要200~300mL。为促使植株开花，控制植株茎、枝伸长生长，可用0.1%矮壮素水溶液浇灌。

（6）抹施法　是指将植物生长调节剂涂抹在作物的某一部位。将含有药剂的药膏直接涂抹在处理部位，大多涂在伤口处，有利于生根、伤口愈合。高抗压条切口涂抹法可用于名贵、难生根花卉的繁殖，方法是先在枝条上环割到韧皮部，将含有药剂的药膏涂抹在切口处，包裹一层湿润的细土，外面用薄膜包裹，防止水分蒸发。还可以涂抹在芽处。

（7）底施法　当农作物施底肥时，可在其中加一些植物生长调节剂，促进农作物生根发芽和对肥料的吸收利用，提高抗逆力。

（8）打点滴法　在造林、园林工作中，以打点滴的方式给树木施用植物生长调节剂和微肥等营养物质。此法施用简单，便于作业，节约成本，可提高营养物质利用率。

（9）根区施药法　将配制好的植物生长调节剂直接施用于作物根区周围，通过作物根部吸收并传导至整株植物，以达到调控的目的。如梨、桃、葡萄等果树采用围沟、单侧沟等形式，将多效唑施于根区，便于根系吸收，可较长时间控制枝条徒长。该施药方法简便、省药、效果稳定，但必须严格控制用药量。

（10）熏蒸法　将植物生长调节剂配制成具有挥发性的酯类化合物，使其汽化，以达到抑制或催熟的目的。如用萘乙酸甲酯混合于贮藏的马铃薯中，可防止贮藏期马铃薯萌芽；利用乙烯（或乙烯利）催熟香蕉，可以加速香蕉脱涩，便于食用。

二、植物生长调节剂应用注意事项

植物生长调节剂与传统农业技术相比，具有成本低、收益高等优点，其应用日益广泛，特别是在设施果树、蔬菜栽培，在促进果树、蔬菜生长发育，提高果品、蔬菜产量和品质等方面具有显著的作用。但需注意的是，植物生长调节剂的应用效果与多种因素有关，包括作物的种类、生长发育时期、器官、药剂种类、药剂浓度及气候等等。近年来，由于植物生长调节剂的盲目使用，已给生产造成严重损失，特别是以植物生长调节剂代替肥料使用，其危害更严重。另外，许多种植物生长调节剂使用不当有时会适得其反，某些调节剂效果还不稳定，有的带有残效等。因此，在使用过程中应特别注意寻求最佳药剂种类、浓度组合以及使用时机。

（1）选用合适的生长调节剂　不同生长调节剂对作物起不同的调节作用，有的促进生长，有的抑制生长，有的延缓生长，因此要根据调节剂的性质和作物的需要选择调节剂种类，如加速生长可选用生长素类，控制生长可选延缓生长素。不同作物使用同一种调节剂效果不同，如使用40%乙烯利水剂800mg/kg喷果1次可对青番茄起催熟作用，而于黄瓜3～4叶期全株喷施2次或南瓜3～4叶期全株喷洒1次40%乙烯利水剂 100～200mg/kg，则可增加黄瓜、南瓜雌花数量。如对氯苯氧乙酸可安全有效地应用于茄科蔬菜的蘸花，但如果喷施在黄瓜、青椒、菜豆上会使幼嫩组织和叶片产生严重药害。在粮食作物上应用的云大-120，如果用在早春的小拱棚茄子上，会造成茄子疯长，结小僵果。因此，在使用植物生长调节剂时，要按说明上的使用范围应用，不能随意扩大应用范围。

（2）抓准施药适期　生长调节剂大多属植物外源激素，能否充分发挥其功效与植物的生育期密切相关，使用时一定要把握时机，才能达到所需目的。如用乙烯利使瓜类雌花增多时，必须在幼苗期喷洒，若过迟则早期花雌雄性别已定，不能达到诱导雌花的目的。在柑橘花芽分化期喷施赤霉素会抑制花芽形成，但在柑橘幼果期喷施赤霉素可提高坐果率。同种作物不同时期使用同一生长调节剂，其效果差别很大，如赤霉素 500～1000mg/kg 在黄瓜 3～4 叶期喷施 1～2 次可诱导雌花，改变雌雄花比例，增加雌花量；但同一浓度在黄瓜开花时喷花 1 次，则可提高坐果率，增加产量；而用赤霉素 10～50mg/kg 于采收前喷瓜 1 次，可起到延长贮藏期的作用。所以，根据使用对象及使用目的选择最佳的使用时机，是植物生长调节剂使用技术的关键。另外，植物生长调节剂在晴朗无风的上午 10 时前或下午 4 时以后使用较好，雨天不要使用，若喷后 2 小时遇雨，应重喷一遍。

（3）正确把握药剂的浓度、剂量和施用方法　植物生长调节剂因浓度不同会产生不同效应，浓度不足或过高都不会达到预期作用，甚至造成严重的不良后果。如在番茄上使用对氯苯氧乙酸，浓度过高或重复使用时，易形成僵果、畸形果、空洞果等，造成产量下降，品质降低。使用浓度要依据植物种类、生育期及其表现、应用目的、施用次数、环境因素等准确配制。如需要注意水的酸碱性，以免调节剂效果不好。同时，作物对生长剂的吸收快慢与环境条件密切相关，特别是温度，一般规律是低温下植物吸收慢，高温下吸收快，这就是高温下使用植物生长调节剂易发生药害的主要原因。因此，在使用时要按照当时的环境条件选择适当的浓度。如番茄使用对氯苯氧乙酸溶液保花保果时，应注意在冬季或早春低温时施用，浓度应为 40～50mg/kg，但春季随着外界气温的升高，使用浓度则相应降低为 20～30mg/kg。在应用植物生长延缓剂抑制植物生长时，小剂量多次施用比大剂量一次施用效果更好，这既可经常保持抑制效果，也能避免对植物形成毒害，有利于植物对药剂的吸收。广谱性植物生长调节剂，一般喷施 2～3 次，应用植物生长延缓剂以小剂量多次喷施为好。

此外，还应掌握正确的使用方法，如用调节剂蘸花，并不是把整个花朵浸在调节剂药液中，而是用调节剂药液涂抹花柄，如果不注意使用方法，把花朵浸在药液中，就会产生药害，并造成灰霉病病菌的传播。

（4）注意环境条件对施药的影响　施用植物生长调节剂应在一定的温度范围内进行，应用浓度还要随着温度的变化做相应的调整。高温时应用低剂量，低温时应用高剂量。否则，高温时用高剂量，易出现药害；而低温时用低剂量，又达不到增产效果。对氯苯氧乙酸在番茄上应用，即使在正常用量下，气温低于15℃或高于30℃时均易产生药害。低温时易使番茄脐部形成乳突状药害，高温时则形成脐部放射状开裂药害。一般蘸花保果类调节剂里含有2,4-滴等一些易飘移的化学成分，高温时施用易飘移，造成植株叶片或相邻敏感作物产生药害。

在防止番茄落花落果上，可使用2,4-滴、番茄灵、对氯苯氧乙酸等调节剂。如高温或低温使番茄落花落果，喷施对氯苯氧乙酸能显著提高坐果率。当温度较低的时候，2,4-滴刺激子房膨大的效果更加明显，因此在夜温低于15℃时选用2,4-滴效果较好。

（5）多种药剂配合使用需慎重　生产上需要同时解决几个问题时，可多种药剂配合使用。对互相不起化学反应的药剂混合使用，可起到扬长避短，事半功倍的效果。植物生长调节剂与农药、肥料混用，省工、省时，如为防止蘸花、喷花过程中传播灰霉病，在对氯苯氧乙酸、2,4-滴溶液中加入0.1%腐霉利（速克灵）效果显著。但应注意有的药剂不能混合使用，在混用前必须充分了解混用药剂之间的药效增减作用。农药或肥料混用可能出现以下几种情况。

① 增效作用。一般发生在促进型或抑制型植物生长调节剂之间。混用时往往某一方面的作用进一步提高。如萘乙酸或吲哚乙酸与赤霉素混合使用可进一步促进作物的生长。

② 互补作用。如将细胞分裂素与赤霉素按一定浓度混合使用，调节作用更好，且作用时间更长。

③ 拮抗作用。一般促进型与抑制型两类植物生长调节剂之间有拮抗作用，不能混用，而且在分别使用时，也须有一定的时间间隔。这种作用经常被用来解决生产中出现的实际问题，如施用多效唑等生长抑制剂过量而过分抑制生长出现药害，可喷0.05%赤霉素或芸苔素内酯溶液进行缓解。而对因对氯苯氧乙酸、2,4-滴喷花、蘸花浓度过大引起的番茄叶片药害，要与番茄病毒病严格区分，不可随意使用防病毒病药

剂，可叶面喷施植物动力、喷施宝等生长促进剂来调节，以减轻药害损失。

因此，在大面积使用混合药剂前，必须仔细阅读说明书，或必要时可将预混用的药、肥先做小规模的试验，以确定适宜的调节剂的种类、浓度、剂型，达到科学合理使用的目的。如出现翻泡、絮状沉淀、分层油花、油珠现象，说明不能混用，若无任何反应则可混用。如乙烯利和赤霉素不能与碱性农药混用，萘乙酸与波尔多液混用时要提高萘乙酸的浓度。

（6）科学管理　植物生长调节剂具有调节植物养分的调运、分配及利用等作用，从而影响植物的代谢活动，但不能替代肥料及其他农业措施。即使是促进型植物生长调节剂，也必须有充足的肥水条件才能发挥应有的作用。所以使用植物生长调节剂必须与其他农艺措施科学配套，紧密结合，这样才能收到事半功倍的效果。

（7）留种田勿使用　乙烯利、赤霉素等植物生长调节剂用于蔬菜、棉花、小麦等繁殖留种作物，虽然可起到早熟增产的作用，但会引起不孕穗增多、种子发芽率严重降低，使作物不能留种用。因此，凡留种的作物，不应使用植物生长调节剂。

（8）使用器械和配制容器要洗净　不同的调节剂有不同的酸碱度等理化性质，配制药剂的容器一定要干净、清洁。盛过碱性药剂的容器，未经清理盛酸性药剂时会失效；盛抑制剂后未清洁又盛促进剂也不能发挥药效。

（9）注意用药的安全性　植物生长调节剂在农作物上产生的药害，主要是指由于植物生长调节剂使用不当而使植物体内激素失调，导致植物所产生的生理变化和形体变化与使用植物生长调节剂目的不相符的变态反应。在通常情况下表现为：

① 使用保花、保果剂而导致落花、落果。

② 使用生长素类调节剂引起植株畸形，叶片斑点、枯焦、萎蔫、黄化以及落叶、小果、裂果等一系列症状。

③ 使用生长抑制剂和延缓剂引起植株过于矮小、小果、裂果、叶片畸形、植株畸形以及萎蔫、茎秆脆弱等现象。

氨基寡糖素

（amino oligosaccharins）

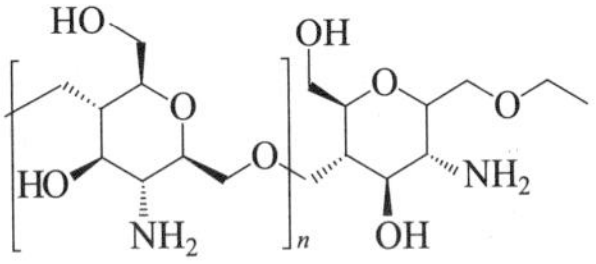

化学名称 D-氨基葡萄糖以 β-1,4 糖苷键连接的低聚糖。

其他名称 农业专用壳寡糖，海岛素。

理化性质 是从海洋生物如虾类、蟹类等的外壳提取而来的多糖类天然产物。作为一种新型的生物农药，它不直接作用于有害生物，而是通过激发植物自身的免疫反应，使植物获得系统性抗逆（包括抗逆性），从而起到抗逆、抗病虫和增产作用。

毒性 易被土壤中的微生物降解为水和二氧化碳等环境易吸收的物质，无残留，其诱导的植物抗性组分均是植物的正常成分，对人、畜安全。

作用机制与特点 氨基寡糖素（壳寡糖）是指 D-氨基葡萄糖以 β-1,4 糖苷键连接的低聚糖，由几丁质降解得壳聚糖后再降解制得，或由微生物发酵提取的低毒杀菌剂。氨基寡糖素能对一些病菌的生长产生抑制作用，影响真菌孢子萌发，诱发菌丝形态发生变异、孢内生化反应发生改变等；能激发植物体内基因，产生具有抗病作用的几丁酶、葡聚糖酶、保素及 PR 蛋白等，并具有细胞活化作用，有助于受害植株的恢复，促根壮苗，增强作物的抗逆性，促进植物生长发育。氨基寡糖素溶液，具有杀毒、杀细菌、杀真菌作用，不仅对真菌、细菌、病毒具有极强的防治和铲除作用，而且还具有营养、调节、解毒、抗菌的功效。

适宜作物 西瓜、冬瓜、黄瓜、苦瓜、甜瓜等瓜类，辣椒、番茄等茄果类，甘蓝、芹菜、白菜等叶菜类，苹果、梨等果树及烟草等。

剂型 2％、5％水剂。

应用技术

（1）防治枣树、苹果、梨等果树的枣疯病、花叶病、锈果病、炭疽病、锈病等病害，在发病初期用 1000 倍 2％氨基寡糖素细致喷雾，每 10～15d 喷 1 次，连喷 2～3 次，防治效果良好。

（2）防治瓜类、茄果类病毒病、灰霉病、炭疽病等病害，用 1000 倍 2％氨基寡糖素复配其他有关防病药剂，自幼苗期开始每 10d 左右喷洒 1 次，连续喷洒 2～3 次。

（3）防治烟草花叶病毒病、黑胫病等病害，使用药剂 1000 倍 2％氨基寡糖素复配其他有关防病药剂，自幼苗期开始每 10d 左右喷洒 1 次，连续喷洒 2～3 次。

注意事项 不得与碱性药剂混用。为防止和延缓抗药性，应与其他有关防病药剂交替使用，每一生长季中最多使用 3 次。用该药与有关杀菌保护剂混用，可显著增加药效。

氨基乙氧基乙烯基甘氨酸盐酸盐

[aminoethoxyvinylglycine（AVG） hydrochloride]

$C_6H_{12}N_2O_3 \cdot HCl$，196.63，55720-26-8

化学名称 （S）-反-2-氨基-4-(2-氨基乙氧基)-3-丁烯酸盐酸盐。

其他名称 乙烯抑制剂，氨基乙氧基乙烯甘氨酸，氨氧乙基乙烯基甘氨酸。

理化性质　类白色至米黄色结晶性粉末。溶解性：溶于水（10mg/mL）。

作用机制与特点　是乙烯生物合成的一种抑制剂，又称乙烯抑制剂。高等植物中乙烯生物合成的前体是甲硫氨酸（Met），通过下列三个反应形成乙烯：甲硫氨酸（Met）→S-腺苷甲硫氨酸（AdoMet）→氨基环丙烷羧酸（ACC）→乙烯（C_2H_4）。其中，ACC 合成酶（ACS）催化 AdoMet 转变成 ACC 和 5′-甲硫腺苷（MTA），是乙烯生物合成途径的限速酶，它受各种环境和发育因子的控制。ACC 合成酶需磷酸吡哆醛（PLP），在催化反应过程中易受底物诱导降低其活性，氨氧基乙酸（AOA）和氨基乙氧基乙烯基甘氨酸（AVG）等是 ACS 的竞争性抑制剂。AVG 主要作用是抑制乙烯生物合成过程中 ACC 合成酶-磷酸吡哆醛酶的活性。使用 AVG 可延长苹果、柠檬等的贮存时间。AVG 还可促进苹果、棉花等作物坐果，防止采前脱落，延长香石竹等切花保鲜期和促进海棠、凤仙花、万寿菊、菜豆等植物幼苗的生长。

适宜作物　苹果、柠檬、棉花、猕猴桃、海棠、凤仙花、万寿菊、菜豆等。

剂型　粉剂。

应用技术　于苹果收获前 4～6 周进行叶面处理，抑制乙烯生物合成的效果最佳。用浓度为 225mg/kg 的氨基乙氧基乙烯基甘氨酸盐酸盐浸猕猴桃 2min 后，放在（0±0.5）℃和（90±5）% 相对湿度（RH）下贮藏 180d，再将果实置于（21±1）℃和（70±5）% 的环境条件下存放 5 天，可增加猕猴桃果实总酚含量，且可显著延迟总黄酮含量和抗氧化能力降低的时间。

注意事项　-20℃干燥保存；室温运输；需穿实验服并戴一次性手套进行操作。

氨氯吡啶酸
（picloram）

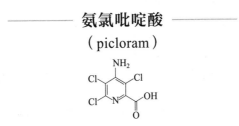

$C_6H_3Cl_3N_2O_2$，241.5，1918-02-1

化学名称 4-氨基-3,5,6-三氯吡啶-2-羧酸。

其他名称 Tordon，毒莠定。

理化性质 浅棕色固体，带氯的气味，熔化前约190℃分解。饱和水溶液 pH 值为 3.0（24.5℃），溶解度（20℃，g/100mL）：水 0.056，丙酮 1.82，甲醇 2.32，甲苯 0.013，己烷小于 0.004。在酸碱溶液中很稳定，但在热的浓碱溶液中易分解。其水溶液在紫外线下分解，DT_{50} 为 2.6d（25℃），pK_a 为 2.3（22℃）。

毒性 急性经口 LD_{50}（mg/kg）：雄大鼠＞5000，小鼠 2000～4000，兔约 2000，豚鼠 3000，羊大于 100，牛大于 100，小鸡约 6000。兔急性经皮 LD_{50}＞4000mg/kg，对兔眼睛有中毒刺激，对兔皮肤有轻微刺激。对皮肤不引起过敏。雄、雌大鼠吸入 LC_{50}＞0.035mg/kg 空气。大鼠的 NOEL 数据（2 年），为 20mg/(kg·d)。ADI 值为 0.2mg/kg。饲喂试验绿头鸭、山齿鹑 LC_{50} 均＞5000mg/kg 饲料。蓝鳃翻车鱼 LC_{50}（96h）为 14.5mg/kg，虹鳟鱼 LC_{50}（96h）为 5.5mg/kg。羊角月牙藻 EC_{50} 为 36.9mg/kg，粉虾 LC_{50} 为 10.3mg/kg。蜜蜂 LD_{50}＞100μg/只。对蚯蚓无毒。对土壤微生物的呼吸作用无影响。

作用机制与特点 为吡啶羧酸类除草剂，属于内吸、选择性除草剂，且有调节植物生长作用。可被植物茎、叶、根系吸收传导。

大多数禾本科植物耐药，而大多数双子叶植物（十字花科除外）、杂草、灌木都对该试剂敏感。在土壤中半衰期为 1～12 个月。可被土壤吸附集中在 0～3cm 土层中，在湿度大、温度高的土壤中消失很快。主要与 2,4-滴等混用，用于麦田、玉米田以及林地除草。

适宜作物 用于防除麦类、玉米、高粱地、林地的大多数双子叶杂草和灌木类杂草，对十字花科杂草效果差。

剂型 24％、25％水剂等。

应用技术

（1）麦田 每亩用 25％水剂 30～60g，兑水 30～45kg，喷施茎叶。对小麦株高有一定影响，但不影响产量。

（2）玉米 在玉米 2～5 叶期，每亩（1 亩＝666.7m²）用 25％水剂 90g，兑水 35～45kg，喷施叶面。

（3）林地 在杂草和灌木生长旺盛时进行叶面喷雾处理。

注意事项

（1）对大多数阔叶作物有害，使用时避免与阔叶作物接触。尽量避开双子叶植物地块，遇大风或下风头切勿对阔叶作物施药，应在无风天气进行。

（2）喷药工具使用后要彻底清洗，最好是专用。

（3）多余药液应注意保存，不要乱放，以防和其他农药、肥料、种子混合，造成事故。

（4）光照和高温有利于药效发挥。豆类、葡萄、蔬菜、棉花、果树、烟草、甜菜对该药敏感，轮作倒茬时要注意。施药后2h内遇雨会使药效降低。

胺鲜酯
（diethyl aminoethyl hexanoate）

$C_{12}H_{25}NO_2$，215.33，10369-83-2

化学名称　己酸二乙氨基乙醇酯。

其他名称　DA-6、增产酯、增效胺、得丰。

理化性质　纯品为无色液体，在空气中易氧化，工业品为浅黄色或者棕黄色油状液体，原油微溶于水，可溶于大多数有机溶剂，在中性和弱酸性介质中稳定。其柠檬酸盐为纯白色晶体，易溶于水及乙醇、甲醇、丙酮等有机溶剂。常温下贮存稳定，高温下不稳定，在酸性介质中稳定，碱性介质中分解。

毒性　大鼠急性经口 LD_{50} 为 8633～16570mg/kg，属实际无毒的植物生长调节剂。对白鼠、兔的眼睛及皮肤无刺激作用；经测定结果表明胺鲜酯原粉无致癌、致突变和致畸性。

作用机制与特点　为广谱性植物生长调节剂，能显著提高植株叶片叶绿素、蛋白质、核酸的含量，提高光合速率及过氧化物酶、硝酸还原酶的活性，促进植物细胞的分裂和伸长，促进植株的碳、氮代谢，增强植株对水肥的吸收和干物质的积累，调节体内水分平衡，增强植物的抗旱、抗寒性，无毒、无残留，应用广泛。尤其对大豆、块根、块茎、叶菜类效果较好。同时可作为肥料和杀菌剂增效剂使用，也可用来解除药害。

适宜作物　适用于各种经济作物及粮食作物，如水稻、小麦、大豆、高粱、棉花、花生、茶叶、甘蔗、玉米、烟叶，萝卜、芥菜、地瓜、芋、牛蒡等根菜类，甜菜、番茄、茄子、辣椒、甜椒等茄果类，四季豆、扁豆、豌豆、蚕豆、菜豆等豆类，韭菜、大葱、洋葱等葱蒜类，蘑菇、香菇、木耳、草菇、金针菇等食用菌，西瓜、香瓜、哈密瓜、黄瓜、冬瓜、南瓜、丝瓜、苦瓜、节瓜、西葫芦等瓜类，菠菜、芹菜、生菜、芥菜、白菜、空心菜、甘蓝、花椰菜、生花菜、香菜、油菜等叶菜类，桃、李、梅、枣、樱桃、枇杷、葡萄、杏、山楂、橄榄、苹果、梨、柑橘、橙、草莓、荔枝、龙眼等果树类以及花卉等。

剂型 98%原药，8%可溶性粉剂，1.6%水剂；80%胺鲜酯·甲哌
鎓（7%＋73%）可溶性粉剂、30%胺鲜酯·乙烯利（3%＋27%）
水剂。

应用技术

（1）保花保果促生长

① 番茄、茄子、辣椒、甜椒等茄果类 用10～20mg/kg的胺鲜酯
在幼苗期、初花期、坐果后各喷1次，可达到苗壮、抗病抗逆性好，增
花保，结实率提高，果实均匀光滑、品质提高、早熟、收获期延长的
效果。

② 黄瓜、冬瓜、南瓜、丝瓜、苦瓜、节瓜、西葫芦等瓜类 用8～
15mg/kg的胺鲜酯在幼苗期、初花期、坐果后各喷1次，可达到苗壮，
抗病、抗寒，开花数增多，结果率提高，瓜形美观，瓜色正，干物质增
加，品质提高，早熟，拔秧晚的效果。

③ 西瓜、香瓜、哈密瓜、草莓等 用8～15mg/kg胺鲜酯在始花
期、坐果后、果实膨大期各喷1次，可达到味好汁多，含糖度提高，单
瓜重增加，采收提前，增产，抗逆性好的效果。

④ 苹果、梨 用8～15mg/kg胺鲜酯在始花期、坐果后、果实膨
大期各喷1次，可达到保花保果，坐果率提高，果实大小均匀，着色
好，味甜，早熟，增产的效果。

⑤柑橘、橙 用5～15mg/kg胺鲜酯在始花期、生理落果中期、果
实2～3cm时各喷1次，可达到幼果膨大加速，坐果率提高，果面光
滑，皮薄，味甜，早熟，增产，抗寒抗病能力增强的效果。

⑥ 荔枝、龙眼 用8～15mg/kg胺鲜酯在始花期、坐果后、果实
膨大期各喷1次，可达到坐果率提高，粒重增加，果肉变厚、增甜，核
减小，早熟，增产的效果。

⑦ 香蕉 用8～15mg/kg胺鲜酯在花蕾期、断蕾期后各喷一次，
可达到结实多，果色均匀，增产，早熟，品质好的效果。

⑧ 桃、李、梅、枣、樱桃、枇杷、葡萄、杏、山楂、橄榄 用8～

15mg/kg 胺鲜酯在始花期、坐果后、果实膨大期各喷 1 次，可达到坐果率提高，果实生长快，大小均匀，百果重增加，含糖度增加，酸度下降，抗逆性提高，早熟，增产的效果。

（2）促进营养生长

① 大白菜、菠菜、芹菜、生菜、芥菜、空心菜、花椰菜、生花菜、香菜等叶菜类 用 20～60mg/kg 胺鲜酯在定植后、生长期间隔 7～10d 以上喷 1 次，共喷 2～3 次，可达到植株强壮，抗逆性提高，促进营养生长，长势快，叶片增多、宽、大、厚、绿、茎粗、嫩，结球大、重，采收提前的效果。

②韭菜、大葱、洋葱、大蒜等葱蒜类 用 10～15mg/kg 胺鲜酯在营养生长期间隔 10d 以上喷 1 次，共喷 2～3 次，可达到促进营养生长、抗性增强的效果。

（3）促进块根、块茎生长

① 萝卜、胡萝卜、芥菜、牛蒡等根菜类 用 8～15mg/kg 胺鲜酯浸种 6h，于幼苗期、肉质根形成期和膨大期用 10～20mg/kg 胺鲜酯各喷 1 次，可达到幼苗生长快，苗壮，块根直、粗、重，表皮光滑，品质提高，早熟，增产的效果。

② 马铃薯、地瓜、芋 用 8～15mg/kg 胺鲜酯在苗期、块根形成和膨大期各喷 1 次，可达到苗壮，抗逆性提高，薯块多、大、重，早熟，增产的效果。

（4）提高制种产量

① 四季豆、豌豆、扁豆、菜豆等豆类 用 5～15mg/kg 胺鲜酯在幼苗期、盛花期、结荚期各喷 1 次，可达到苗壮、抗逆性好，结荚率提高，早熟，生长期和采购期延长的效果。

② 花生 用 8～15mg/kg 胺鲜酯浸种 4h，于始花期、下针期、结荚期各喷 1 次，可达到坐果率提高，开花数和结荚数增加，籽粒饱满，出油率高，增产的效果。

③ 水稻 用 10～15mg/kg 胺鲜酯浸种 24h。于分蘖期、孕穗期、灌浆期各喷 1 次，可达到发芽率提高，壮秧，抗寒能力增强，分蘖增多，有效穗增加，结实率和千粒重提高，根系活力好，早熟和增产的效果。

④ 小麦 用 12～18mg/kg 胺鲜酯浸种 8h，于三叶期、孕穗期、灌浆期各喷 1 次，可达到发芽率提高，植株粗壮，叶色浓绿，籽粒饱满，秃尖度缩短，穗粒数和千粒重增加，抗干热风，早熟高产的效果。

⑤ 玉米 用 6～10mg/kg 胺鲜酯浸种 12～24h，于幼苗期、幼穗分

化期、抽穗期各喷1次，可达到发芽率提高，植株粗壮，叶色浓绿，籽粒饱满，秃尖缩短，穗粒数和千粒重增加，抗倒伏，防止红叶病，早熟高产的效果。胺鲜酯与乙烯利和磷酸二氢钾复配，是目前玉米控旺长及株高最好的药剂之一，可克服单用胺鲜酯控制玉米旺长时玉米棒小、秆细、减产的副作用，使营养有效地转移到生殖生长上，玉米植株表现为矮化、发绿、棒大、棒匀、根系发达、抗倒伏能力强。

⑥ 高粱　用8～15mg/kg胺鲜酯浸种6～16h，于幼苗期、拔节期、抽穗期各喷1次，可达到发芽率提高，植株强壮，抗倒伏，籽多饱满，穗粒数和千粒重增加，早熟高产的效果。

（5）提高经济作物品质

① 油菜　用8～15mg/kg胺鲜酯浸种8h，于苗期、始花期、结荚期各喷1次，可达到发芽率提高，生长旺盛，花多荚多，早熟高产，油菜籽芥酸含量下降，出油率高的效果。

② 棉花　用5～15mg/kg胺鲜酯浸种24h，于苗期、花蕾期、花龄期各喷1次，可达到苗壮叶茂，花多桃多，棉絮白，质优，增产，抗性提高的效果。

③ 烟叶　用8～15mg/kg胺鲜酯在定植后、团棵期、旺长期各喷1次，可达到苗壮，叶片增多，肥厚，提高抗逆性，增产，采收提前，烤烟色泽好、等级高的效果。

④ 茶叶　用5～15mg/kg胺鲜酯在茶芽萌动时、采摘后各喷1次，可达到茶芽密，百芽重提高，新梢增多，枝繁叶茂，氨基酸含量高，增产的效果。

⑤ 甘蔗　用8～15mg/kg胺鲜酯在幼苗期、拔节始期、快速生长期各喷1次，可达到有效分蘖增加，株高，茎粗，单茎重，含糖度提高，生长快，抗倒伏的效果。

⑥ 甜菜　用8～15mg/kg胺鲜酯浸种8h，于幼苗期、直根形成期和膨大期各喷1次，可达到幼苗生长快，苗壮，直根粗，含糖量提高，早熟，高产的效果。

⑦ 香菇、蘑菇、木耳、草菇、金针菇等食用菌类　用8～15mg/kg胺鲜酯在子实体形成初期、初菇期、成长期各喷1次，可达到菌丝生长活力提高，子实体的数量增加，单菇生长速度加快，生长整齐，肉质肥厚，菌柄粗壮，鲜重、干重大幅度提高，品质提高的效果。

（6）延长植物生命期

① 花卉　用8～25mg/kg胺鲜酯在生长期每隔7～10d喷1次，可

达到植株日生长量、节间及叶片数增加，叶面及其厚度增大，开花提早，花期延长，开花数增加，花艳叶绿，抗寒、抗旱能力增强的效果。

② 观赏植物　用15～60mg/kg胺鲜酯在苗期间隔7～10d喷1次，生长期15～20d喷施一次，可达到苗木健壮，提早出圃，株高及冠幅增加，叶色浓绿，生长加速，抗寒、抗旱、抗衰老的效果。

（7）提高固氮能力

大豆　用8～15mg/kg胺鲜酯浸种8h，于苗期始花期、结荚期各喷1次，可达到发芽率提高，开花数增加，根瘤菌固氮能力提高，结荚饱满，干物质增加，早熟，增产的效果。

（8）与其他药剂复配

① 与肥料混用　胺鲜酯可直接与含N、P、K、Zn、B、Cu、Mn、Fe、Mo等肥料混合使用，非常稳定，可长期贮存。

② 与杀菌剂复配　胺鲜酯与杀菌剂复配具有明显的增效作用，可以增效30％以上，并减少用药量10％～30％，且试验证明胺鲜酯对真菌、细菌、病毒等引起的多种植物病害具有抑制和防治作用。

③ 与杀虫剂复配　可增加植物长势，增强植物抗虫性。且胺鲜酯本身对软体虫具有驱避作用，既杀虫又增产。

④ 与除草剂复配　胺鲜酯和除草剂复配可在不降低除草剂效果的情况下有效防止农作物中毒，使除草剂能够安全使用。

注意事项

（1）胺鲜酯原粉可直接做成各种液剂和粉剂，浓度据需要调配。操作方便，不需要特殊助剂、操作工艺和特殊设备。

（2）请勿将本产品与碱性溶液复配使用。

（3）常温干燥贮存。

（4）胺鲜酯安全性非常高，在使用浓度1～100mg/kg范围内，作物均不会产生药害，使用时间和使用方法灵活，为降低成本，一般使用浓度在20～50mg/kg，增产效果最显著。

（5）胺鲜酯对大多数除草剂具有解毒功效，可作为除草剂的解毒剂。

附　胺鲜酯相关新产品

胺鲜酯 DA-7

传统的DA-6（胺鲜酯）味道大，特别是夏天还容易发黏，DA-7是一种改良的全新的安全、高效、无药害的新型调节剂，可完全弥补DA-6的不足。

理化性质 白色片状结晶体，无色、无味，水溶性极好，不分解，不析出；pH 值 7 左右，酸、碱度在 pH 5～9 的肥料中都能添加，与 DA-6 相比使用范围大大扩展，选择性更好。

毒性 安全性好。

作用机制与特点 本品具有较强的螯合吸附功能，能螯合吸附土壤中的大量元素、中微量元素等营养物质，减少营养元素的流失浪费，提高肥料利用率，减少肥料用量，降低因滥用化肥引起的环境污染；其特殊的生物活性，对植物的生理发育如生根、生长，具有明显的促进作用。本品能使营养成分缓释在土壤中，可固肥保水，防止营养元素的流失和下渗；可作为运输传递肥料的载体将微量元素等营养运至作物根部，利于作物吸收，使根系发达、根多、根壮、根粗，达到壮苗、增产增收的目的。

适宜作物 可广泛应用于大田作物、蔬菜、果树、花卉、草坪、食用菌等各类农作物中，和各类肥料、农药进行复配使用，效果更佳。

剂型 98％原粉。

应用技术 冲施 450～600g/hm^2，叶面喷施 7.5～15g/hm^2，有机肥、菌肥添加量 300～500g，复合肥添加量 500～1000g。

相比（替代）DA-6 的优势：

（1）DA-6 所具备的基本功能，如促生长、促生根，绿叶，膨果等作用，DA-7 同样具备，且其螯合、吸附营养的功能优于 DA-6。

（2）DA-7 为非激素类产品，避免了农业新规定中对调节剂类产品可能的使用限制，符合新形势下的新要求，减少企业的政策性风险。

（3）DA-6 浓烈的气味，不用仪器检测都能闻出来，不利于规避政策风险和保守企业配方秘密。DA-7 无色无味，使用安全，全水溶，是肥料增效的理想添加产品。

矮健素
（CTC）

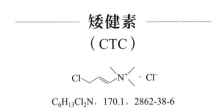

C$_6$H$_{13}$Cl$_2$N，170.1，2862-38-6

化学名称 2-氯丙烯基三甲基氯化铵。

其他名称 7102。

理化性质　矮健素原药为白色结晶，熔点 168～170℃，近熔点温度时分解。相对密度 1.10。粗品为米黄色粉状物，略带腥臭味，易溶于水，不溶于苯、甲苯、乙醚等有机溶剂。结晶吸湿性强，性质较稳定，遇碱时分解。具有与矮壮素相似的结构和残效，但矮壮素活性高、毒性低、药效期稍长。

毒性　矮健素小白鼠急性口服 LD_{50} 为 1940mg/kg。

作用机制与特点　矮健素是一种季铵盐型化合物，可经由植物的根、茎、叶、种子进入到植物体内，抑制赤霉素的生物合成，抑制植物细胞生长，控制作物地上部徒长，防止倒伏，可使植物矮化、茎秆增粗、叶片增厚、叶色浓绿、叶片挺立、根系发达，促进坐果、增加蕾铃等；可使植株提早分蘖，增加有效分蘖，增强作物抗旱、抗盐碱的能力。

适宜作物　防止棉花徒长和蕾铃脱落；可防小麦倒伏，增加有效分蘖；提高花生、果树坐果率。

剂型　50％水剂。

应用技术

（1）使用方式　浸种、喷施。

（2）使用技术

① 小麦　用 2500～5000mg/kg 矮健素溶液浸泡小麦种，或每千克小麦种子用 10g 矮健素拌种，晾干后播种，可使幼苗生长健壮，根系生长良好，有效分蘖增多，小麦茎秆粗壮，基部节间缩短，抗倒伏能力提高。经矮健素处理的小麦幼苗，在干旱情况下，由于蒸腾作用降低，增强了抗干旱能力。在小麦拔节期，用 3000mg/kg 矮健素溶液喷洒，可防止小麦倒伏。

② 棉花　矮健素能控制棉株旺长和徒长。以 20～80mg/kg 矮健素溶液喷洒棉株，能改善棉花的群体结构，使株型矮化，主茎节间和果枝节间缩短，改善通风透光条件，减少棉花蕾、铃脱落率，提高棉花品质。

③ 蚕豆　用矮健素 0.4％浓度浸种 24h，可增产。

④ 花生　开花期用 40～160mg/kg 溶液于叶面喷雾，可增产。

⑤ 果树　花期用 100mg/kg 溶液于叶面喷雾，可增加坐果率。

注意事项

（1）必须掌握适宜的生育期施药，过早施药可抑制生长，过迟施药产生药害，无徒长田块不用药。如发现药害出现时，可以用相当于或低于 1/2 矮健素浓度的赤霉素来解除药害。

（2）不可与碱性农药和波尔多液等混用，以免分解失效。

（3）我国开发的商业化品种，国外没有注册。在作物生产上应用不如矮壮素广，应用中的问题有待从实践中去认识。

矮壮素
（chlormequat chloride）

$C_5H_{13}Cl_2N$，158.1，999-81-5

化学名称 2-氯-N，N，N-三甲基乙基氯化铵，2-氯乙基三甲基物。氮化铵。

其他名称 氯化氯代胆碱，稻麦立，三西，CCC。

理化性质 原药为浅黄色洁净固体，有鱼腥气味。纯品为无色且极具吸湿性的结晶，可溶于低级醇，难溶于乙醚及烃类有机溶剂。温度为 238～242℃时分解，易溶于水，常温下饱和水溶液浓度可达 80％左右，其水溶液性质稳定，在中性或微酸性介质中稳定，在碱性介质中加热能分解。矮壮素晶体极易吸潮，水溶液 50℃条件下贮存 2 年无变化。

毒性 原粉雄性大鼠急性经口 LD_{50} 为 966mg/kg，雌性大鼠急性经口 LD_{50} 为 807mg/kg。大鼠急性经皮 LD_{50} 为 4000mg/kg，兔急性经皮 LD_{50}＞4000mg/kg，大鼠急性吸入 LC_{50}（4h）＞5.2mg/L。在两年饲喂试验中，无作用剂量为大鼠 50mg/kg，雄性小鼠 336mg/kg，雌性小鼠 23mg/kg。动物试验表明加入胆碱盐酸盐可降低矮壮素的毒性。对人的 ADI 为 0.05mg/kg 体重。小鸡急性经口 LD_{50} 为 920mg/kg，日本鹌鹑急性经口 LD_{50} 为 555mg/kg，环颈雉急性经口 LD_{50} 为 261mg/kg。鱼毒 LC_{50}：大鳞鲤＞1000mg/kg（72h），水蚤属 16.9mg/kg（96h），招潮蟹＞1000mg/kg（96h），虾 804mg/kg（96h），牡蛎 67mg/kg。对土壤中微生物及动物区系无影响。对大鼠经口无作用剂量为 1000mg/kg；矮壮素水剂小鼠经皮 LD_{50}＞1250mg/kg，在允许使用浓度下对鱼有毒。

作用机制与特点 矮壮素是赤霉素的拮抗剂，经由叶片、幼枝、芽、根系和种子进入植物体内，抑制作物细胞伸长，但不抑制细胞分裂，能有效控制植株徒长，缩短植株节间，使植株变矮，秆茎变粗，促使根系发达，提高植物根系的吸水能力，影响植物体内脯氨酸的积累，提高植物的抗逆性，如抗倒伏、抗旱性、抗寒性、抗盐碱及抗病虫害的能力。同时可使作物的光合作用增强，叶绿素含量增多，叶色加深、叶片增厚，光合作用增强，使作物的营养生长（即根、茎、叶的生长）转化为生殖生长，从而提高某些作物的坐果率，改善品质，提高产量。

适宜作物 可使小麦、玉米、水稻、棉花、黑麦、燕麦抗倒伏，小麦抗盐碱，马铃薯块茎增大，棉铃增加，棉花增产。

剂型 18％～50％水剂，80％可溶性粉剂。混剂产品有30％矮壮素·烯效唑乳剂和18％～45％矮壮素·甲哌鎓水剂等。

应用技术

（1）培育壮苗、抑制茎叶生长，抗倒伏，增加产量

① 水稻 水稻拔节初期，用50％水剂50～100g/亩，加水50kg喷洒茎叶，可使植株矮壮，防倒伏，增产。

② 小麦 用于小麦浸种，使用0.3％～0.5％的矮壮素药剂浸泡小麦种子6～8h，能提高小麦叶片叶绿素的含量和光合速率，促进小麦根系生长及干物质积累，增强小麦抗旱能力，提高产量；分蘖末期至拔节初期喷施1250～2500mg/kg的矮壮素，能有效抑制基部1～3节间伸长，使小麦节间短、茎秆粗，叶色深、叶片宽厚，矮壮但不影响穗的正常发育，可增产17％，有利于防止倒伏。但要注意，在拔节期以后施用，虽可抑制节间伸长，但影响穗的发育，易造成减产；应用矮壮素还有推迟幼穗发育和降低小麦出粉率等问题。

③ 玉米 用50％水剂80～100倍液浸种6h，阴干后播种，可使植株矮化，根系发达，结棒位降低，无秃头，穗大粒满，增产显著。苗期用0.2％～0.3％的药液喷施，50kg/亩，可起到蹲苗作用，还可抗盐碱和干旱，增产20％左右。

④ 大麦 在大麦基部第一节间开始伸长时，用0.2％药液喷施，50kg/亩，可使植株矮化，防倒伏，增产10％左右。

⑤ 高粱 用25～40mg/kg药液浸种12h，晾干后播种，可使植株矮壮，增产。播种后35d左右，用500～2000mg/kg药液每亩喷施50kg，可使植株矮壮，叶色深绿，叶片增厚，抗倒伏，增产。

⑥ 棉花 抑制徒长，一般用50％水剂5g，加水62.5kg喷洒。在有徒长现象或密度较高的棉田，喷洒2次。第一次在盛蕾至初花期，有6～7个果枝时，着重喷洒顶部，每亩用药液25～30kg；第二次在盛花着铃、棉株开始封垄时，着重喷洒果实外围，可改善通风透光条件，多产伏桃、秋桃。前期无徒长现象的棉田，蕾期不可喷药，只在封垄前喷

药 1 次，可起到整枝作用。

⑦ 大豆　分别于初花期、花期、盛花期用 100～200mg/kg、1000～2500mg/kg、1000～2500mg/kg 药液喷全株，每亩喷 50kg，可起到使植株矮壮、增产的效果。

⑧ 花生　用 50～100mg/kg 药液在花生播后 50d 喷叶面，可矮化植株。

⑨ 甘蔗　在采收前 42d 左右用 1000～2500mg/kg 药液喷全株，可矮化植株，增加含糖量。

⑩ 马铃薯　用 50% 水剂 200～300 倍液在开花前喷药，可提高马铃薯抗旱、抗寒能力。

⑪ 辣椒　有徒长趋势的辣椒植株，于初花期或花蕾期喷洒 20～25mg/kg 矮壮素溶液，能抑制茎、叶生长，使植株矮化粗壮、叶色浓绿，增强抗旱和抗寒能力；于花期用 100～125mg/kg 喷雾，可促进早熟，壮苗。

⑫ 茄子　花期用 100～125mg/kg 矮壮素药液喷雾，可促进早熟。

⑬ 番茄　苗期以 10～100mg/kg 药液淋洒土表，能使植株紧凑、提早开花。以 500～1500mg/kg 于开花前全株喷洒，可提高坐果率。

⑭ 黄瓜　在 3～4 片真叶展开时，以 100～500mg/kg 药液喷施叶面，可矮化植株；在黄瓜 14～15 片叶时，以 50～100mg/kg 药液全株喷雾，可促进坐果、增产。

⑮ 甜瓜、西葫芦　以 100～500mg/kg 药液淋苗，可壮苗、控长、抗旱、抗寒、增产。

⑯ 胡萝卜、白菜、甘蓝、芹菜　抽薹前，用 4000～5000mg/kg 药液喷洒生长点，可有效控制抽薹和开花。

⑰ 葡萄　用 500～1500mg/kg 的药液在葡萄开花前 15d 全株喷洒，能控制副梢，使果穗齐，提高坐果率，增加果重。

⑱ 苹果、梨　采收后，用 1000～3000mg/kg 药液喷施叶面，可抑制秋梢生长，促进花芽形成，增加翌年坐果率，并提高抗逆性。

⑲ 温州蜜柑　于夏梢发生期用 2000～4000mg/kg 药液喷施或用 500～1000mg/kg 药液浇施，可抑制夏梢，缩短枝条，使果实着色好，坐果率提高 6% 以上，增产 10%～40%。

（2）促进块茎生长

① 马铃薯　现蕾至开花期，用 1000～2000mg/kg 药液，每亩喷 40kg，可使块茎形成时间提前 7d，生长速度加快，50g 以上的薯块增

加 7%～10%，单产提高 30%～50%。

② 甘薯　移栽 30 天后，用 2500mg/kg 的药液每亩喷 50kg，可控制薯蔓徒长，增产 15%～30%。

③ 胡萝卜　在胡萝卜地下部分开始增大时，用 500～1000mg/kg 药液全株喷洒，可促使块茎膨大，增加产量。

④ 夏莴笋　苗期喷 1～2 次 500mg/kg 药液，可有效防止幼苗徒长；莲座期开始喷施 350mg/kg 溶液 2～3 次，7～10d 喷 1 次，可防止徒长，促进幼茎膨大。

⑤ 郁金香　在开花后 10d 以 1000～5000mg/kg 药液喷叶片，能矮化植株、促进鳞茎膨大。

（3）延缓生长，提高耐贮性

① 甜菜　每 100kg 甜菜块根均匀喷洒 0.1%～0.3% 药液，可使其含糖量降低 30%～40%，避免甜菜在窖藏时腐烂。

② 莴苣　用 60mg/kg 的药液浸叶，可起到保鲜、耐贮存作用。

③ 番红花　于傍晚用 200mg/kg 药液均匀喷洒在叶面上，每隔 7～10d 喷 1 次，共喷 2～3 次，可增强耐贮性。

（4）延缓生长

① 茶树　于 9 月下旬喷洒 250mg/kg 药液，可使茶树生长提前停滞，有利于茶树越冬，翌年春梢生长好。如果用 50mg/kg 药液喷洒，可使春茶推迟开采 3～6 天。

② 枣　在花期不进行开枷管理的圆铃大枣树上，当花前枣吊着生 8～9 片叶时用 2000～2500mg/kg 的药液喷洒全树，可有效控制枣头生长。如用 500mg/L 药液浇灌，可起到相同效果。

③ 墨兰　在墨兰芽出土几厘米后，用 100mg/kg 的药液喷洒叶面，共喷 3～4 次，间隔期 20～30 天，可抑制叶片过快生长。

（5）诱导花芽分化

① 杜鹃　以 2000～10000mg/kg 药液在杜鹃生长初期淋土表，能矮化植株，促进植株早开花。

② 杏　在新梢长到 15～50cm 长时，喷洒 3000mg/kg 的药液，可控制新梢生长，增加开花数，改善果实品质。

矮壮素在其他观赏植物上的应用见表 1。

表1　矮壮素在其他观赏植物上的应用

作物名称	施药时期	处理浓度/(mg/kg)	用药方式	功效
菊花	开花前	3000~5000	喷洒	矮化植株，提高观赏性
唐菖蒲	分别在播种后第0、28、49天	800	淋土	矮化植株，提高观赏性
水仙	开花期	800	浇灌鳞茎3次	矮化植株，提高观赏性
瓜叶菊	现蕾前	25%水剂2500倍液	浇根	矮化植株，提高观赏性
一品红	播种前	5~20	混土	矮化植株，提高观赏性
百合	开花前	30	土施	矮化植株，提高观赏性
小苍兰	播种前	250	浸泡球茎	矮化植株，提高观赏性
苏铁	新叶弯曲时	1~3	喷洒，共喷3次，间隔期7天	矮化植株，提高观赏性
竹子	竹笋出土约20cm时	100~1000	注入竹腔2~3滴/1~2节，每2天注1次	矮化植株，提高观赏性
蒲包花	花芽15mm时	800	喷叶	矮化植株，提高观赏性
木槿	新芽5~7cm时	100	喷洒	矮化植株，提高观赏性
狗牙根	生长期	3000	喷洒	矮化植株，提高观赏性
天堂草、马尼拉草	生长期	1000	喷洒	矮化植株，提高观赏性
匍茎剪股颖	生长期	1000~1500	喷洒	矮化植株，提高观赏性
盆栽月季	开花前	500	浇灌	提前开花，延长花期
天竺葵	花芽分化前	1500	喷洒	提前开花，延长花期

作物名称	施药时期	处理浓度/(mg/kg)	用药方式	功效
四季海棠	开花前	8000	浇灌	提前开花，延长花期
竹节海棠	开花前	250	浇灌	提前开花，延长花期
蔷薇	采收前	1000	喷洒	提前开花，延长花期
郁金香、紫罗兰、金鱼草、香石竹等切花	切花	10～15	瓶插液	提前开花，延长花期
唐菖蒲切花	切花	10	瓶插液	提前开花，延长花期
郁金香切花	切花	5000mg/kg 蔗糖＋300mg/kg 8-羟基喹啉柠檬酸盐＋50mg/kg 矮壮素	瓶插液	提前开花，延长花期
香豌豆切花	切花	50mg/kg 蔗糖＋300mg/kg 8-羟基喹啉柠檬酸盐＋50mg/kg 矮壮素	瓶插液	提前开花，延长花期
喇叭水仙切花	切花	60000mg/kg 蔗糖＋250mg/kg 8-羟基喹啉柠檬酸盐＋70mg/kg 矮壮素＋50mg/kg 硝酸银	瓶插液	提前开花，延长花期
菊切花	切花	60000mg/kg 蔗糖＋250mg/kg 8-羟基喹啉柠檬酸盐＋70mg/kg 矮壮素＋50mg/kg 硝酸银	瓶插液	提前开花，延长花期

注意事项

（1）使用矮壮素时，水肥条件要好，植物群体有徒长趋势时效果好。若地力条件差，长势不旺时，勿用矮壮素。

（2）矮壮素对单子叶植物不易产生药害，对双子叶植物易产生药害。药害一般不影响下茬作物，但仍需严格按照说明书用药，未经试验不得随意增减用量，以免造成药害。浸种不当会产生根部弯曲，幼叶严重不长，出苗推迟 7 天以上或出苗后呈扭曲畸形的药害症状。初次使用，要先小面积试验。

（3）本品遇碱分解，不能与碱性农药或碱性化肥混用药液。

（4）施药应在上午 10 点之前，下午 4 点以后，以叶面润湿而不流下为宜，这样既可以增加叶片的吸收时间，又不会浪费药液。

（5）本品低毒，切忌入口和长时间皮肤接触。使用本品时，应穿戴好个人防护用品，使用后应及时清洗。误食会引起中毒，症状为头晕、乏力、口唇及四肢麻木、瞳孔缩小、流涎、恶心、呕吐，重者出现抽搐和昏迷，甚至死亡。对中毒者可采用一般急救措施对症处理，毒蕈碱样症状明显者可酌情用阿托品治疗，但应防止过量。

苯哒嗪丙酯
（BAU-9403）

$C_{15}H_{15}ClN_2O_3$，306.8，78778-15-1

化学名称　1-(4-氯苯基)-1,4-二氢-4-氧-6-甲基哒嗪-3-羧酸丙酯。

其他名称　达优麦，小麦化学杀雄剂，小麦化学去雄剂。

理化性质　原药（含量≥95%）为浅黄色粉末，熔点为 101～102℃；溶解度（g/L，20℃）为水<1，乙醚 12，苯 280，甲醇 362，乙醇 121，丙酮 427；在一般贮存条件下和中性介质中稳定。

毒性　原药对雄性和雌性大鼠急性经口 LD_{50} 分别为 3160mg/kg 和 3690mg/kg，急性经皮 LD_{50}>2150mg/kg，对皮肤、眼睛无刺激性，为弱致敏性。致突变试验：Ames 试验、小鼠骨髓细胞微核试验、小鼠睾丸细胞染色体畸变试验均为阴性。大鼠喂饲亚慢性试验无作用剂量：雄性为 31.6mg/(kg·d)，雌性为 39mg/(kg·d)。10% 乳油对雄性和雌性大鼠急性经口 LD_{50} 分别为 5840mg/kg 和 2710mg/kg，急性经皮 LD_{50}>2000mg/kg，对皮肤和眼睛无刺激性，为弱致敏性。10% 苯哒嗪丙酯乳油对斑马鱼 LD_{50} 为 1.0～10mg/kg，鸟 LD_{50} 为 183.7mg/kg，蜜蜂 LC_{50} 为 1959mg/kg，家蚕 LD_{50}>2000mg/kg 桑叶。该药对鸟、蜜蜂、家蚕均属低毒，对鱼类属中等毒。

作用机制与特点　主要用于小麦育种，具有良好的选择性小麦去雄效果。在有效剂量下，可诱导自交作物雄性不育，培育杂交种子，产生的杂交种子无干瘪现象，对叶片大小、穗长、小穗数和穗粒数均无明显影响。该制剂能诱导自交作物雄性不育，培育杂交种子，主要用于小麦育种，具有优良的选择性小麦去雄效果，可大大降低小麦育种过程中人工去雄的工作量，节省劳力。

适宜作物　小麦。

剂型　95％原药、10％乳油。

应用技术　在小麦幼穗发育的雌雄蕊原基分化期至药隔后期，喷1次药，用药量为每亩用有效成分50～66.6g（折成10％乳油商品量为500～666g/亩，一般加水30～40kg），喷施于小麦母本植株，具有诱导小麦雄性不育彻底，提高小麦去雄质量，达到杂种小麦制种纯度要求，对小麦的生长发育无不良影响，且施药适期较长等优点。在施药剂量范围内，施药剂量越高，小麦去雄效果越好，不育率可达95％以上，效果比较理想。

注意事项　该药为低毒植物生长调节剂。

—— 苯哒嗪钾 ——

（clofencet potassium）

$C_{13}H_{10}ClKN_2O_3$，316.79，82697-71-0

其他名称　小麦化学杀雄剂，金麦斯。

理化性质　沸点为443.4℃。

毒性　低毒。

作用机制与特点　该药具有优良的选择性小麦杀雄效果，能有效抑制小麦花粉粒发育，诱导自交作物雄性不育，用于培育小麦杂交种子。可使冬、春小麦获得良好的雄性不孕性诱导效果，不同品种的小麦对金麦斯的敏感性有差异。适宜作喷施的母本品种较多，施药剂量范围较宽，施药适期长，对小麦植株影响小，是较为优良的小麦杀雄剂。

适宜作物　小麦。

剂型　22.4％水剂。

应用技术　施药剂量为有效成分 3～5kg/hm²，施药适期为小麦旗叶露尖至展开期，施药方法为茎叶喷雾。施药时应加入占喷药液总量的 1％非离子表面活性剂或 2％乳化剂。

苯肽胺酸

（phthalanillic acid）

C₁₄H₁₁NO₃，241.24，4727-29-1

化学名称　*N*-苯基邻羧基苯甲酰胺，*N*-苯基邻苯二甲酸单酰胺。

其他名称　果多早、lemax、Nevirol、NEVIROL（R）、phthalanilic、phthalomonoanilide。

理化性质　本品外观为类白色粉末，易溶于甲醇、乙醇、丙酮等有机溶剂，不溶于石油醚。熔点 169℃，20℃水中溶解度 20mg/kg。常温条件下贮存稳定。

毒性　苯肽胺酸大鼠（雄/雌）急性经口 LD₅₀ 为 9000mg/kg，大鼠（雄/雌）急性经皮 LD₅₀＞2000mg/kg，低毒，对鱼等水生生物和蜜蜂无毒。

作用机制与特点　苯肽胺酸是一种具有生物活性的新型植物生长调节剂，具有调控作物生长发育及诱导抗逆性等功效，是传统授粉坐果、保花保果、赤霉素类等物质的最佳替代产品，突出功效在于授粉坐果、保花保果，尤其在逆境条件下，孕花坐果效果非常明显。通过叶面喷施能迅速进入植物体内，促进营养物质输送到花蕾等生长点；增强植物细胞的活力，促进叶绿素的合成，增强植物抗逆能力；利于授精、授粉，具有诱发花蕾成花、结果的作用；防止生理落果及采前落果，并能促进提早成熟，诱导单穗植物果实膨大，具明显保花保果作用，对坐果率低的作物可提高其产量。形象地描述，苯肽胺酸就是激素的激素，通过调节植物内源激素水平和动态平衡达到促使植物养分转运的效果。

作用效果

（1）促花孕花　促进叶绿素和花青素形成，缓解植物花期内源激素不足的矛盾，满足花芽分化对生长激素的需求，并促使营养物质向花芽移动，诱导成花。

（2）保花保果　增强植物细胞活力，可使子房、密盘细胞正常分裂，柱头相对伸长，利于授粉受精，增强抵御大风、连阴雨、低温、干旱、沙尘暴等不良气候条件的能力。阻止叶柄、果柄基部形成离层，防止生理和采前落果，自然成熟期可提前5～7天。

（3）改善品质　促进果实膨大，提高产量。提高叶片光合效率，利于积累更多的干物质，提高坐果率，促使果实膨大，优化果实品质。

（4）优于赤霉素三大特点

① 逆境环境下，孕花坐果效果明显优于赤霉素。

② 果实后期落果现象明显降低，效果优于赤霉素。

③ 安全性、改善果实品质方面明显优于赤霉素。

适宜作物　苹果、柑橘、酸樱桃、甜樱桃、李子、小麦、水稻、玉米、苜蓿、油菜、向日葵、辣椒、豆角等。

剂型　20％液剂，97％原药。

应用技术　在果树上使用苯肽胺酸，能够促进开花，提高果实品质和产量。西北农林科技大学无公害农药研究中心研究发现，苯肽胺酸对蔬菜的生长具有一定的促进作用，并能诱导提高其植株抗逆性，对前期产量的增加也有一定的效果。一般在花期施药，剂量为 $0.2 \sim 0.5 kg/hm^2$。

注意事项

（1）不慎接触皮肤，应立即用肥皂和清水冲洗。

（2）不慎溅入眼睛，应用大量清水冲洗至少15min。

（3）误服则立即携药剂标签送病人去医院诊治，对症治疗，不能引吐。

（4）无特效解毒剂。

（5）可与杀虫剂、杀菌剂、叶面肥混用，但不能与碱性物质混用。

苯乙酸
（phenylacetic acid）

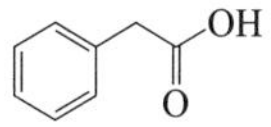

$C_8H_8O_2$，136.15；103-82-2

其他名称 PAA，苯醋酸、苯基丙氨酸。

理化性质 无色片状晶体。熔点 76.5℃。沸点 265.5℃，微溶于水，易溶于热水，溶于醇、醚、氯仿、四氯化碳。

毒性 对皮肤有轻度刺激，低毒。

作用机制与特点 苯乙酸是一种主要存在于水果中的生长素，主要作用是促进植物细分化。

应用技术 果树盛花期，喷洒 20～30mg/kg。

吡啶醇

（pyripropanol）

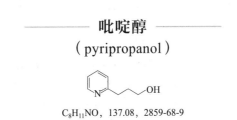

$C_8H_{11}NO$，137.08，2859-68-9

化学名称 3-(α-吡啶基）丙醇。

其他名称 丰啶醇，大豆激素，增产宝，增产醇，784-1(PGR-1)。

理化性质 纯品吡啶醇为无色透明油状液体，具有特殊臭味，工业品为浅黄色透明液体，贮存过程中会逐渐变为红褐色。熔点 260℃（101.33MPa）。微溶于水（溶解度 3g/kg，16℃），不溶于石油醚，易溶于乙醇、氯仿、丙醚、乙醚、苯、甲苯等有机溶剂。

毒性 吡啶醇原药急性 LD_{50}（mg/kg）：大白鼠（雄）经口 111.5，小白鼠（雄）经口 154.9、（雌）152.1；对动物无致畸、致突变、致癌作用。动物体内易分解，蓄积性弱。对鱼类高毒。

作用机制与特点 植物生长抑制剂。能抑制作物营养生长期，可促进根系生长，使茎秆粗壮，叶片增厚，叶色变绿，增强光合作用；在作物生长期应用，可控制营养生长，促进生殖生长，提高结实率和千粒重；可增加豆科植物的根瘤数，提高固氮能力，降低大豆结荚部位，增加荚数和饱果数，促进早熟丰产。此外还有一定防病和抗倒伏作用。

适宜作物 可用于豆科，芝麻，向日葵，油菜，黄瓜，番茄，水稻，小麦，棉花，果树等作物。

剂型 80％、90％乳油。

应用技术

（1）大豆 用 80％乳油 4000 倍液浸种 2h，或每 100kg 种子用 26g 兑水 1kg 拌种，在盛花期用 29g 兑水 30～40kg 喷雾，均可使植株矮化、荚多、粒重。

（2）花生　据山东省农科院植物保护研究所试验，用 80％乳油 3000、5000、7000 倍液对花-17 品种浸种 5h，分别比对照增产 15.85％、15.55％、13.56％。或在盛花期用 500mg/kg 和 800mg/kg 对花-17 品种喷雾，分别比对照增产 12.30％和 16.15％。另据试验，在花生播种前用 100mg/kg 浸种，花生的叶斑病比对照减轻 61.93％。须注意，在花生始花期和盛花期喷洒效果较好；使用 500mg/kg 与 1000mg/kg 增产效果差异不大，因此使用浓度不宜过高；施药田块要求加强肥水管理，促使早花、齐花。

（3）向日葵　用 90％乳油 3000 倍液浸种 2h 后播种，可使籽增重、增产。

（4）芝麻　用 90％乳油 3500～4000 倍液浸种 4h 后播种，可使籽增重、增产。

（5）油菜　在盛花期亩用 90％乳油 50g，加水 45～50kg 喷雾。

（6）黄瓜和番茄　用 80％乳油 4500～8000 倍液浸种 4h，晾干后播种；或用 8000 倍液喷施叶面。可使植株健壮，增强光合作用，有一定抗病和增产作用。

（7）水稻　浸种或浸根，用 80％乳油 5330～8000 倍液浸种 24h 后播种。用 8000 倍液浸秧根 5min 后再移栽。

注意事项

（1）使用浓度要准确，不宜过高，以免过度抑制。应用前要先试验，以免造成损失。

（2）施药田块要加强肥水管理，防止缺水干旱和缺肥而影响植株的正常生长。

（3）本药剂对鱼类高毒，施药时要防止药液流入鱼塘、河流。

（4）操作时应避免药液溅到眼睛或皮肤上。

6-苄氨基嘌呤
（6-benzylaminopurine）

$C_{12}H_{11}N_5$，225.25，1214-39-7

化学名称 6-苯甲基腺嘌呤。

其他名称 6-BA、BA、6-(N-苄基)氨基嘌呤、苄胺嘌呤、苄基腺嘌呤、6-苄腺嘌呤、N-苄基腺苷、8-氮杂黄嘌呤、6-苄基腺嘌呤、2-苄氨基嘌呤。

理化性质 纯品为白色结晶，工业品为白色或浅黄色，无臭。纯品熔点235℃，在酸、碱中稳定，遇光、热不易分解。在水中溶解度小，在乙醇、酸中溶解度较大。

毒性 对人、畜安全的植物生长调节剂。但摄入过多会刺激皮肤、黏膜，损伤食道、胃黏膜，出现恶心、呕吐等现象。

作用机制与特点 该调节剂是第一个人工合成的细胞分裂素，可被发芽的种子、根、嫩枝、叶片吸收；可将氨基酸、生长素、无机盐等向处理部位调运；可抑制植物叶内叶绿素、核酸、蛋白质的分解；保绿防老；可促进生根，还具有疏花疏果、保花保果、形成无籽果实、延缓果实成熟及延缓衰老等作用。其独有的作用是促进细胞分裂，促进非分化组织分化，促进生物体内物质的积累，促进侧芽发生，防止老化等。广泛用在农业、果树和园艺作物从发芽到收获的各个阶段。但由于其在植物体内的移动性差，生理作用仅局限于处理部位及其附近，因而限制了其在农业和园艺上更广泛的应用。

适宜作物 茶树、西瓜、苹果、葡萄、蔷薇、莴苣、甘蓝、花茎甘蓝、花椰菜、芹菜、双孢蘑菇、石竹、玫瑰、菊花、紫罗兰、百子莲、水稻等。

剂型 98%和95%原粉。

应用技术 茶树上的使用：用6-BA以75mg/kg药液进行叶面喷施，从茶芽膨大期起，每7天左右喷1次，直到茶季结束；赤霉素可在早春用5～50mg/kg药液喷洒。

西瓜上的使用：先将破壳的无籽西瓜种子置于150mg/kg的6-BA溶液或4000倍的天然芸苔素内酯溶液中浸泡8h，在32℃恒温箱中发芽，然后于育苗床上育苗。

水稻上的使用：在1～1.5叶期，用10mg/kg 6-BA溶液处理水稻苗的茎叶，能抑制下部叶片变黄，保持根的活力，提高稻秧成活率。

按6-苄氨基嘌呤的作用，在生产上还可以进行如下应用：

(1) 促进侧芽萌发　春秋季，为促进蔷薇腋芽萌发，在下位枝腋芽的上下方各0.5cm处划伤口，涂适量0.5%膏剂。在苹果幼树整形或旺盛生长时用3%液剂稀释75～100倍喷洒，可刺激侧芽萌发，形成侧枝。

（2）促进葡萄和瓜类坐果 用100mg/kg溶液在花前2周处理葡萄花序，可防止落花落果；瓜类开花时用10g/L涂瓜柄，可以提高坐果率。

（3）促进花卉植物开花和保鲜 对于莴苣、甘蓝、花茎甘蓝、花椰菜、芹菜、双孢蘑菇等切花蔬菜和石竹、玫瑰、菊花、紫罗兰、百子莲等的保鲜，在采收前或采收后都可用100～500mg/kg溶液作喷洒或浸泡处理，能有效地保持它们的颜色、风味、香气等。

注意事项

（1）避免药液沾染眼睛和皮肤。

（2）无专用解毒药，按出现症状对症治疗。

（3）贮存于2～8℃阴凉通风处。

22,23,24-表芸苔素内酯
（22,23,24-trisepibrassinolide）

$C_{28}H_{48}O_6$，480.7，78821-42-8

毒性 95％ 24-表芸·三表芸原药（24-表芸苔素内酯92.5％＋22,23,24-表芸苔素内酯2.5％），低毒；0.01％ 24-表芸·三表芸水剂（24-表芸苔素内酯0.0097％＋23,24-表芸苔素内酯0.0003％），低毒。

作用机制及特点 芸苔素内酯有促进植物细胞分裂和延长的双重作用，促进根系发达，增加光合作用，提高作物叶绿素含量。24-表芸苔素内酯（24-Epibrassinolide，简称EBR）是一种新型的植物内源激素，其生理活性强，处理逆境条件下的植物后，对生物膜有一定的保护作用，能够减缓植物对多种逆境的反应，如高温、低温、干旱、盐渍等，在农作物和蔬菜作物上得到了广泛应用。

剂型 95％ 24-表芸·三表芸原药（24-表芸苔素内酯92.5％＋22,23,24-表芸苔素内酯2.5％），登记证号为PD20171750；0.01％ 24-表芸·三表芸水剂（24-表芸苔素内酯0.0097％＋23,24-表芸苔素内酯0.0003％），登记证号为PD20171749。

适宜作物 水稻。

应用技术 该产品主要调节水稻生长，在水稻拔节和抽穗期各施药1次，用 0.014～0.02mg/kg 剂量喷雾，每季最多使用 2 次。

对于黄瓜种子的萌发和芽的生长，浸种用的 24-表芸苔素内酯的最适浓度为 0.2mg/kg。24-表芸苔素内酯浸种能显著提高盐胁迫下黄瓜种子的发芽率和发芽势，保证黄瓜正常发芽。

超敏蛋白
（harpin protien）

化学名称 Harpin Protein。

其他名称 Harpin 蛋白，康壮素，Messenger。

理化性质 HarpinEa、HarpinPss、HarpinEch、HarpinEcc 分别由 385、341、340 和 365 个氨基酸组成，均富含甘氨酸，缺少半胱氨酸，对蛋白酶敏感。

毒性 微毒。

作用机制与特点 超敏蛋白作用机理是可激活植物自身的防卫反应，即"系统性获得抗性"，从而使植物对多种真菌和细菌产生免疫或自身防御作用，是一种植物抗病活化剂。可以使植物根系发达，吸肥量特别是钾肥量明显增加；促进开花和果实早熟，改善果实品质与产量。具体作用如下：

（1）促进根系生长：使用后，植物根部发达，毛根、须根增多，干物质、吸肥量特别是吸钾量明显增加，并可增强作物对包括线虫在内的土传疾病的抵抗力。

（2）促进茎叶生长：使用后，植物普遍表现为茎叶粗大，叶片肥大、色泽鲜亮，长势旺盛，植物健壮等。

（3）促进果实生长：使用后，茄果类蔬菜的坐果率普遍提高，单果增大增重，果实个体匀称整齐。

（4）增强光合作用活性，提高光合作用效率。

（5）加快植物生长发育进程，促进作物提前开花和成熟。

（6）诱导抗病效果好。

（7）减轻采后病害危害，延长农产品货架保鲜期，不仅在作物生长期有诱导抗病的功能，而且对减轻采后病害的发生也有明显作用。

（8）改善品质，提高商品等级，实现增产增收。

植物病原细菌存在 *hrp* 基因（hypersensitive reaction and pathogenicity

gene），决定病原菌对寄主植物的致病性和非寄主植物的过敏性坏死反应（HR）。植物病原菌都有 *hrp* 基因簇，分子量为 2000～4000，包括 3～13 个基因，它们既和致病性有关，又与诱导寄主的过敏性坏死反应有关。自 1992 年首次报道从梨火疫病（*Erwinia amylovora*）中分离到 *hrp* 基因产物 Harpin 蛋白，之后对细菌产生的 Harpin 蛋白进行了广泛的研究。

Harpin 能诱导多种植物的多个品种产生 HR，如诱导烟草、马铃薯、番茄、矮牵牛、大豆、黄瓜、辣椒以及拟南芥产生过敏反应。Harpin 蛋白既能诱导非寄主植物产生过敏反应，其本身又是寄主的一种致病因子。从病原菌中清除它们的基因，会降低或完全消除病原菌对寄主的致病力和诱导非寄主产生过敏反应的能力。激发子 HarpinPss 可激活拟南芥属（*Arabidopsis*）植物中两种介导适应性反应的酶的活性。Harpin 还具有调节离子通道、引起防卫反应和细胞死亡的功能。

美国 EDEN 生物科学公司利用 Harpin 蛋白开发出一种生物农药 Messenger，并于 2000 年 4 月获得登记。Messenger 是含 3% HarpinEa 蛋白的微粒剂，是一种无毒、无害、无残留、无抗性风险的生物农药。对 45 种以上作物的田间试验结果表明，Messenger 具有促进作物生长发育、增加作物生物量积累、增加净光合效率以及激活多途径的防卫反应等作用。对番茄的试验表明，产量平均增加 10%～22%，化学农药用量减少 71%。Messenger 可用于大田或温室的所有农产品，是一种广谱杀菌剂，对大多数真菌、细菌和病毒有效，具有抑制昆虫、螨类和线虫的作用，同时可以促进作物生长。Messenger 的施用方法包括叶面喷雾、种子处理、灌溉和温室土壤处理。用量一般为有效成分 2～11.5g/hm^2，间隔 14d。

适宜作物　油菜、黄瓜、辣椒、水稻等。

剂型　3% 微颗粒剂。

应用技术

（1）油菜生长期使用可培养植株抗性　应用超敏蛋白在油菜生长期进行喷雾，能诱导植株对菌核病菌产生过敏性反应及获得一定的系统抗性。其 15mg/kg、30mg/kg 和 60mg/kg 浓度对菌核病的防效分别为 22.34%、24.56% 和 18.23%，与对照药剂多菌灵 625mg/kg 浓度的防效（22.24%）接近。同时超敏蛋白 25mg/kg 和 30mg/kg 的浓度能够有效促进植株的生长发育，增加分枝数、角果数、单角结籽数和千粒重，使秕粒率下降；增产效果分别为 25.06% 和 20.73%。

（2）防治黄瓜霜霉病、白粉病　在黄瓜上进行应用效果实验，结果表明第 3 次施药后 7d，超敏蛋白浓度 15mg/kg、30mg/kg 和 60mg/kg 对霜霉病的防效分别为 18.12%、54.59% 和 59.12%，低于对照药剂大生 1250mg/kg 的防效（86.74%）；超敏蛋白浓度 15mg/kg、30mg/kg 和 60mg/kg 对白粉病的防效分别为 30.27%、44.05% 和 29.00%，与对照药剂大生 1.250mg/kg 的防效（41.28%）接近。

（3）增产作用

① 黄瓜　用 15mg/kg 和 30mg/kg 的超敏蛋白处理黄瓜，可有效促进植株的生长发育，使黄瓜提早 2～3d 开花，叶长、叶宽、瓜长、瓜横切直径和单瓜重增加，增产效果分别为 23.9% 和 30.8%。

② 水稻　每公顷用 3% 超敏蛋白 450g 兑水 450kg 喷施，在水稻各个生育期使用均具有明显的增产效果。处理一季晚稻平均产量 12567.3kg/hm^2，比对照增产 900.3kg/hm^2，增产率为 7.72%，经济效益显著，提高了农民收入。从节约水稻生产成本考虑，在秧苗期使用超敏蛋白费用最低，增产的效果也十分明显，还能促进移栽秧苗返青，有利于水稻生长。

（4）改善作物品质　用超敏蛋白 30mg/kg 处理辣椒 2 次后，干物质含量比对照增加 29.4%，辣椒素含量增加 11.6%，维生素 C 含量增加 48.9%，产量提高 63.25%。

注意事项

（1）超敏蛋白的活性易受氯气、强酸、强碱、强氧化剂、离子态药肥、强紫外线等的影响，使用时应注意。

（2）生产中应与其他药剂防治协调配合，以取得更好的控制病虫的效果。

（3）避光、干燥、专用仓库贮存。

赤霉酸

（gibberellic acid）

C$_{19}$H$_{22}$O$_6$，346.48，77-06-5

化学名称 $3\alpha,10\beta,13$-三羟基-20-失碳赤霉-1,16-二烯-7,9-双酸-19,10-内酯。

其他名称 赤霉素，奇宝，赤霉素 A_3，GA_3，九二零，920，ProGibb。

理化性质 纯品为结晶状固体，熔点 $223\sim225℃$（分解）。溶解性：水中溶解度为 5g/kg（室温），溶于甲醇、乙醇、丙酮、碱溶液，微溶于乙醚和乙酸乙酯，不溶于氯仿。其钾、钠、铵盐易溶于水（钾盐溶解度 50g/kg）。稳定性：干燥的赤霉酸在室温下稳定存在，但在水溶液或者水-乙醇溶液中会缓慢水解，半衰期（$20℃$）约 14d（pH3$\sim$4）；在碱中易降解并重排成低生物活性的化合物；受热（$50℃$以上）或遇氯气则加速分解。pK_a 4.0。

毒性 低毒。小鼠急性经口 $LD_{50}>2500mg/kg$，大鼠急性经皮 $LD_{50}>2000mg/kg$。对皮肤和眼睛没有刺激。大鼠每天吸入浓度为 400mg/kg 的赤霉酸 2h，21d 未见异常反应。大鼠和狗 90d 饲喂试验 $LC_{50}>1000mg/kg$ 饲料（6d/周）。山齿鹑急性经口 $LD_{50}>2250mg/kg$，$LC_{50}>4640mg/kg$ 饲料。虹鳟鱼 LC_{50}（96h）$>150mg/kg$。

作用机制与特点 赤霉酸（素）是一种贝壳杉烯类化合物，是一种广谱性的植物生长调节剂。植物体内普遍存在着天然的内源赤霉酸，是促进植物生长发育的重要激素之一。在植物体内，赤霉酸在萌发的种子、幼芽、生长着的叶、盛开的花、雄蕊、花粉粒、果实及根中合成。根部合成的赤霉酸向上移动，而顶端合成的赤霉酸则向下移动，运输部位是在韧皮部，运输快慢与光合产物移动速度相当。人工生产的赤霉酸主要经由叶、嫩枝、花、种子或果实吸收，移动到起作用的部位。赤霉酸具有多种生理作用：改变某些作物雌、雄花的比例，诱导单性结实，加速某些植物果实生长，促进坐果；打破种子休眠，使种子提早发芽，加快茎的伸长生长及有些植物的抽薹；扩大叶面积，加快幼枝生长；有利于代谢物在韧皮部内积累，活化形成层；抑制成熟和衰老、侧芽休眠及块茎的形成。其作用机理为促进 DNA 和 RNA 的合成，提高 DNA 模板活性，增加 DNA 聚合酶、RNA 聚合酶的活性和染色体酸性蛋白质；诱导 α-淀粉酶、脂肪合成酶、肮酶等酶的合成，增加或活化 β-淀粉酶、转化酶、异柠檬酸分解酶、苯丙氨酸脱氨酶的活性，抑制过氧化酶、吲哚乙酸氧化酶；增加自由生长素含量，延缓叶绿体分解，提高细胞膜透性，促进细胞生长和伸长，加快同化物和贮藏物的流动。多效唑、矮壮素等生长抑制剂可抑制植株体内赤霉酸的生物合成，赤霉酸也是这些调节剂有效的拮抗剂。

适宜作物　对杂交水稻制种、花期不育有特别功效，对棉花、花生、蚕豆、葡萄等有显著增产作用，对小麦、甘蔗、苗圃、菇类栽培、果蔬类也有作用，能缩短马铃薯的休眠期并使叶绿素减少。

剂型　含量 99％纯品，85％以上的白色粉剂，40％水溶性粉剂，40％水溶性片剂，70％可湿性粉剂，4％乳油等。混剂产品有 2.5％复硝酸钾·赤霉酸水剂，0.136％芸苔素内酯·吲哚乙酸·赤霉酸可溶性粉剂等。

应用技术

使用方式：喷洒、浸泡、浸蘸、涂抹。

使用技术：赤霉酸是我国目前农、林、园艺上应用最为广泛的一种生长调节剂。其应用主要有以下几方面。

（1）打破休眠，促进发芽

① 大麦　用 1mg/kg 赤霉酸溶液于播前浸种 1 次，可促进种子发芽。

② 棉花　用 20mg/kg 赤霉酸药液浸种 6～8h，可促进种子萌发。

③ 豌豆　用 50mg/kg 赤霉酸药液在播前浸种 21h，可促进种子发芽。

④ 扁豆　用 10mg/kg 赤霉酸药液在播前拌种，可促进种子发芽。

⑤ 马铃薯　用 0.5～2mg/kg 的药液浸泡切块 10～15min，可促使休眠芽萌发。

⑥ 甘薯　用 10～15mg/kg 的药液浸泡块茎 10min，可打破休眠。

⑦ 茄子　用 50～100mg/kg 赤霉酸药液浸种 8h，可打破浅休眠，或用 500mg/kg 赤霉酸药液浸种 24h，可打破中度休眠。

⑧ 莴笋　用 200mg/kg 赤霉酸药液在 30～38℃下浸种 24h，可打破休眠。

⑨ 油茶　用 20mg/kg 赤霉酸药液浸种 4h，可加快催芽速度。

⑩ 桑树　用 1～50mg/kg 赤霉酸药液于桑树冬眠期喷洒，可促使桑树提早 2～6d 萌发开叶。

⑪ 乌榄　用 50～200mg/kg 赤霉酸药液浸种 4h，可打破种子休眠。

⑫ 苹果　用 2000～4000mg/kg 赤霉酸液药液于早春喷洒，可打破芽的休眠。

⑬ 草莓　用 5～10mg/kg 赤霉酸液药液在花蕾出现 30％以上时喷心叶，每株 5mg，可打破草莓植株的休眠。

⑭ 金莲花　用 100mg/kg 赤霉酸药液浸种 3～4h，可促进种

子萌发。

⑮ 牡丹　用 800～1000mg/kg 赤霉酸药液，于每天下午 5～6 时，用脱脂棉包裹花芽，用毛笔将药液点滴在脱脂棉上，连续处理 3～4 次，可促进发芽。

⑯ 仙客来　用 100mg/kg 赤霉酸药液浸种 24h，可促使提前发芽。

⑰ 狗牙根　用 5mg/kg 赤霉酸药液浸种 24h，可促进萌发。

⑱ 结缕草　先用 70～100g/kg 的氢氧化钠浸种 15min，再用 40～160mg/kg 赤霉酸药液浸种 24h，可打破种子休眠。

⑲ 天堂草、马尼拉草　用 25～50mg/kg 赤霉酸药液于分蘖期喷洒植株，可促使匍匐茎的伸长和分蘖，缩短成坪天数，提高草坪品质。

（2）促进营养体生长

① 小麦　用 10～20mg/kg 赤霉酸药液于小麦返青期喷叶，可促进前期分蘖，提高成穗率。

② 矮生玉米　用 50～200mg/kg 赤霉酸药液在玉米营养生长期喷叶 1～2 次，间隔期为 10d，可增加株高。

③ 芹菜　用 50～100mg/kg 赤霉酸药液在收获前 2 周喷 1 次叶，可使茎叶肥大，增产。

④ 菠菜　在菠菜收获前 3 周，用 10～20mg/kg 赤霉酸药液喷叶 1～2 次，间隔期为 3～5d，可使茎叶肥大，增产。

⑤ 苋菜　于苋菜 5～6 叶期，用 20mg/kg 赤霉酸药液喷叶 1～2 次，间隔期为 3～5d，可使茎叶肥大，增产。

⑥ 花叶生菜　于 14～15 叶期，用 20mg/kg 赤霉酸药液喷叶 1～2 次，间隔期为 3～5d，可使茎叶肥大，增产。

⑦ 葡萄苗　用 50～100mg/kg 赤霉酸药液在苗期喷叶 1～2 次，间隔期为 10d，可增加株高。

⑧ 茶树　于茶树 1 叶 1 心期，用 50～100mg/kg 赤霉酸药液喷洒全株，可促进生长，增加茶芽密度。

⑨ 桑树　每次采摘桑叶后 7～10d，用 30～50mg/kg 赤霉酸药液喷洒叶面，可促进桑树生长，提高桑叶产量和质量。

⑩ 白杨　用 10000mg/kg 赤霉酸药液涂抹新梢或伤口 1 次，可促进生长。

⑪ 落叶松　于苗期用 10～50mg/kg 赤霉酸药液喷洒 2～5 次，间隔期为 10d，可促进地上部生长。

⑫ 烟草　用 15mg/kg 赤霉酸药液在苗期喷洒叶面 2 次，间隔期为

5d，可提高烟叶质量，增产。

⑬ 芝麻　在始花期用 10mg/kg 赤霉酸药液喷洒全株 1 次，可增产。

⑭ 大麻　于大麻出苗后 30～50d，用 50～200mg/kg 赤霉酸药液喷洒叶面，可增加株高，提高产量，改善大麻纤维质量。

⑮ 元胡　用 40mg/kg 赤霉酸药液在苗期喷洒植株 2～5 次，间隔期为 1 周，可促进生长，增加块茎产量，同时防霜霉病。

⑯ 白芷　用 20～50mg/kg 赤霉酸药液浸泡种苗 30min，可提前8～10d 开花。

⑰ 马蹄莲　用 20～50mg/kg 赤霉酸药液于萌芽后喷洒植株生长点，可促使花梗生长。

⑱ 大丽花　用 20～100mg/kg 赤霉酸药液于萌芽后喷洒生长点，可增加早熟品种株高，促使开花。

（3）促进坐果或无籽果的形成

① 棉花　用 20mg/kg 赤霉酸药液浸种 6～8h，可加快发芽，促进全苗生长。或用 20mg/kg 赤霉酸药液喷洒幼铃 3～5 次（间隔 3～4d），可促进坐果，减少落铃。

② 黄瓜　用 50～100mg/kg 赤霉酸药液于开花时喷花 1 次，可促进坐果，增产。

③ 甜瓜　用 25～35mg/kg 赤霉酸药液于开花前一天或当天喷洒 1次，可促进坐果，增产。

④ 番茄　用 10～50mg/kg 赤霉酸药液于开花期喷花 1 次，可促进坐果，防止果实空洞。

⑤ 茄子　用 10～50mg/kg 赤霉酸药液于开花期喷叶 1 次，可促进坐果，增产。

⑥ 梨　用 10～20mg/kg 赤霉酸药液于花期至幼果期喷花或幼果 1次，可促进坐果，增产。

⑦ 莱阳茌梨　用 10～20mg/kg 赤霉酸药液于盛花期喷花 1 次，可提高坐果率。

⑧ 京白梨　用 5～15mg/kg 赤霉酸药液于盛花期或幼果期喷花或果 1 次，可提高坐果率 26％。

⑨ 砂梨　用 50mg/kg 赤霉酸药液于初蕾期喷洒 1 次，坐果率可提高 2.7 倍。

⑩ 有籽葡萄　用 20～50mg/kg 赤霉酸药液于花后 7～10d 喷幼果 1

次，可促进果实膨大，防止落粒，增产。

⑪ 金丝小枣　用 15mg/kg 赤霉酸药液于盛花期末喷花 2 次，可提高坐果率。

⑫ 樱桃　用 10～20mg/kg 赤霉酸药液在收获前 20d 左右喷洒，可提高坐果率及果实重量。

⑬ 果梅　用 30mg/kg 赤霉酸药液于开花前一天或当天喷雾，可提高坐果率。

（4）延缓衰老及保鲜作用

① 黄瓜、西瓜　用 10～50mg/kg 赤霉酸药液于黄瓜采收前喷瓜，可延长贮藏期。

② 蒜薹　用 20mg/kg 赤霉酸药液浸蒜薹基部，可抑制有机物向上运输，保鲜。

③ 脐橙　用 5～20mg/kg 赤霉酸药液于果实着色前 2 周喷果，可防止果皮软化，保鲜，防裂。

④ 柠檬　用 100～500mg/kg 赤霉酸药液于果实失绿前喷果，可延迟果实成熟。

⑤ 柑橘　用 5～15mg/kg 赤霉酸药液于绿果期喷果，可保绿，延长贮藏期。

⑥ 香蕉　用 10mg/kg 赤霉酸药液于采收后浸果，可延长贮藏期。

（5）调节开花

① 玉米　用 40～100mg/kg 赤霉酸药液于雌花受精后、花丝开始发焦时喷洒或灌入苞叶内，可减少秃尖，促进灌浆，增加结实率和千粒重。

② 杂交水稻　用 10～30mg/kg 赤霉酸药液于始穗期至齐穗期喷洒，可推迟萌芽和开花，促进穗下节伸长，使其抽穗早，提高异交率。

③ 黄瓜　用 50～100mg/kg 赤霉酸药液于 1 叶期喷药 1～2 次，可诱导雌花形成。

④ 西瓜　用 5mg/kg 赤霉酸药液于 2 叶 1 心期喷叶 2 次，可诱导雌花形成。

⑤ 瓠果　用 5mg/kg 赤霉酸药液于 3 叶 1 心期喷叶 2 次，可诱导雌花形成。

⑥ 胡萝卜　用 10～100mg/kg 赤霉酸药液于生长期喷雾，可促进抽薹、开花、结籽。

⑦ 甘蓝　于苗期用 100～1000mg/kg 赤霉酸药液喷苗，可促进花芽分化，早开花，早结果。

⑧ 菠菜　于幼苗期用 100～1000mg/kg 赤霉酸药液喷叶 1～2 次，可诱导开花。

⑨ 莴苣　于幼苗期用 100～1000mg/kg 赤霉酸药液喷叶 1 次，可诱导开花。

⑩ 草莓　于花芽分化前 2 周，用 25～50mg/kg 赤霉酸药液喷叶 1 次，或于开花前 2 周，用 10～20mg/kg 赤霉酸药液喷叶 2 次（间隔 5d），均可促进花芽分化，花梗伸长，提早开花。

⑪ 菊花　于菊花春化阶段，用 1000mg/kg 赤霉酸药液喷叶 1～2 次，可代替春化阶段，促进开花。

⑫ 勿忘我　于播种后 5～92d，用 400mg/kg 赤霉酸药液喷叶，可促进开花。

⑬ 郁金香　用 300～400mg/kg 赤霉酸药液于株高 5～10cm 时喷洒植株，可促进开花。

⑭ 报春花　用 10～20mg/kg 赤霉酸药液于现蕾后喷洒，可促进开花。

⑮ 紫罗兰　用 100～100mg/kg 赤霉酸药液于 6～8 叶期喷洒，可促进开花。

⑯ 绣球花　用 10～50mg/kg 赤霉酸药液于秋天去叶后喷洒，可促进茎的生长，提前开花。

⑰ 仙客来　用 1～50mg/kg 赤霉酸药液喷洒生长点，可促进花梗伸长和植株开花。

⑱ 白孔雀草　用 50～400mg/kg 赤霉酸药液于移栽后 40d 喷洒 3 次（间隔 1 周），可促进花枝伸长，提前开花。

（6）提高三系杂交水稻制种的结实率　一般从水稻抽穗 15% 开始，用 25～55mg/kg 的赤霉酸溶液喷施母本，一直喷到 25% 抽穗为止，共喷 3 次，先用低浓度喷施，再用较高浓度。可以调节水稻三系杂交制种的花期、促进种田父母本抽穗，减少包颈，提高柱头外露率，增加有效穗数、粒数，从而明显提高结实率。一般常规水稻喷施赤霉酸后，能提高分蘖穗的植株高度，提高稻穗整齐度，促进后期分蘖成穗。

（7）赤霉酸与其他物质混用

① 赤霉酸与氯化钾混用。在赤霉酸中添加氯化钾可促进烟草种子发芽。赤霉酸（GA_3）有促进烟草种子发芽的作用，氯化钾则没有，但赤霉酸与氯化钾（50mg/kg＋500mg/kg）混合使用，对烟草种子发芽的促进作用显著高于赤霉酸单用。

② 赤霉酸与尿素等肥料混用。两者混用有协同作用。在葡萄开花前单用于葡萄花序，可以诱导葡萄单性结实形成无籽葡萄，如果在 20mg/kg 赤霉酸（GA_3）处理液中添加 1g/kg 尿素和 1g/kg 磷酸进行混用，不仅可以诱导无籽果实的形成，还可以减少落果率，增加无籽果实重量和产量。赤霉酸（GA_3）100～200mg/kg 与 0.5% 尿素混用喷洒到柑橘、柠檬的幼苗上，可以促进幼苗生长，尿素对幼苗有明显的促进作用。在脐橙开花前整株喷洒赤霉酸与尿素（5～10mg/kg＋0.5%）混合液，可以提高脐橙产量。

③ 赤霉酸与吲哚丁酸混合制成赤·吲合剂。它是一种广谱性的植物生长物质，可促进植物幼苗的生长。其主要功能是促进幼苗地下、地上部分成比例生长，促进弱苗变壮苗，加快幼苗生长发育，最终提高产量、改善品质。适用于水稻、小麦、玉米、棉花、烟草、大豆、花生等大多数大田作物，各种蔬菜、花卉等植物的幼苗。在种子萌发前后至幼苗生长期，以拌种、淋浇或喷洒方式使用。

④ 赤霉酸与对氯苯氧乙酸混用。可以增加番茄单果重量与产量。在气温比较低的情况下，番茄开花时需要用对氯苯氧乙酸（25～35mg/kg）浸花以促进坐果，但其副作用是会产生部分空洞果。如果将赤霉酸（40～50mg/kg）与对氯苯氧乙酸（25～35mg/kg）混用，则不仅可以增加坐果率和单果重量，也可以减少空洞果与畸形的比例，提高番茄产量与品质。

⑤ 赤霉酸与 2-萘氧乙酸、二苯脲混合使用。可以促进欧洲樱桃坐果。欧洲樱桃开花坐果率低，自然坐果率仅 4% 左右。若用赤霉酸（GA_3 200～500mg/kg）-萘氧乙酸［50mg/kg，加二苯脲（300mg/kg）］的混合液在盛花后喷花，两年应用的坐果率可提高到 53.5%～93.8%，不同年份因温度、湿度等差异其促进坐果的效果略有不同，但混用促进坐果的作用显著。

⑥ 赤霉酸与 2-萘氧乙酸的微肥混合。可促进樱桃坐果增产。在樱桃盛花后用 0.4% 赤霉酸（GA_3），0.2% 2-萘氧乙酸、0.18% 碳酸钾、0.03% 硼、0.03% 硬脂酸镁混合溶液处理樱桃花器，可明显提高樱桃坐果率，增加产量。

⑦ 赤霉酸与硫代硫酸银混用。可诱导葫芦形成雄花。赤霉酸可以诱导雄花形成，乙烯生物合成抑制剂硫代硫酸银也有同样作用，而二者（200mg/kg 赤霉酸＋200mg/kg 硫代硫酸银）混合使用诱导雄花的作用更明显。

⑧ 赤霉酸与氯吡脲混用。可促进葡萄坐果与果实膨大。在葡萄盛花后 10d，将氯吡脲 5mg/kg 与赤霉酸（GA₃）10mg/kg 混合处理葡萄花序，不仅可明显提高坐果率，而且还可促进幼果膨大，使果粒均一整齐，提高商品性能。但氯吡脲使用浓度应控制在 5～10mg/kg，否则会使得果实太大而降低品质风味。

⑨ 赤霉酸、生长素与糠氨基嘌呤混用。可以改善番茄果实品质。用赤霉酸（GA₃）、生长素加糠氨基嘌呤（30mg/kg＋100mg/kg＋40mg/kg）对番茄进行浸花或喷花处理，不仅可以提高温室条件下番茄的坐果率，而且可以提高果实甜度、维生素 C 含量和干物质重量，大大改善果实品质。

⑩ 赤霉酸与卡那霉酸（100mg/kg＋200mg/kg）混用。在葡萄开花前处理花序，可以诱导产生无籽果，提高无籽果实比例，增加果实大小，并促进早熟。

⑪ 赤霉酸混合物。可促进番茄坐果。用 20～100mg/kg 多种赤霉酸（GA₁、GA₃、GA₄、GA₇）的混合物处理番茄花，其坐果率和产量均明显高于同浓度的赤霉酸（GA₃）单用的效果。

⑫ 赤霉酸与芸苔素内酯混用提高水稻结实率。在杂交水稻开花时以 5～40mg/kg 的赤霉酸（GA₄）与 0.01～0.1mg/kg 的芸苔素内酯混合喷洒水稻花序，可以明显提高水稻结实率，增加产量。

⑬ 赤霉酸与硫脲混用。在打破叶芥菜休眠上有协同作用。在有光条件下，单用硫脲（0.5%）浸种叶芥菜、紫大芥休眠种子，发芽率可以从无处理的 4.5% 提高到 76.5%，单用赤霉酸（GA₃，50mg/kg）浸种的发芽率为 72%，而硫脲＋赤霉酸（0.5%＋50mg/kg）混用的发芽率为 100%；在无光条件下，单用硫脲（0.5%）浸种发芽率可以从 1% 提高到 29%，单用赤霉酸（GA₃，50mg/kg）浸种的发芽率为 55%，而硫脲＋赤霉酸（0.5%＋50mg/kg）混用的发芽率为 98.5%，二者混用增效作用显著。

⑭ 10mg/kg 赤霉酸和 20mg/kg 2,4-滴喷洒葡萄柚、脐橙，可以减少采前落果。

⑮ 在龙眼雌花谢花后 50～70d 喷 50mg/kg 赤霉酸和 5mg/kg 2,4-滴，有保果壮果的作用。

⑯ 在柿树谢花后至幼果期喷洒 500mg/kg 赤霉酸，可提高坐果率，促进果实膨大。

⑰ 在甘蔗茎收获后 7d 内，用浓度为 20～80mg/kg 的赤霉酸和

$100\sim400mg/kg$ 吲哚丁酸药液喷洒开垄后的蔗头，然后立即盖上土，可以提高发株率，促进幼苗生长，提高宿根蔗产量。

⑱赤霉酸 $100mg/kg$ ＋硼砂 0.3% ＋磷酸二氢钾 0.3% 混用。在葡萄盛花期进行第一次蘸穗，间隔 $10d$ 后用此药液再浸蘸一次果穗，可显著增大巨峰、黑奥林、红富士等品种的果粒，同时含糖量、含酸量、坐果率均有不同程度提高，整齐度较好，还可提高巨峰葡萄的无籽率。

注意事项

（1）赤霉酸在我国杂交水稻制种中使用较多。应用中应注意两点：一是加入表面活性剂，如 Tween-80 等有助于药效发挥；二是应选用优质的赤霉酸产品，严防使用劣质或含量不足的产品。目前国内登记的赤霉酸有 85% 结晶粉、20% 可溶粉剂和 4% 乳油等。结晶体、粉剂要先用酒精（或 $60°$ 白酒）溶解，再加足水量。可溶粉剂和乳油可直接加水使用。

（2）赤霉酸用作坐果剂应在水肥充足的条件下使用。糠氨基嘌呤可以扩大赤霉酸的适用期，提高应用效果。

（3）严禁赤霉酸在巨峰等葡萄品种上作无核处理，以免造成僵果。

（4）赤霉酸作生长促进剂，与叶面肥配用，才会有利于形成壮苗。单用或用量过大会产生植株细长、瘦弱及抑制生根等副作用。

（5）赤霉酸用作绿色部分保鲜，如蒜薹等，与糠氨基嘌呤混用其效果更佳。

（6）赤霉酸为酸性，勿与碱性药物混用。

（7）赤霉酸遇水易分解失效，要随用随配。因易分解，对光、温度敏感，$50°C$ 以上易失效，故不能加热，保存要用黑纸或牛皮纸遮光，放在冰箱中，贮存期不要超过 2 年。母液用不完，要放在 $0\sim4°C$ 冰箱中，最多只能保存 1 周。

（8）经赤霉酸处理的棉花，不孕籽增加，故留种田不宜施药。

附 赤霉酸复配产品

1. 瓜果防裂素

作用机制与特点 瓜果防裂素是农业科研专家新研制的瓜果类复合型植物生长调节剂，由赤霉酸、苄氨基腺嘌呤、KT-30、强力膨大因子及多种微量元素整合而成。

主要功能特点有：①防裂果、防空心。在果实的生长期喷施该品，可使果面表层形成一层透气不透水，且耐雨水冲刷的保护膜，其内含植物皂荚素等多种元素，可增强果面张力，使果实正常膨胀；当果实生长进入成熟期或遇多雨天气时，可控制果实吸水和果肉组织膨胀，避免出现裂果、空心果等。该品对各类果实的放射性裂果、同心状裂果、混合型裂果、病害引起的裂果等均有明显效果，尤其对罗汉果防裂有特效。②保花保瓜。在作物生长期每隔7～10d喷施1次，具有保花保果、均匀着色、黄叶变绿、小叶变大、卷叶变展、改善品质、提早成熟等多种功效。③促进果实着色、增加硬度。该品能快速激活植物细胞，增强果蒂营养，提高坐果率，促进果实着色，增加果实硬度；同时对因大风、阴雨等不良天气造成的落果也有显著效果；可增强作物抗病、抗旱、抗涝能力，提高果实品质和等级，能使作物早成熟，并可增产30%以上。

适宜作物　罗汉果、葡萄、枣、樱桃、苹果、西瓜等。

剂型　粉剂。

应用技术　喷施1000～1500倍液。

2. 碧护（BIHU）

其他名称　果树强壮剂、BH

理化性质　碧护是德国科学家依据"植物化感"和生态生化学原理研发的植物源植保产品，内含有赤霉酸（0.135%）、吲哚乙酸（0.00052%）、芸苔素内酯（0.00031%）、脱落酸、茉莉酮酸等8种天然植物内源激素，10余种黄酮类催化平衡成分和近20种氨基酸类化合物及抗逆诱导剂等30多种植物活性物质，是一种新型复合平衡植物生长调节剂。

作用机制与特点　碧护能活化植物细胞，促进细胞分裂和新陈代谢；提早打破休眠，使果树提前开花、结果，保花保果、提高坐果率、减少生理落果；促进果树生根，根系发达，有利于果树的养分吸收和利用。同时，碧护还有增产提质效果，使果蔬提早上市5～15d。从作物种子萌发到开花、结果、成熟全过程均发挥综合平衡调节作用，通过系统诱导作用，可激活植物的多重活性，使植物枝繁叶茂，根系发达，显著提高植物抗逆性（抗冻害、干旱、涝害、土壤板结、盐碱等）及抗病虫害能力，增加产量和改善品质。

（1）抗干旱　干旱情况下，作物施用碧护后能够诱导产生大量的细胞分裂素和维生素E，并维持在较高的水平，从而确保较高的光合作用效率；促进植物根系发育，诱导植物抵御干旱，抗旱节水可达30%～50%。

（2）抗病害　诱导植物产生抗病相关蛋白和生化物质，如过氧化物酶、脂肪酸酶、β-1,3-葡聚糖酶、几丁质酶，是植物应对外界生物或非生物因子侵入的应激产物，促进植物产生愈伤组织，使植物恢复正常生长，并增强植物抗病能力，对霜霉病、疫病、病毒病具有良好的预防效果。

（3）抗虫　诱导植物产生茉莉酮酸启动的一种自身保护机制，能使害虫更容易被其天敌消灭。

（4）抗冻　作物施用碧护后，植物呼吸速率增强，植物活力提高，并能够有效激活作物体内的甲壳素酶和蛋白酶，极大地提高氨基酸和甲壳素的含量，增加细胞膜中不饱和脂肪酸的含量，使之在低温下能够正常生长，可以预防和抵御冻害。还可以诱导果树产生对逆境因子的抗逆性，从而提高植物抵抗低温冻害的能力。

适宜作物　在国内外广泛应用于大田粮食作物、经济作物、果树、蔬菜、食用菌、高尔夫球场和园林花卉。

剂型　0.135％赤·吲乙·芸苔可湿性粉剂。

应用技术

（1）土壤处理　稀释20000～30000倍灌根或喷施在植物周围经疏松后的土壤表面。

（2）叶面喷雾　蔬菜、经济作物、大田作物20000倍（3g/亩）叶面喷雾，第一次是在2～5叶期或移栽定植后；第二次是在上次施药后20～30d。生育采收期长的可多喷2～3次。

（3）果树　20000～30000倍（3g/亩）叶面喷雾，第一次是在展叶期或2/3落花后；第二次是在上次施药后20～30d。生育采收期长的可多喷2～3次。

（4）绿化树木、草坪　20000倍叶面喷雾，每隔30～45d喷一次。

（5）花卉、鲜切花　20000倍叶面喷雾。

（6）森林、防护林　飞机喷洒20000～30000倍液16kg/hm^2。

注意事项

（1）贮存在阴凉干燥处，切忌受潮。

（2）不要在雨前、天气寒冷和中午高温强光下喷施，否则会影响植物对碧护的吸收。

（3）碧护使用效果主要取决于正确的亩用量，喷水量可根据作物不同生长期和当地用药习惯适当调整。

（4）碧护强壮植物，与氨基酸肥、腐植酸肥、有机肥配合使用增产效果更佳。同杀虫杀菌剂混用，可帮助受害作物更快愈合及恢复活力，有增效作用。

促生酯

（grows ester）

$$\text{（structural formula）}$$

C$_{15}$H$_{22}$O$_{3}$，250.3，66227-09-6

化学名称 3-叔丁基苯氧基乙酸丙酯。

其他名称 特丁滴，M&B25105。

理化性质 无色透明液体，带有特殊嗅味，沸点162℃（2.67kPa），微溶于水（0.05%）。

毒性 急性口服 LD$_{50}$ 为大鼠1800mg/kg，急性经皮 LD$_{50}$＞2000mg/kg。日本鹌鹑急性口服 LD$_{50}$ 为2162mg/kg。对兔皮肤和眼睛刺激中等，对蜜蜂和蚯蚓无毒。

作用机制与特点 本品为植物生长调节剂。通过吸收进入植物体内，暂时抑制顶端分生组织生长，促进苹果和梨未结果幼树和未经修剪幼树侧生枝分枝，而不损伤顶枝。

适宜作物 苹果、梨等。

剂型 75%乳油。

注意事项 采用一般防护，处理农制剂时要戴橡胶手套。本品无专用解毒药，中毒时作对症治疗。

单氰胺

（cyanamide）

$$N \equiv C - NH_2$$

CH$_2$N$_2$，42.04，420-04-2

化学名称 氨腈或氰胺。

其他名称 amidocyanogen，hydrogen cyanamide，cyanoamine，cyanogenamide。

理化性质 原药纯度≥97%。纯品为无色易吸湿晶体，熔点45～46℃，沸点83℃（66.7Pa），蒸气压（20℃）500MPa；在水中有很高的溶解度（20℃，4.59kg/L）且呈弱碱性，在43℃时与水完全互溶；溶于醇类、苯酚类、醚类，微溶于苯、卤代烃类，几乎不溶于环己烷。

对光稳定，遇碱分解生成双氰胺和聚合物，遇酸分解生成尿素；加热至180℃分解。单氰胺含有氰基和氨基，都是活性基团，易发生加成、取代、缩合等反应。

毒性　单氰胺原药大鼠急性经口 LD_{50} 为雄性 147mg/kg，雌性271mg/kg。大鼠急性经皮 $LD_{50} > 2000$mg/kg。对家兔皮肤有轻度刺激性，对眼睛有重度刺激性，该原药对豚鼠皮肤变态反应试验属弱致敏类农药。50%单氰胺水溶液对斑马鱼 LC_{50}（48h）为 103.4mg/kg；鹌鹑经口 LD_{50}（7d）981.8mg/kg；蜜蜂（食下药蜜法）LC_{50}（48h）为824.2mg/kg；家蚕（食下毒叶法）LC_{50}（2 龄）为 1190mg/kg 桑叶。该药对鱼和鸟均为低毒。田间使用浓度为 5000～25000mg/kg，对蜜蜂具有较高的风险性，在蜜源作物花期应禁止使用。家蚕主要受田间飘移影响，对邻近桑田飘移影响的浓度不足实际施用浓度的十分之一，其在桑叶上的浓度小于对家蚕的 LC_{50} 值，对桑蚕无实际危害影响，因此对蚕为低风险性。

作用机制与特点　单氰胺既是植物除草剂，也是植物生长调节剂，能够抑制植物体内过氧化氢酶的活性，加速植物体内氧化磷酸戊糖（PPP）循环，加速植物体内基础性物质的生成，终止休眠，使作物提前发芽。

适宜作物　单氰胺对大樱桃、猕猴桃、蓝莓、桃等果树有打破休眠和促进萌芽的作用。对葡萄和樱桃安全。在国外用作果树的落叶剂、无毒除虫剂。晶体单氰胺主要用于医药、保健产品、饲料添加剂的合成和农药中间体的合成，用途很广泛。

剂型　90%原药，25%、50%、80%、90%水剂，95%单氰胺结晶粉末。

应用技术

（1）葡萄　在葡萄发芽前 15～20d，用 50%水剂 10～20 倍液，喷施于枝条，使芽眼均匀着药，可使其提早发芽 7～10d，从而使开花、着色、成熟均提前。

（2）桃　据辽宁果树科学研究所对 2 个桃品种"春雪"和"金辉"的试验，发现处理后物候期明显比对照不同程度地提前，不同浓度单氰胺处理对单果重、产量和果实品质并无影响。单氰胺最佳处理浓度为1.7%，浓度过大有芽脱落现象。

（3）樱桃　在大樱桃棚室栽培过程中，由于部分果农扣棚晚，升温早，也不进行人工降温，使得大樱桃树未能满足其需冷量，出现开花不整齐现象。应用有利于打破休眠的单氰胺可以解决这个问题。施用方法为：在棚室栽培的大樱桃树扣棚后充分浇水、施肥，扣地膜后，用单氰胺 100～150 倍液均匀喷洒，要求均匀快速，浓度不要过大，喷布不要过多。如果喷布不均匀，易出现开花不整齐现象；如浓度过大、喷布过多，易造成叶芽早萌发、旺长现象。

注意事项

（1）操作时应穿戴化学防护服、化学防护手套、化学防护靴和袜子、护目镜。置于儿童接触不到处。如不慎溅入眼睛，应用流动水清洗最少 15min，同时应立即就医。无特殊解毒剂，如误食，对症治疗。

（2）避免吸入蒸汽或雾滴。贮存于干燥阴凉场所，远离酸、碱和氧化剂。不要靠近易燃物品，避免阳光直晒。

（3）本品对蜜蜂有高风险性，禁止在蜜源植物花期使用。

稻瘟灵
（isoprothiolane）

$C_{12}H_{18}O_4S_2$, 290.4, 50512-35-1

化学名称　1,3-二硫戊环-2-亚基-丙二酸二异丙酯。

其他名称　Fuji-one，富士一号，SS 11946，IPT，NNF-109。

理化性质　纯品为无色无嗅结晶。熔点 54～54.5℃，沸点 167～169℃（66.66Pa），相对密度 1.044，25℃时在水中溶解度约 54mg/kg，易溶于苯、醇、丙酮等有机溶剂。对酸、碱、光、热稳定。工业品为黄色晶体，带有刺激气味。

毒性　急性经口 LD_{50}（mg/kg）：雄大鼠 1190，雌大鼠 1340，雄小鼠 1340；雄性日本鹌鹑 4710，雌性日本鹌鹑 4180。雌、雄大鼠急性经皮 LD_{50}＞10000mg/kg。对眼睛有轻微刺激，对皮肤无刺激。大鼠急性吸入 LC_{50}（4h）＞2.7mg/L 空气。Ames 试验表明无致突变作用。对大鼠的繁殖无影响，不致畸。鲤鱼 LC_{50} 为 6.7mg/kg，虹鳟鱼 LC_{50}（48h）为 6.8mg/kg，水蚤 LC_{50}（3h）为 62mg/kg。常用剂量内对鸟类、家禽、蜜蜂无影响。摄入生物体后能被分解除去，无蓄积现象。

作用机制与特点　稻瘟灵属高效、低毒、低残留的内吸性有机硫杀菌剂，可由植物茎、叶吸收，然后传导到植物的基部和顶部。对稻瘟病有特效，水稻植株吸收后，能抑制病菌侵入，尤其是抑制磷脂 N-甲基转移酶，从而抑制病菌生长，起到预防和治疗作用。对于水稻还有壮苗作用。

适宜作物　水稻。

剂型　18%、30%乳油，30%展膜油剂，40%油悬浮剂，40%可湿性粉剂、颗粒剂。

应用技术　防治稻瘟病于破口期和齐穗期各施药 1 次；防治叶瘟、穗瘟，于急性型病斑初出现时，用 40%乳油或 40%可湿性粉剂 11.3～15g/100m^2，兑水 7.5kg 喷雾。也可用于防治玉米大、小叶斑病，大麦条纹病、云纹病。还可用于水稻田起壮苗作用。每 5kg 土壤用 50 倍 12.5%颗粒剂的稀释液 500g。

注意事项

（1）不可与强碱性农药混用。

（2）水稻收获前 15d 停止使用本药。

（3）与噁霉灵混用，可增强抗水稻其他病害的能力。

2,4-滴

(2,4-dichlorophenoxy acetic acid)

C$_8$H$_6$O$_3$Cl$_2$, 221.04, 94-75-7

化学名称　2,4-二氯苯氧乙酸。

其他名称　2,4-D，2,4-D 酸。

理化性质　强酸性化合物。纯品为白色结晶，无臭，工业品为白色或淡黄色结晶粉末，略带酚气味。熔点 140.5℃，沸点 160℃。能溶于乙醇、乙醚、丙酮等大多数有机溶剂，微溶于油类，难溶于水，在 20℃水中溶解度为 540mg/kg，25℃时为 890mg/kg。化学性质稳定，通常以盐或酯的形式使用。与醇类在硫酸催化下生成相应的酯类，其酯类难溶于水；与各种碱类作用生成相应的盐类，成盐后钠盐和铵盐易溶于水。2,4-滴本身是一种强酸，对金属有腐蚀作用，不吸湿，常温下较稳定，遇紫外光照射会引起部分分解。2,4-滴在苯氧化合物中活性最强，比吲哚乙酸强 100 倍。为使用方便，常加工成钠盐、铵盐或酯类的液剂。

毒性　大白鼠急性经口 LD_{50} 为 375mg/kg，钠盐为 $666\sim805$mg/kg。没有致癌性，吸入、食入、经皮肤吸收后可抑制某些蛋白质的合成及酶的活性，对身体有害，孕妇吸入可引起胎儿畸变。对眼睛、皮肤有刺激作用，反复接触对肝、心脏有损害作用。

作用机制与特点　具生长素作用，是一种类生长素，其生理活性高，使用浓度不同其作用有较大差异，有低浓度促进、高浓度抑制的效果。使用后能被植物各部位（根、茎、花、果实）吸收，并通过输导系统，运送到各生长旺盛的幼嫩部位，降解缓慢，故可积累一定浓度，从而干扰植物体内激素平衡，破坏核酸与蛋白质代谢，促进或抑制某些器官生长，使杂草茎叶扭曲、茎基变粗、肿裂等。并可促进同化产物向幼嫩部位转送，促进细胞伸长、果实膨大、根系生长，防止离层形成，维持顶端优势，并能诱导单性结实。在植物组织培养时，常作为生长素组分配制在培养基中，促进愈伤组织生长，芽、根的形成与分化。2,4-滴在低浓度（$10\sim50$mg/kg）下，有防止落花落果、提高坐果率、促进果实生长、提早成熟、增加产量的作用。当浓度增大时，能使某些植物发生药害，甚至死亡，因此高浓度 2,4-滴是广谱的内吸性除草剂，低浓度可作植物生长调节剂，具有生根、保绿、刺激细胞分化、提高坐果率等多种生理作用。

适宜作物　通常用于番茄、茄子、辣椒，防止早期落花落果，可提早收获，增加产量；用于大白菜，可防止贮存脱叶；用于柑橘，可延长贮存期；用于棉花，可防止蕾铃脱落等。0.1%的 2,4-滴可用来防除禾谷类作物中的阔叶杂草。在 500mg/kg 以上高浓度时用于茎叶处理，可在麦、稻、玉米、甘蔗等作物田中防除藜、苋等阔叶杂草及萌芽期禾本科杂草。禾本科作物在其 $4\sim5$ 叶期具有较强耐性，是喷药的适期。有时也用于玉米播后苗前的土壤处理，以防除多种单子叶、双子叶杂草。与阿特拉津、扑草净等除草剂混用，或与硫酸铵等酸性肥料混用，可以增加杀草效果。在温度 $20\sim28$℃ 时，药效随温度上升而提高，低于20℃则药效降低。

剂型　80%可湿性粉剂、90%粉剂、72%丁酯乳剂和油膏等。

应用技术

（1）防止落花落果，提高坐果率

① 番茄　春末夏初低温易使番茄落花，为抵御低温对番茄造成落花，可采用 $15\sim25$mg/kg 的 2,4-滴水溶液喷洒花簇、涂抹花簇或浸花

簇。操作时应避免接触嫩叶及花芽，以免发生药害。施用时间以开花前1d 至开花后 1～2d 为宜。此外，还可促进果实发育，形成无籽果实。冬季温室及春播番茄应用 2,4-滴，可以提早 10～15d 采摘上市，还可改善茄果品质和风味，增加果实中的糖和维生素含量。处理方法有喷花法和涂抹法。处理花的最适宜时间为开花当天，也可在开花后一天使用。花未全开时不宜使用，花蕾过小容易灼伤花蕾；开花 48h 后不宜使用，此时保花保果不理想。同一花朵不宜连续使用，因用量过大会发生烧花和果实品质下降、畸形果增多等现象。使用之前最好进行小规模试验，之后再大面积使用。大面积使用时，应把握气温高时用低浓度，气温低时用高浓度。一般选择 9～12℃时处理新开的花朵，使用时间过早，花朵带露水会降低药效，影响效果；使用时间过晚，易导致落花及落果。

② 茄子　用 2,4-滴处理茄子，不仅能有效地防止落花，增加坐果率，还能增加早期产量。茄子应用 2,4-滴最适浓度为 20～30mg/kg，植株上有 2～3 朵花开放时，将 25mg/kg 2,4-滴溶液喷洒在花簇上，可增加坐果率，还可用点花法（用毛笔或棉球等蘸取药液涂于花柄上）或蘸花法（将配制好的药液盛于小容器中，浸花后迅速取出），如用30mg/kg 蘸花还可增加早期产量。

③ 冬瓜　在冬瓜开花时用 15～20mg/kg 2,4-滴溶液涂花柄，可显著提高坐果率。

④ 西葫芦　用 10～20mg/kg 2,4-滴溶液涂西葫芦花柄，可防止落花，同时提高产量。

⑤ 柑橘、葡萄柚　柑橘盛花期后或绿色果实趋于成熟将变色时，以 24mg/kg 2,4-滴钠盐溶液喷洒柑橘果实，可减少落果 50%～60%，并使大果实数量增加，且对果皮及果实品质无不良影响。如用 10mg/kg 2,4-滴加 20mg/kg 赤霉酸混合液处理，效果更显著，可防止果皮衰老，耐贮存。用 200mg/kg 2,4-滴铵盐溶液和 2%柠檬醇混合液处理，采收的柑橘可减少糖、酸及维生素 C 的损失，并能阻止果实腐烂。对葡萄柚也有同样效果。

⑥ 盆栽柑橘和金橘　在幼果期用 10mg/kg 2,4-滴或 10mg/kg 2,4-滴加 10mg/kg 赤霉酸溶液喷叶和果，可延长挂果期，并可防止在运输途中落果。

⑦ 芒果　用 10～20mg/kg 2,4-滴溶液喷洒可以减少芒果落果。但需注意，如浓度过高反而会增加落果。

⑧ 葡萄　采收前用 5～10mg/kg 2,4-滴溶液喷洒果实，可防止果实

在贮藏期落粒。

⑨ 香豌豆 用 0.02～2mg/kg 2,4-滴溶液喷洒香豌豆花蕾离层区，可防止落花，延长观赏期。

⑩ 朱砂根 用 10mg/kg 2,4-滴加 10mg/kg 赤霉素混合液在挂果期喷果，可延长挂果期。

⑪ 金鱼草、飞燕草 蕾期用 10～30mg/kg 2,4-滴溶液喷洒花蕾，可减少落花。

（2）促进生长，增加产量

① 水稻 种子用 10mg/kg 和 50mg/kg 浓度的 2,4-滴溶液浸种 36h 或 48h，可增产约 12%。用 100mg/kg 以上的 2,4-滴溶液浸泡种子，对秧苗生长有一定的促进作用。

② 小麦、大麦 每公顷用 20～34mg/kg 2,4-滴溶液处理冬春小麦，能控制麦田中双子叶杂草生长，并刺激小麦生长，每公顷产量比未施用 2,4-滴的高 200kg，麦粒中蛋白质含量也有提高。在小麦和大麦 5～7 叶期，叶面施用 5% 2,4-滴异丙酯加铜、硼、锰、锌、铁、硫元素的粉剂，产量可提高 11%。喷洒 2,4-滴异辛酯溶液可使麦粒蛋白质含量由 11.3% 增加至 12.5%，同时施用 0.05% 的铁二乙烯三铵五乙酸 (FeDTPA)，可使麦粒的蛋白质含量由 11.3% 增至 13.6%，而单独使用铁二乙烯三铵五乙酸则无效。盆栽大麦每隔 15d 喷洒一次 10mg/kg 2,4-滴，可提高其鲜重、干重和籽粒重。

③ 玉米 以 5mg/kg、10mg/kg 或 30mg/kg 2,4-滴浸泡杂交玉米种子 24h，可增加植株高度和产量。用 30mg/kg 时可增加产量约 20%；用 50mg/kg 时也有增产作用；浓度超过 500mg/kg，对植株有伤害作用。

④ 棉花 用 5mg/kg 2,4-滴溶液处理 40d 苗龄的棉花植株，此后每隔 20d 重复施用一次，直至开花，能防止落蕾落铃，可提高产量。

⑤ 马铃薯 以 1% 或 5% 2,4-滴粉剂另加铜、硼、锰、锌、铁和硫等无机盐的粉剂，每公顷用 6810g，施于马铃薯植株叶片上，能增产 11%～15%。种植前用 200mg/kg 2,4-滴钠盐溶液喷洒马铃薯种薯，可促进发芽，并增加产量 38.5%。播种前用 50～100mg/kg 的 2,4-DM（2,4-二氯苯氧丁酸）及硫酸锌溶液处理种薯，可使产量增加 5%～19%。

⑥ 菜豆 以 1mg/kg 的 2,4-滴及 50mg/kg 的铁、锰、铜、锌、硼盐类的水溶液，施用于生长 2 周的菜豆植株，可显著增加茎高、叶面积和根、茎、叶的鲜重，可使豆荚产量增加，豆荚中维生素 C 含量也有所增加。叶部施用 0.5mg/kg 或 1mg/kg 的 2,4-滴并加硫酸铁溶液的植

株，产量显著增加，单用 2,4-滴产量也可增加 20％。

⑦ 黄瓜　在温室条件下，播种前用 2,4-滴处理黄瓜种子，在土壤栽培中产量增加 20％，在水培中增产 6％。

⑧ 人心果　以 50mg/kg 或 100mg/kg 2,4-滴铵盐溶液喷洒人心果树，可促进果实成熟一致，成熟更快，还原糖含量较高，贮藏时水分损失较少。

⑨ 椰子　100mg/kg 2,4-滴可促进椰子萌发。

⑩ 菠萝　植株完成营养生长后，用 5～10mg/kg 2,4-滴溶液从株心处注入，每株约 30kg，可促进开花，使花期一致。适用于分期栽种、分期收获的菠萝园。

（3）贮藏保鲜

① 香蕉　于香蕉采收后，用 1000mg/kg 2,4-滴溶液喷洒，对贮藏有明显作用。

② 萝卜　在贮藏期间，用 10～20mg/kg 2,4-滴处理，可抑制生根发芽，防止糠心。2,4-滴浓度不宜过高（80mg/kg），否则影响萝卜的色泽，降低质量，而且在贮藏后期易造成腐烂。主要用于贮藏前期，过了二月份药力逐渐分解，反会刺激萝卜加速衰老。

③ 大白菜、甘蓝　采收前 3～7d，用 25～50mg/kg 2,4-滴溶液喷施至外部叶片湿透为止，外部晾干后再贮藏，可防止窖藏或运输过程中白菜大量脱帮。同样适用于甘蓝。大白菜收获后用 2,4-二氯苯氧乙酸浸根，或与萘乙酸混合液浸蘸或喷洒根茎部，可延长保鲜期，即使贮藏到来年 3 月中下旬，外层老帮仍然呈鲜绿色。

④ 花椰菜　冬前贮藏花椰菜时，用 50mg/kg 的 2,4-滴喷洒叶片，可促进花球在贮藏期间继续生长。

⑤ 板栗　用 300～500mg/kg 2,4-滴溶液喷洒板栗，晾干后贮藏，可防止发芽。

⑥ 柑橘　采收后立刻用 20～100mg/kg 2,4-滴或加入 500mg/kg 多菌灵或 1500mg/kg 特克多浸泡果实，晾干后用薄膜分别包装，可防止落蒂，并能保鲜，减少贮藏期间果皮霉烂。

注意事项

（1）2,4-滴原粉不溶于水，使用前应先加入少量水，再加入适量氢氧化钠溶液，边加边搅拌，使之溶解，然后加水稀释至需要浓度。配制药剂的容器不能用金属容器，以免发生化学反应，降低药效。

（2）2,4-滴吸附性强，用过的喷雾器必须充分洗净，否则敏感作物会受残留微量药剂的危害。洗涤方法是用清水冲洗 2～3 次，然后在喷雾器内装满水，再加入纯碱 50～100g，彻底清洗喷雾器各部件，并将此碱液在喷雾器内放置 10h 左右，再用清水冲洗干净，最好器械专一使用。

（3）该调节剂在高浓度下为除草剂，低浓度下为生长促进剂，因此应严格掌握使用浓度，以免发生药害。轻度药害症状为叶柄变软弯曲，叶片下垂，顶部心叶出现翻卷，叶片畸形，果实畸形，成果形成空心果、裂果等现象。重度药害为植株大部分叶片下垂，心叶翻卷严重，出现畸形并收缩，植株生长点萎缩坏死，整株逐渐萎蔫死亡，对双子叶植物药害较重，对单子叶植物药害较轻。使用 2,4-滴时要注意周围的作物，如有棉花、大豆等作物，应防止药液随风飘洒到这些作物上引起药害，从而使叶片发黄枯萎，造成减产。

（4）黄瓜、棉花、马铃薯等对 2,4-滴敏感，一般不宜使用。巨峰葡萄对 2,4-滴很敏感，严禁在巨峰葡萄上用作坐果剂。2,4-滴在番茄上用作坐果剂，浓度稍大易形成畸形果，建议停用。蜜蜂对 2,4-滴较为敏感，使用时应注意。

（5）蘸花或喷花后容易形成无籽果实，因此采种田不要使用；2,4-滴处理过的植株不宜留种用。

（6）2,4-滴用来促进生根时，与吲哚乙酸混用可提高促根效果。

（7）2,4-滴作为防腐剂使用时，经表面处理的新鲜蔬菜中最大使用量为 0.01g/kg，最高残留量 ≤2.0mg/kg。2019 年最新修订的 GB 2763—2019《食品安全国家标准　食品中农药最大残留限量》中规定，2,4-滴作为农药使用时，辣椒、大白菜、番茄中最大残留限量分别为 0.1mg/kg、0.2mg/kg、0.5mg/kg，美国规定了果蔬类蔬菜中 2,4-滴的残留限量为 0.1mg/kg。

—— 2,4-滴丙酸 ——
（dichlorprop）

$C_9H_8Cl_2O_3$，235.07，120-36-5

化学名称　2-(2,4-二氯苯氧基) 丙酸。

其他名称　防落灵、2,4-DP、Hormatox、Kildip、BASF-DP、Vigon-

RS、Redipon、Fernoxone、cornox RX、RD-406。

理化性质　纯品为无色无臭晶体，熔点 $121\sim123℃$，在室温下无挥发性，在20℃水中溶解度为 $350mg/kg$，易溶于丙酮、异丙醇等大多数有机溶剂，较难溶于苯和甲苯，其钠盐、钾盐可溶于水。在光、热下稳定。

毒性　原药大白鼠急性经口 LD_{50} 为 $863mg/kg$（雄），$870mg/kg$（雌），小鼠急性经口 LD_{50} 为 $400mg/kg$。大鼠急性经皮 $LD_{50}>$ $4000mg/kg$，小鼠 $1400mg/kg$。鹌鹑急性经口 LD_{50} 为 $250\sim500mg/$ kg。4.5%制剂大白鼠 LD_{50} 为 $3352mg/kg$（雄）、$3757mg/kg$（雌）；对蜜蜂无毒；鱼毒 LC_{50}（96h）：鳟鱼 $100\sim200mg/kg$。

作用机制与特点　2,4-滴丙酸为类生长素的苯氧类植物生长调节剂，主要经由植株的叶、嫩枝、果吸收，然后传到叶、果的离层处，抑制纤维素酶的活性，从而阻抑离层的形成，防止成熟前果和叶的脱落。高浓度可作除草剂。

适宜作物　可用作谷类作物双子叶杂草防除；苹果、梨采前防落果剂，且有促着色作用；对葡萄、番茄也有采前防落果的作用。

应用技术

（1）苹果、梨、葡萄、番茄的采前防落果剂　以 $20mg/kg$ 于采收前 $15\sim25d$，全株喷洒（药液 $75\sim100kg/$亩），红星、元帅、红香蕉苹果采前防落效果一般达到 $59\%\sim80\%$，且有着色作用。

2,4-滴丙酸与醋酸钙混用既促进苹果着色又延长贮存期。新红星、元帅苹果采收前落果严重，在采收前 $14\sim21d$ 用 2,4-滴丙酸和醋酸钙混合药液喷洒，可以防止采前落果、促进着色、增加硬度、改善果实品质。并可以减少贮藏期软腐病的发生，延长贮藏期。

在梨上使用也有类似的效果。此外，在葡萄、番茄上也有采前防落效果，并有促进果实着色的作用。

（2）除草剂　在禾谷类作物上单用时，用量为 $1.2\sim1.5kg/hm^2$，也可与其他除草剂混用。

注意事项

（1）使用时适当加入表面活性剂，如 0.1%吐温-80，有利于药剂发挥作用。

（2）用作苹果采前防落果剂时，与钙离子混用可增加防落效果及防治苹果软腐病。

（3）如喷后24h内遇雨，影响效果。

敌草快

（diquat）

C$_{12}$H$_{12}$Br$_2$N$_2$，344.05，85-00-7

化学名称　1,1′-乙撑-2,2′-联吡啶二溴盐。

其他名称　利农，双快，杀草快，催熟利，敌草快二溴盐，Dextrone，Reglox，Reglone，aquacide，Pathclear。

理化性质　敌草快二溴盐以单水合物形式存在，为无色至浅黄色结晶体。325℃开始分解（一水合物）。蒸气压＜0.01MPa（一水合物），相对密度1.61（25℃）。20℃，在水中溶解度为700g/L，微溶于乙醇和羟基溶剂（25g/L），不溶于非极性有机溶剂（＜0.1g/L）。稳定性：在中性和酸性溶液中稳定，在碱性条件下易水解。pH5～7时稳定；黑暗条件下pH 9时，30d损失10%；pH 9以上时不增加降解。对锌和铝有腐蚀性。

毒性　二溴盐急性经口LD$_{50}$（mg/kg）为大鼠408，小鼠234，绿头鸭155，鹧鸪295。大鼠急性经皮LD$_{50}$＞793mg/kg。延长接触时间，人的皮肤能吸收敌草快，引起暂时的刺激，可使伤口愈合延迟。对眼睛、皮肤有刺激。如果吸入可引起鼻出血和暂时性的指甲损伤。NOEL数据为大鼠0.47mg/（kg·d）（2年），狗94mg/kg饲料（4年）。ADI值为0.002mg阳离子/kg。镜鲤LC$_{50}$（96h）125mg/kg，虹鳟鱼LC$_{50}$（96h）39mg/kg。水蚤EC$_{50}$（48h）2.2μg/L，海藻EC$_{50}$（96h）21μg/L。蜜蜂LD$_{50}$（经口，120h）为22μg/只。蚯蚓LC$_{50}$（14d）243mg/kg土壤。

作用机制与特点　本品属有机杂环类除草剂，处理茎、叶后，会产生氧自由基，破坏叶绿体膜，叶绿素降解，导致叶片干枯。对杂草具有非选择性触杀作用，稍具传导性，可被绿色植物迅速吸收，受药部位枯黄；也可作为成熟作物的催枯剂，使植株上的残绿部分和杂草迅速枯死，可提前收割；在土壤中迅速失活，不会污染地下水，适用于在作物萌发前除杂草。

适宜作物 可用于棉花、马铃薯脱叶。

剂型 20%水剂。

应用技术

（1）马铃薯 收获前 1～2 周，进行叶面喷洒，施用量 0.6～0.9kg/hm²，可促进马铃薯叶片干枯。马铃薯收获前一般需要干燥脱叶，单用敌草快干燥、脱叶效果不如与尿素混用时效果好。将敌草快与尿素按 0.4kg/hm²＋20kg/hm² 混合处理马铃薯植株，处理后 3d，茎及叶子干燥脱落的程度几乎与单用 0.8kg/hm² 敌草快的效果一样。尿素降低了药的用量，减少了药剂对环境的污染。

（2）棉花 在 60%棉荚张开时，进行叶面喷洒，施用量 0.6～0.8kg/hm²，可加速棉花脱叶。

注意事项

（1）在喷洒药液过程中，除杂草和需催枯作物外，避免使药液接触其他作物绿色部分，以防发生药害。

（2）不能与碱性磺酸盐湿润剂、激素型除草剂（如 2,4-滴丁酯，已限制使用）、碱金属盐类等混用。

（3）在施药和贮存过程，要注意安全防护。

敌草隆

（diuron）

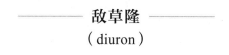

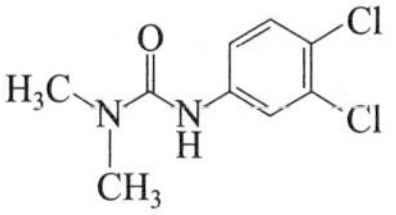

C₉H₁₀Cl₂N₂O, 233.10, 330-54-1

化学名称 3-(3,4-二氯苯基)-1,1-二甲基脲。

其他名称 DCMU, Dichlorfenidim, Karmex, Marmex。

理化性质 纯品为无色结晶固体，熔点 158～159℃，相对密度 1.48。水中溶解度为 5.4mg/kg（25℃）。在有机溶剂，如热乙醇中的溶解度随温度升高而增加。敌草隆在 180～190℃ 和酸、碱中分解。不腐蚀，不燃烧。

毒性 大鼠急性经口 LD₅₀ 为 3400mg/kg，大鼠以 250mg/kg 饲料

剂量饲喂两年，无影响。敌草隆对皮肤无刺激。

作用机制与特点　　敌草隆是一种触杀型除草剂，土壤处理可防除一年生禾本科杂草。作为植物生长调节剂，它可增强苹果的色泽；为甘蔗的开花促进剂。作用机制还有待进一步研究。

适宜作物　　苹果、棉花、甘蔗等。

剂型　　25％可湿性粉剂。

应用技术

(1) 苹果　　以 $4 \times 10^{-5} \sim 4 \times 10^{-4}$ mol/kg 敌草隆药液与柠檬酸或苹果酸混用（用柠檬酸或苹果酸调 pH3.0～3.8），在苹果着色前处理，能诱导花青素的产生，从而增加苹果的着色面积，并提高优级果率。在敌草隆与柠檬酸或苹果酸混合液中加入 0.1％吐温-20 更有利于药效的发挥。

(2) 甘蔗　　在甘蔗开花早期，以 500～1000mg/kg 喷洒花，可促进甘蔗开花。

(3) 棉花　　敌草隆与噻唑隆混剂可作棉花脱叶剂。敌草隆与噻唑隆可以制成混合制剂，用于棉花脱叶，并抑制顶端生长，促进吐絮。

注意事项

(1) 不要使敌草隆飘移到棉田、麦田及桑树上。

(2) 不能和碱性试剂混用，否则会降低敌草隆的效果。

(3) 用过敌草隆的喷雾器要彻底清洗。

(4) 遇明火、高热可燃。受高热分解，放出有毒气体。因此，工作现场严禁吸烟、进食和饮水。

(5) 工作人员采取必要的防护措施，如不慎与皮肤接触，用肥皂水及清水彻底冲洗，就医；与眼睛接触，拉开眼睑，用流动清水冲洗15min，就医；若吸入，脱离现场至空气新鲜处，就医；误服者，饮适量温水，催吐，就医。

地乐酚

（dinoseb）

$C_{10}H_{12}N_2O_5$，240.21，88-85-7

化学名称　2-异丁基-4,6-二硝基苯酚。

其他名称　二硝丁酚，4,6-二硝基-2-仲丁基苯酚，阻聚剂，DNBP，DN289，Hoe26150，Hoe02904。

理化性质　橙褐色液体，熔点 $38 \sim 42 ℃$。原药（纯度约 94%）为橙棕色固体；熔点 $30 \sim 40 ℃$。室温下在水中溶解度为 $100 mg/kg$；溶于石油和大多数有机溶剂。本品酸性，pK_a 为 4.62，可与无机或有机碱形成可溶性盐。水存在下对低碳钢有腐蚀性。其盐溶于水，对铁有腐蚀性。

毒性　大鼠急性经口 LD_{50} 为 $58 mg/kg$。家兔急性经皮 LD_{50} 为 $80 \sim 200 mg/kg$；以 $200 mg/kg$ 涂于兔皮肤上（5 次），没有引起刺激作用。180d 饲喂试验表明，每日 $100 mg/kg$ 饲料对大鼠无不良影响；两年饲养试验表明，地乐酚乙酯对大鼠的无作用剂量为 $100 mg/kg$ 饲料，狗 $8 mg/kg$ 饲料。鲤鱼 LC_{50}（48h）：$0.1 \sim 0.3 mg/kg$。最高残留限量（MRL）不得超过 $0.02 mg/kg$。在地表水和土壤中很快降解，但在地下水中长期存在。

作用机制与特点　是一种除草剂，但单用效果差，与其他除草剂混用有一定的除草作用。小量地乐酚施于玉米植株，可刺激玉米生长和发育，从而达到增产的目的。美国已有百万英亩（1 英亩＝4046.86m²）玉米田使用这种激素，一般增产 $5\% \sim 10\%$。但不同环境条件、不同玉米品种，效果不同。

适宜作物　地乐酚曾用作触杀型除草剂，可用于谷物地中一年生杂草的防除，用量为 $2 kg/hm^2$。也可作为植物生长调节剂，作马铃薯和豆科作物的催枯剂，可以控制种子、幼苗和树木的生长，被广泛用于作物的生长。

剂型　制剂有乳油。

应用技术

（1）收获前使用可加速马铃薯和其他豆类失水。在马铃薯和豆科作物收获前，以 $2.5 kg/hm^2$ 的剂量作催枯剂。

（2）叶面施药可刺激玉米生长，提高产量。在玉米拔节期至雌穗小花分化始期，每亩施纯药 $2 \sim 3 g$，稀释为 $200 mg/kg$，叶面喷施。提前或推迟施药，效果较差，甚至会减产。个别玉米品种或心叶内喷药过多时，叶片褪绿出现黄斑，但对玉米生长和产量影响不大。

注意事项

（1）地乐酚应放在通风良好的地方，远离食物和热源。

（2）避免直接接触该药品。

（3）夏季多雨、适当密植、晚熟玉米田施用，效果较好。

（4）注意十字花科植物对该药敏感。

丁子香酚

（eugenol）

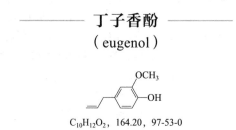

$C_{10}H_{12}O_2$，164.20，97-53-0

化学名称　4-烯丙基-2-甲氧基苯酚。

其他名称　邻丁香酚。

理化性质　无色至淡黄色液体，在空气中变棕色，有强烈的丁香气味。密度为1.0664，沸点253～254℃（常压），闪点110℃，折射率1.5400～1.5420（20℃）。不溶于水，能与醇、醚、氯仿、挥发油混溶，溶于冰乙酸和氢氧化钠溶液。

毒性　大鼠经口 LD_{50} 2680mg/kg。

作用机制与特点　丁子香酚是从丁香、百部等十多种中草药中提取出杀菌成分，辅以多种助剂研制而成的，广谱、高效、兼具预防和治疗双重作用。丁子香酚为溶菌性化合物，是一种霜霉病、疫病、灰霉病等病菌溶解剂；由植物的叶、茎、根部吸收，并有向上传导功能。安全、环保无残留；药效迅速，持效期长。已发病的作物喷药后，菌孢子马上变形，被溶解消失。对各种作物的霜霉病、灰霉病及晚疫病具有特效治疗作用。

适宜作物　蔬菜、瓜类等作物。

应用技术　对各种作物感染的真菌病害有特效，可防治蔬菜、瓜类等作物上的灰霉病、霜霉病、白粉病、炭疽病、疫病、叶霉病等。亩用0.3％液剂40～50g，兑水40～50kg，于作物发病初期喷施，3～5天用药一次，连用2～3次。

注意事项　切勿与碱性农药、肥料混用；喷药6h内遇雨补喷；水温低于15℃时，先加少量温水溶化后再兑水喷施。

独脚金内酯

（strigolactone）

独脚金醇类   列当醇类

$C_{17}H_{14}O_5$，298.29，76974-79-3

其他名称   SLs，GR24，rac-GR24。

理化性质   溶于丙酮（10mmol/L）、氯仿、乙酸乙酯。沸点 567.7 ± 50.0℃（760mmHg，1mmHg=133.3Pa），密度 $1.39 \pm 0.1 g/cm^3$，折射率 1.63，闪点 255℃。

作用机制与特点   独脚金内酯是一类倍半萜烯小分子化合物，是一些天然的独脚金醇类化合物及人工合成类似物的总称，广泛存在于高等植物中，主要在根中合成，是能够调控植物内源性发育过程的信号分子，被称为新型植物生长调节剂。独脚金内酯是调控植物分枝的第三种生长调节剂，其调节植物分枝功能不同于传统的生长素和细胞分裂素，还可同时调控株高、光形态建成、叶片形状、花青素积累、根系形态等诸多生长发育过程以及植物对干旱、低磷等环境胁迫的适应。其骨架结构由 4 个环组成，由类胡萝卜素代谢产生。目前已发现的天然产物中主要有以下几种独脚金内酯：5-脱氧独脚金醇（5-deoxystrigol）、高粱内酯（sorgolactone）、独脚金醇（strigol）、列当醇（orobanchol）和黑蒴醇（alectrol）等。人工合成的类似物有 GR24、GR6 和 GR7 等，其中 GR24 的活性最高。

独脚金内酯在水稻和拟南芥根部产生并向上运输，参与植物顶端优势的调控，直接或间接抑制腋芽发育和植物分枝。此外，独脚金内酯能够调控种子萌发、侧芽伸长、侧根生长以及株高、叶片形状、衰老等发育过程，并且在单子叶植物和双子叶植物中具有高度保守性。可通过控制独脚金内酯在植物体内的合成与代谢来调控植物分枝发育，调控作物株型。独脚金内酯的主要生物学功能表现在诱导种子萌发、促进丛枝菌根真菌菌丝分子以及调节植物的生长等方面。

适宜作物   水稻、小麦、番茄、茄子、辣椒、黄瓜等。

应用技术　　独脚金内酯类似物在杂草控制、杂草检验检疫、植株塑性、作物栽培、品种选育等方面都有重要的科研价值和应用价值。

　　（1）用于控制植物分枝，调控植物株型。研究表明，独脚金内酯的合成与信号传导可以控制水稻、小麦等的分蘖及植株的高度。对于一些园艺花卉和经济类果树，可通过控制独脚金内酯的合成来调节植物分枝，达到多开花多结果等调控效果。人工喷施独脚金内酯类似物，可抑制水稻、小麦、番茄、茄子、辣椒、黄瓜等植物的无效分枝，培育出优质的理想植株。

　　（2）新型环保除草剂，控制寄生杂草生长。独脚金内酯可以诱导杂草种子的萌发，在农作物播种或出苗前使用适量独脚金内酯类似物，可诱导寄生植物种子提前萌发，使其接触不到寄主，来抑制杂草的生长，减轻寄生植物的危害。

　　（3）作为独脚金、列当发芽促进剂，使之增产。

　　（4）保护野生中药资源，利用独脚金内酯类似物可以诱导种子萌发，可以提高肉苁蓉、锁阳等珍贵药材种子萌发率、接种率，有助于提高产量、缩短生长年限和提高规模化人工栽培水平。

　　（5）利用丛枝菌根真菌菌丝分枝和根瘤菌的形成，增强贫瘠土壤肥力。

　　注意事项

　　（1）冰袋运输。粉末于4℃干燥避光保存，有效期18个月。溶于丙酮，分装储存于−20℃或−80℃冰箱，避免反复冻融，有效期至少2个星期。

　　（2）独角金内酯溶于丙酮，通常配成10mmol/L母液，分装储存于−20℃或−80℃冰箱，避免反复冻融。使用时将母液稀释成所需要的工作液浓度。

对氯苯氧乙酸

（4-chlorophenoxyacetic acid）

$C_8H_7ClO_3$，186.59，122-88-3

　　化学名称　　4-对氯苯氧乙酸。

　　其他名称　　防落素，PCPA，番茄灵，坐果灵，促生灵，丰收灵，防落粉，4-CPA，Tomato Fix Concentrate，Marks 4-CPA，Tomatotone，Fruitone。

理化性质　纯品为无色结晶，无特殊气味，熔点 157～158℃。能溶于热水、酒精、丙酮，其盐水溶性更好，商品多以钠盐形式加工成水剂使用。在酸性介质中稳定，对光热稳定，耐贮藏。

毒性　大鼠急性经口 LD_{50} 为 850mg/kg，小鼠腹腔 LD_{50} 为 680mg/kg；鲤鱼 LC_{50} 为 3～6mg/kg，泥鳅为 2.5mg/kg（48h）；水蚤 EC_{50}＞40mg/kg。ADI 为 0.022mg/kg。

作用机制与特点　对氯苯氧乙酸是一种具有生长素活性的苯氧类植物生长调节剂，可经由植株的根、茎、叶、花、果吸收，生物活性持续时间较长，其生理作用类似内源生长素，具有刺激细胞分裂和组织分化，刺激子房膨大，诱导单性结实，形成无籽果实，促进坐果及果实膨大，防止落花落果，促进果实发育，提早成熟，增加产量，改善品质等作用。有效提高含糖量，减少畸形果、裂果、空洞果、果实病害的发生，具有保花保果、防病增产的双重作用，并有诱导单性结实的作用，应用后比 2,4-滴安全，不易产生药害。高剂量下具有除草效果。

适宜作物　各种蔬菜、瓜果、粮棉作物。主要用于番茄防止落花落果，也可用于茄子、辣椒、葡萄、柑橘、苹果、水稻、小麦等多种作物的增产增收。

应用技术

（1）防止落花，提高坐果

① 番茄　在蕾期以 20～30mg/kg 药液浸或喷蕾，可在低温下形成无籽果实；在花期（授粉后）以 20～30mg/kg 药液浸或喷花序，可促进在低温下坐果；在正常温度下以 15～25mg/kg 药液浸或喷蕾或花，不仅可形成无籽果，促进坐果，还会加速果实膨大，植株矮化，使果实生长快，提早成熟。对氯苯氧乙酸对番茄枝、叶的药害虽然较轻，但喷施时还应尽量避免将药液喷至枝、叶上。如果药液接触到幼芽或嫩叶，也会引起轻度的叶片皱缩、狭长或细小等药害现象。对出现药害的番茄，应加强肥水管理，促进新叶正常发生。

② 茄子　用小型手持喷雾器或喷筒，对准花朵喷雾，浓度为 50～60mg/kg，可显著增加早期产量。须注意要根据气温的变化，调整施用浓度，如气温低于 20℃，可选用 60mg/kg，若气温高，浓度应适当低一些。喷花时尽量避免将药液喷洒在枝、叶上，否则会出现不同程度的药害。

③ 辣椒　以 10～15mg/kg 药液喷花，能保花保果，促进坐果结荚。

④ 南瓜、西瓜、黄瓜等瓜类作物　以 20～25mg/kg 药液浸或喷花，可防止化瓜，促进坐果。

⑤ 四季豆　以 1～5mg/kg 药液喷洒全株，可促进坐果结荚，明显提高产量。

⑥ 葡萄、柑橘、荔枝、龙眼、苹果　在花期以 25～35mg/kg 药液整株喷洒，可防止落花，促进坐果，增加产量。

⑦ 高果梅、金丝小枣　用 30mg/kg 药液在盛花末期喷洒，可提高二者的坐果率。

（2）增产增收及保鲜作用

① 水稻　在水稻扬花灌浆期，每亩用 95％粉剂 3g 加水 50kg 均匀喷于稻茎、叶。

② 小麦　在苗期每亩用 95％粉剂 3g 加水 50kg 全株均匀喷雾。

③ 大白菜　在收获前 3～15d，用 20～40mg/kg 的药液在晴天下午喷洒，可有效防止大白菜贮存期间脱帮，且有保鲜作用。贮存期长（超过 120d），以高浓度（40mg/kg）较好；贮存期短（60d 左右），以 20～30mg/kg 为宜。且可抑制柑橘果蒂叶绿素的降解，对柑橘有保鲜的作用。

注意事项

（1）对氯苯氧乙酸作坐果剂，在水肥充足、长势旺盛时使用效果好。在使用时，适量增加些微量元素效果更好，但不同作物配比不同，勿任意使用。

（2）巨峰葡萄对对氯苯氧乙酸较为敏感，勿用对氯苯氧乙酸作叶面喷洒。

（3）在作物开花第二天 10 时以前或 16 时以后使用。

（4）严格掌握使用浓度，不能随意加大浓度。药粉兑水时，要充分搅拌 2min 后再使用。

（5）喷药部位为作物的花柄、幼果，不能喷在生长点、嫩叶上。如不慎喷到嫩叶上，发生严重卷叶，可用 1g 90％赤霉素兑水 45kg 喷洒，过几天就会好转。

对溴苯氧乙酸

[(4-bromophenoxy) acetic acid]

$C_8H_7BrO_3$，231.04，1878-91-7

化学名称　4-溴苯氧基乙酸。

其他名称　增产素，4-溴代苯氧乙酸。

理化性质　纯品为白色针状结晶，商品为微红色粉末。熔点156～159℃，难溶于水，微溶于热水，易溶于乙醇、丙酮等有机溶剂，常温贮存不稳定。遇碱易生成盐。

毒性　对人、畜低毒。

作用机制与特点　对溴苯氧乙酸通过茎、叶吸收，传导到生长旺盛部位，使植株叶色变深，叶片增厚，新梢枝条生长快，提高坐果率，增大果实体积和增加重量，并使果实色泽鲜艳。

适宜作物　水稻、小麦、苹果等。

剂型　99％粉剂。

应用技术

（1）保花保果　在苹果盛花期用10～20mg/kg对溴苯氧乙酸溶液进行喷雾。成龄树每株喷2.5kg药液为宜。

（2）使籽粒饱满，增加产量

① 小麦　在扬花灌浆期用30～40mg/kg对溴苯氧乙酸溶液进行喷雾，可减少空秕率，增加千粒重。

② 水稻　在水稻抽穗期、扬花期或灌浆期用20～30mg/kg对溴苯氧乙酸溶液进行喷雾，用药量为30g/hm^2，可以提高成穗率和结实率，使籽粒饱满、产量增加。

注意事项

（1）因原药水溶性差，配药时应先将原药加入95％乙醇中，然后再加水稀释。药液中加入0.1％中性皂可增加展着黏附率，提高药效。

（2）要严格掌握施药浓度，在苹果上使用浓度不宜超过30mg/kg。选择晴天早晨或傍晚施药，避免在降雨或烈日下施药。施药后6h内遇下雨，要重新喷。

（3）有关该试剂的毒性、对作物的安全性、适用作物等还有待进一步试验。

多效唑

（paclobutrazol）

$C_{15}H_{20}ClN_3O$，293.65，76738-62-0

化学名称　（2RS，3RS）-1-(4-氯苯基)-4,4-二甲基-2-(1H-1,2,4-三唑-1-基)戊-3-醇。

其他名称　PP_{333}，氯丁唑，Boxzi，Clipper，Culter，MET，Parlay，Smarect。

理化性质　纯品多效唑为无色结晶白色固体，工业品为淡黄色。熔点165～166℃，密度1.22g/cm³。难溶于水，可溶于乙醇、甲醇、丙酮、二氯甲烷等有机溶剂。溶解性：水35mg/L，甲醇150g/L，丙二醇50g/L，丙酮110g/L，环己酮180g/L，二氯甲烷100g/L，二甲苯60g/L。纯品在常温下存放2年以上稳定，50℃下至少6个月内不分解，稀溶液在pH4～9范围内及紫外线下，分子不水解或降解。

毒性　为低毒植物生长调节剂。多效唑原药急性 LD_{50}（mg/kg）：大鼠经口2000（雄）、1300（雌），小鼠经口490（雄）、1200（雌）；大鼠、兔经皮＞1000。对大鼠、兔皮肤和眼睛有一定的刺激作用。以250mg/kg剂量饲喂大鼠两年，未发现异常现象；对动物无致畸、致突变、致癌作用。

作用机制与特点　多效唑是20世纪80年代研制成功的三唑类高效低毒的植物生长延缓剂，易为植物的根、茎、叶和种子吸收，通过木质部进行传导，是内源赤霉素合成的抑制剂。在农业上的应用价值在于它对作物生长的控制效果上，主要是通过抑制赤霉素的合成，减缓植物细胞的分裂和伸长，从而抑制新梢和茎秆的伸长或植株旺长，缩短节间，促进侧芽（分蘖）萌发，增加花芽数量，提高坐果率，增加叶片内叶绿素含量、可溶性蛋白和核酸含量，降低赤霉素和吲哚乙酸的含量，提高光合速率，降低气孔导度和蒸腾速率，使植株矮壮，根系发达，提高植株抗逆性能，如抗倒、抗旱、抗寒及抗病等抗逆性，增加果实钙含量，减少贮存病害等。在多种果树上施用，能抑制根系和营养体的生长；使叶绿素含量增加；抑制顶芽生长，促进侧芽萌发和花芽的形成，增加花蕾数，提高着果率，改善果实品质及提高经济效益，被认为是迄今为止最好的生长延缓剂之一。

适宜作物 用于水稻、小麦、玉米等作物防止徒长，用于水稻秧田，还可抑制秧田杂草的生长；用于柑橘、苹果、梨、桃、李、樱桃、杏、柿等果实可控制植株的高度；用于菊花、山茶花、百合花、桂花、杜鹃花、一品红、水仙花等观赏植物，可使株型紧凑、小型化；对菊花、水仙和一串红等草本花卉的株高有抑制或控制作用，使株型更有利于观赏；对盆栽榔榆、紫薇、九里香、扶桑、山指甲、福建茶和驳骨丹等绿篱植物新梢的伸长也有明显的抑制作用；还可矮化草皮，减少修剪次数。

剂型 15％可湿性粉剂，25％乳油，15％悬浮剂，5％高渗乳油。

应用技术

（1）控制生长、抗倒伏

① 水稻 播后5～7d，放干水田，将120g 25％乳油兑水100kg，均匀喷雾。多效唑对连作晚稻秧苗具有延缓生长速度，控制茎叶伸长，防止徒长，促进根系生长，增加分蘖，增强光合作用，培育多蘖壮秧，加大秧龄弹性，防止秧苗移栽后"败苗"等功能。

使用时须注意，水稻秧苗喷施多效唑后，要作移栽处理，不可拔秧留苗，秧田要翻耕后再插秧，以免影响正常抽穗；按规定的用量和浓度施用；应用多效唑的秧田，播种量不能过高。杂交稻秧田播种可以提早1～2d；要在秧田无水（有水层的要提前排水）或水稍干后喷雾，第二天再上水或过跑马水湿润育秧。喷施后3h内下大雨要重喷；使用多效唑育秧的秧田，第二年不可连作秧田，要轮换。

② 玉米 在播种前浸种10～12h，1kg种子加15％多效唑可湿性粉剂1.5g，加水100g，3～4h搅拌一次。

③ 小麦 在麦苗一叶一心期、小麦起身至拔节前每亩用15％多效唑可湿性粉剂40g，加水50kg喷施。

④ 油菜

a.提高油菜产量 于油菜进入越冬前几天，喷洒75～300mg/kg的多效唑药液，能使菜苗矮壮，叶色加深，叶片加厚，有效防止早抽薹，增强植株抗冻耐寒能力，使油菜冻害率降低30％以上，冻害指数降低15％以上，产量明显增加。也可于春后油菜初薹期，用浓度为40mg/kg的多效唑药液处理提高产量。

另外，也可在油菜苗2叶期和栽后15d，施硼肥7.5kg/hm^2，加

15%多效唑可湿性粉剂 150g，加水 40kg 喷洒。处理后，明显增加根颈粗、单株鲜重和干重，提高叶片净光合速率，增产 14.4%左右。

b. 防止甘蓝型优质油菜倒伏　对于易倒伏的油菜品种，在现蕾期用 150mg/kg 的多效唑药液喷洒，可降低成株株高 17.2cm 和一次分枝的高度 13.9cm，增加单株有效分枝数和角果数，有效防止倒伏，提高产量 14.3%。

c. 快速繁殖油菜　在油菜组培的生根培养基中加入 0.1mg/kg 浓度的多效唑药液，可抑制试管苗的徒长，使茎秆矮化，叶色深绿，叶片厚实，根多粗壮。假植和直接移栽的成活率均高于 90%，且后效强。如甘蓝型油菜隐性核不育系 117A 的试管苗移栽后，成熟时植株高达 148cm，主茎有效角果数达 471.7 个/株，单株产量达 17g。

d. 抑制油菜三系制种中微粉的产生　南方油菜三系制种，有微粉产生会干扰甚至造成生产不能使用；春播制种产量低、质量差，无法大面积推广。多效唑虽然不能对微粉产生直接作用，但能通过延缓生长发育、推迟生育期，使小孢子发育处于温敏发育后无微粉。另据贵州的试验，对油菜雄性不育系陕 2A，于抽薹盛期用 300mg/kg 的多效唑药液喷洒 1 次（喷前抽薹 1.6cm 左右），能降低株高和一次有效分枝高度，增加一次分枝个数。可提早 10～15d 播种，植株健壮无微粉，又可提高制种产量和质量。

e. 防止油菜苗床的"高脚苗"　在播种量较大，气温偏高或肥足雨多的情况下，油菜苗的叶柄和株高容易生长过快，出现"高脚苗"，导致移栽后发根慢、成活率低、产量低。可在油菜 3 叶期，用 15%多效唑可湿性粉剂 150mg/kg 的药液，按 600～750L/hm^2 喷洒。喷后 4～5d，叶色加深，新生叶柄的伸长受到抑制，幼苗矮壮，茎根粗壮，移栽成活率高，增产 10%～20%。

⑤ 棉花　中期每亩用 50g 15%多效唑可湿性粉剂兑水 50kg 喷施。若使用不当则会使棉花出现植株严重矮化，果枝不能伸展，叶片畸形，赘芽丛生，落蕾落铃等现象。

⑥ 花生　调控花生生长发育。用 50～100mg/kg 的多效唑药液拌种，用量以浸湿种子为度，1h 后晾干播种。可以调控花生的生长发育，表现为使茎基部节间缩短，株高降低，分枝增多，根系发达，根系活力增强；叶片叶绿素含量和光合速率明显提高。对花生中后期的健壮生长，降低结果部位和果针入土非常有利。但由于拌种后下胚轴缩短较多，故播种不宜过深，以免影响出苗或推迟出苗。

多效唑在花生上使用不当会出现叶片小，植株不生长，花生果小，早衰等药害症状，因此应用浓度和施药量应根据花生生长势而定。在肥力高、栽培密度过大的地块，植株长势猛，施药量需大一些，或浓度高一些，甚至可以施用两次，才能抑制徒长，取得高产；对于肥力、栽培密度适中的地块，施用药液浓度可低一些，施药量一般即可；而在肥力差、栽培密度较稀或雨水不足的地块，植株生长势较差，则不宜施用多效唑，否则易造成减产。

另外，多效唑在花生上的施药时期也是影响花生产量的一个关键因素。施药过早，会减产，施药过迟，无增产作用。最适施药时期是大量果针入土时期，春花生的下针期约在始花后 26～29d，秋花生的下针期约在始花后 14～20d。这个时期，施用多效唑，既可抑制茎叶徒长，不致遮阴、倒伏，还可将光合产物集中分配到幼荚，增加饱果数和果重，增加产量。

提高花生的抗逆能力。用 100～200mg 的多效唑原药喷洒于 5～6 叶期的花生植株，可促进根系生长，提高根系吸水、吸肥能力；使叶片贮水细胞体积增大，蒸腾速率下降，叶片含水量增多，提高花生的抗旱能力。

⑦ 大豆 试验表明，大豆初花期于叶面喷施 100～200mg/kg 的多效唑，可以明显增加种子中的蛋白质含量。原因是多效唑增加了叶片叶绿素含量和提高了硝酸还原酶活性，促进根部吸收和利用硝态氮。春大豆于封行期使用，夏大豆于花期用 100～200mg/kg 的多效唑。若土壤肥沃，植株徒长可适当加大浓度，但不宜超过 300mg/kg。须注意正确掌握喷药时间，过早、过晚都影响喷施效果；对生长较差的田块少用或不用，有倒伏趋势的田块，亩用量可增加至 250g，浓度为 400mg/kg；喷药后不要因叶色较深而放松水肥管理。

⑧ 甘薯 扦插后 50～70d，每亩用 50～100mg/kg 的多效唑稀释液 50kg 喷施叶面，可控制地上部分茎叶的旺长，使地上与地下部分的生长趋于比较合理协调，促进有机物向块根运转，使薯块产量增加，而藤蔓产量下降。经测定，藤蔓产量下降 4% 左右，藤蔓每减少 1kg 甘薯鲜重可增加约 7kg，一般可增产 15%～30%。在早期喷施多效唑还有提高薯苗抗逆性和成活率的作用。须注意掌握使用浓度，一般以 50～100mg/kg 为宜，浓度过高，抑制过分将影响产量；根据薯苗生长势决定是否用药，一般在生长旺盛、藤蔓盖满畦面时用药，否则不宜使用。

⑨ 马铃薯 于马铃薯株高 25～30cm 时，使用 250～300mg/kg 的多效唑药液，每亩叶面喷雾 50kg，可抑制茎秆伸长，促进光合作用。改善光合产物在植株器官的分配比例，起到"控上、促下"的作用，促进块茎膨大，增加产量。于现蕾初花期，使用 2000～2500mg/kg 的药液，亩叶面喷雾 50kg，以叶面全部湿润为止，使块茎形成的时期提前 1 周，生长速度加快，单株产量提高 30%～50%，同时使 50g 以上的大薯块增加 7%～10%。马铃薯植株外形表现为节间缩短，株型紧凑，叶色浓绿，叶片变厚。

⑩ 番茄 番茄经多效唑处理后，可防止徒长。对出现徒长的番茄苗，在 5～6 片真叶时，用 10～20mg/kg 的多效唑喷洒叶面，用药量为 35～40kg/亩，药后 7～10d 即可控制徒长，同时出现叶色加深、叶片加厚、植株和叶片硬挺、腋芽萌生等现象。经多效唑处理的番茄苗，移栽大田之后，在肥水充足的条件下，能使多效唑得以缓解，植株生长迅速加快，与不使用多效唑的处理无差异。须注意，番茄苗使用多效唑时，必须严格掌握浓度，同时喷雾点要细，喷施要均匀，且不能重复喷，防止药液大量落入土壤。避免灌根或施土，以防在土壤中残留。

⑪ 茄子 当茄子秧苗开始出现徒长时，用多效唑处理秧苗，可明显控制徒长现象，植株表现矮壮，叶色浓绿，叶片硬挺。在植株有 5～6 片真叶时，用 10～20mg/kg 的多效唑喷洒叶面，用药量为 20～30kg/亩，喷施时雾点要细、均匀，不能重复喷。一般整个秧苗期喷洒 1 次即可，最多不超过 2 次，否则秧苗受抑过重，影响生长。须注意严格掌握用药浓度，茄子秧苗使用的适宜浓度为 10～20mg/kg，若超过 20mg/kg，易使秧苗受抑过重。

⑫ 辣椒 在秧苗 6～7cm 时，用 10～20mg/kg 药液喷施。

⑬ 西瓜 育苗时，对西瓜叶喷 50～100mg/kg 的药液，或在伸蔓至 60cm 左右时，对生长过旺植株喷施药液，可起到控旺的作用。

⑭ 西葫芦 在 3～4 片真叶展开后，用 4～20mg/kg 药液喷洒，可使节间缩短，叶片增厚，增加抗寒、抗病性能。

(2) 控梢 在苹果、梨、桃、樱桃等树木上，可做土壤处理、涂树干和叶面喷雾。

① 苹果 秋季枝展下每株用 15～20g 15% 多效唑可湿性粉剂土施，或新梢长至 5～10cm 时用 15% 多效唑可湿性粉剂 500～700 倍液隔 10d 喷一次，共 3 次。

② 梨 新梢长至 5～10cm 时用 15% 多效唑可湿性粉剂 500～700

倍液隔 10d 喷一次，共 3 次。

③ 桃、山楂　秋季或春季枝展下，每株用 15% 多效唑可湿性粉剂 10～15g 土施。

④ 樱桃　每株用 15% 多效唑可湿性粉剂 4～6g 土施。

⑤ 葡萄　在盛花末期于叶面喷施 1000～2000mg/kg 药液，可抑制主梢和副梢的徒长，提高产量。

⑥ 芒果　5 月上旬，每株用 15% 多效唑可湿性粉剂 15～20g 加水 15～20kg，开环形沟施。

⑦ 荔枝　11 月中旬，用 15% 可湿性粉剂 750 倍液喷洒叶面。

⑧ 枣树　花前 8～9 叶时，用 2000～2500mg/kg 药液喷洒全树，可提高坐果率，提高产量。

⑨ 板栗　如果板栗旺长，可在 7 月份用 300mg/kg 的药液喷洒全株，起控梢促花的作用。

⑩ 烟草　5～7 叶期每亩用 15% 多效唑可湿性粉剂 60g 加水 50kg 喷施。

（3）观赏植物整形

① 油橄榄　于油橄榄落叶前（9 月 5 日左右），叶面喷洒 200mg/kg 的多效唑溶液，能提高叶片超氧化物歧化酶活性，降低叶片超氧自由基的产生速率，延缓叶片衰老，把叶片脱落始期和高峰期都推迟 15d，从而有利于开花和果实发育。

② 桂花　每年春季抽梢前，用 800mg/kg 的多效唑溶液喷施叶面 1 次，可使新叶变小变厚，节间缩短，植株紧凑，观赏价值提高。

③ 丁香　扦插定植 7d 后，用 20mg/kg 的多效唑溶液浇灌土壤，30d 后再浇第 2 次，可促使侧枝生长，美化树形。

④ 玫瑰　新枝条长到 5～10cm 时，用 300mg/kg 的多效唑溶液浇灌土壤，可防止枝条徒长。

⑤ 文竹　用 20mg/kg 的多效唑溶液喷洒文竹，可使植株矮化，叶色浓绿。

⑥ 大丽花　盆栽大丽花摘顶后，用 200mg/kg 的多效唑溶液喷施，可抑制新梢伸长，使植株矮化，枝条粗壮，花期一致。

⑦ 金鱼草　用 50mg/kg 的多效唑喷洒幼苗叶面，10～15d 后再喷 1 次，可矮化植株，使茎秆加粗，叶色加深，叶片增厚，观赏价值提高。

⑧ 一串红　用 500mg/kg 的多效唑溶液喷洒叶面，可矮化植株，

提高观赏价值。

注意事项

（1）本品应在阴凉干燥处保存。不得与食物、饲料、种子混放。

（2）多效唑在土壤中残留时间较长，施药田块收获后，必须经过耕翻，以防对后茬作物产生药害，导致不出苗、晚出苗，出苗率低，幼苗畸形等药害症状，或来年在该基地上种植出口蔬菜造成药物残留超标等现象。

（3）一般情况下，使用多效唑不易产生药害，若用量过高，对作物生长产生过度抑制现象时，可增施氮或喷施赤霉素来解救。

（4）多效唑的矮化效果受气温高低的影响，高温季节药效高。因此，随着气温的降低，要想达到高温时相同的药效，就必须逐渐加大药的浓度。

（5）蔬菜对多效唑的反应比较敏感，使用浓度应根据天气、作物种类、生育时期而采用有效范围内的低浓度；喷洒时以植株茎叶喷湿欲滴，但不下滴为度，不重喷；可叶面喷施的尽量叶面喷施，不土施，以避免对后季作物、土壤带来不良影响；一般情况只喷一次即可。

（6）多效唑属低毒植物生长延缓剂，无专用解毒药剂，若误服引起中毒，应催吐，并立即送医院对症治疗。

噁霉灵
（hymexazol）

C₄H₅NO₂，99.1，10004-44-1

化学名称　3-羟基-5-甲基异噁唑，5-甲基异噁唑，5-甲基-1,2-噁唑-3-醇。

其他名称　土菌消，明喹灵，绿亨一号，Tachigaren，F-319，SF-6505。

理化性质　无色结晶体，熔点86～87℃，沸点200～204℃。溶解度（g/L，20℃）：水中为65.1（纯水）、58.2（pH3）、67.8（pH9），丙酮730，二氯甲烷602，乙酸乙酯437，已烷12.2，甲醇968，甲苯176，溶于大多数有机溶剂。稳定性：在碱性条件下稳定，酸性条件下相当稳定，对光、热稳定，无腐蚀性。酸解离常数 pK_a 为5.92

（20℃），闪点 203～207℃。

毒性 急性经口 LD_{50}（mg/kg）为雄大鼠 4678，雌大鼠 3909，雄小鼠 2148，雌小鼠 1968。急性经皮 LD_{50} 为雌、雄大鼠 ＞10000mg/kg，雌雄兔 ＞2000mg/kg。对皮肤无刺激性，对眼睛及黏膜有刺激性。NOEL 数据 [mg/(kg·d)，2 年] 为雄大鼠 19，雌大鼠 20，狗 15。无致突变、致癌、致畸作用。急性口服 LD_{50} 为日本鹌鹑 1085mg/kg，绿头鸭 ＞2000mg/kg。虹鳟鱼 LC_{50}（96h）460mg/kg，鲤鱼 LC_{50}（48h）165mg/kg。水蚤 EC_{50}（48h）为 28mg/kg。对蜜蜂无毒，LD_{50}（48h，经口，接触）＞100μg/只。蚯蚓 LC_{50}（14d）＞15.7mg/kg 土壤。

作用机制与特点 噁霉灵是一种内吸性杀菌剂、土壤消毒剂和植物生长调节剂。作为土壤真菌杀菌剂，其作用机理是进入土壤后被土壤吸收并与土壤中的铁、铝等无机金属盐离子结合，有效抑制孢子的萌发和病原真菌菌丝体的正常生长或直接杀灭病菌，药效可达两周。噁霉灵作为内吸性杀菌剂，可能的作用机理是 DNA/RNA 合成抑制剂，可由植物的根、萌芽种子吸收，传导到其他组织，在生长早期可预防真菌病害。在植株内代谢产生两种糖苷，对作物有提高生理活性的效果，从而能促进植株生长，根分蘖，根毛增加和根活性提高。因对土壤中病原菌以外的细菌、放线菌的影响很小，所以对土壤中微生物的生态不产生影响，在土壤中能分解成毒性很低的化合物，对环境安全。

适宜作物 主要应用于蔬菜、粮食、花生、烟草、药材等。

剂型 8％、15％、30％水剂，15％、70％、95％、96％、99％可湿性粉剂，20％乳油，70％种子处理干粉剂。

应用技术

① 杀菌剂 用 300～600mg/kg 药液施用于栽种稻苗、甜菜、树苗等作物的土壤中，能防治由镰刀菌属、腐霉属、伏革菌属及丝囊霉属病原真菌引起的根部病害。

② 水稻 每 5kg 土壤混拌 4～8g 40％噁霉灵药品，装入盒中培养水稻幼苗，移栽后可促进根的形成。或者在水稻秧苗移栽前用 10mg/kg 噁霉灵＋10mg/kg 生长促进剂浸根，也可促进根的形成。

③ 栀子花 用 300mg/kg 噁霉灵＋10mg/kg 萘乙酸混合处理栀子插枝基部，不仅可促进生根，也可使根的数量显著增加。但须注意的是，单用 300mg/kg 噁霉灵或 10mg/kg 萘乙酸浸泡栀子插枝基部，基本没有促进生根的效果。

④ 土壤处理 每亩拌肥撒施 2.5kg，穴施或条施效果更好。

⑤ 苗床消毒 对蔬菜、棉花、烟草、花卉、林业苗木等的苗床，在播种前，每亩用 2.5～3kg 0.1％噁霉灵颗粒剂处理苗床土壤，或用 3000～6000 倍 96％噁霉灵（或 1000 倍 30％噁霉灵）细致喷洒苗床土壤，每平方米喷洒药液 3g，可预防苗期猝倒病、立枯病、枯萎病、根腐病、茎腐病等多种病害的发生。

⑥ 蔬菜、粮食、花生、烟草、药材等作物 幼苗定植时或秧苗生长期，用 3000～6000 倍 96％噁霉灵（或 1000 倍 30％噁霉灵）喷洒，间隔 7d 再喷 1 次，不但可预防枯萎病、根腐病、茎腐病、疫病、黄萎病、纹枯病、稻瘟病等病害的发生，而且可促进秧苗根系发达，植株健壮，增强对低温、霜冻、干旱、涝渍、药害、肥害等多种自然灾害的抗御性能。

注意事项

（1）不要用噁霉灵浸种。

（2）本品可与一般农药混用，并相互增效，如和稻瘟灵混用可壮水稻苗和防病。

（3）使用时须遵守农药使用防护规则。用于拌种时，要严格掌握药剂用量，拌后随即晾干，不可闷种，防止出现药害。

二苯脲

（diphenylurea）

$C_{13}H_{12}N_2O$，212.2，102-07-8

化学名称 1,3-二苯基脲，N,N'-二苯脲。

理化性质 纯品无色，菱形结晶体。熔点 238～239℃，沸点 260℃，相对密度 1.239。二苯脲易溶于醚、冰醋酸，但不溶于水、丙酮、乙醇和氯仿。

毒性 二苯脲对人和动物低毒。不影响土壤微生物的生长，不污染环境。

作用机制与特点 具有类似细胞分裂素的生理作用，但其活性比普通的细胞分裂素弱。在合成的衍生物中，也有相当强的活性化合物，例如 N-3-氯苯-N'-苯脲，N-4-硝基苯-N'-苯脲等。二苯脲可通过植物的叶片、花、果实吸收，促进组织、细胞分化，促进植物新叶的生长，延缓老叶片内叶绿素分解。与赤霉酸、2-萘氧乙酸等混用时作用更显著。

适宜作物　核果类果树。

应用技术

（1）樱桃　在早期和开花盛期，用二苯脲 50mg/kg 与赤霉素 250mg/kg 和 2-萘氧乙酸 50mg/kg，或二苯脲 50mg/kg 和赤霉素 250mg/kg 混配施用。

（2）李子　在开花盛期，用二苯脲 50mg/kg 与赤霉素 250mg/kg 和 2-萘氧乙酸 10mg/kg 混配施用。

（3）桃　在开花盛期，用二苯脲 150mg/kg 与赤霉素 100mg/kg 和 2-萘氧乙酸 15mg/kg 混配施用。

（4）苹果　在开花盛期，用二苯脲 300mg/kg 与赤霉素 200mg/kg 和 2-萘氧乙酸 10mg/kg 混配施用。

注意事项

（1）混配药剂不要和碱性药物接触，否则二苯脲在碱性条件下会分解。

（2）混配药剂喷洒要均匀，且只能在花和果实上喷洒。

（3）在施药 8～12h 内不要浇水，如下雨需重喷。

二氢卟吩铁

（iron chlorine e6）

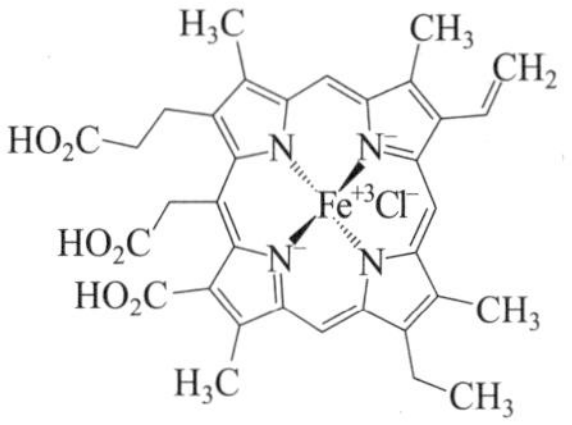

二氢卟吩铁 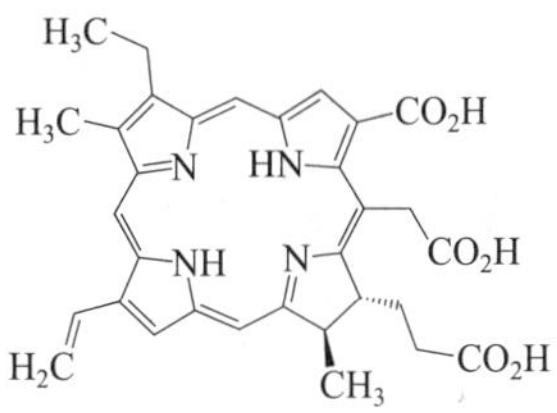　　　　　二氢卟吩

$C_{34}H_{34}ClFeN_4O_6$，685.9；15492-44-1

化学名称　铁（3）-，[（7S,8S）-3-羧基-5-（羧甲基）-13-乙烯基-18-乙基-7,8 二氢-2,8,12,17-四甲基-21H,23H-卟吩-7-丙酸（5-）-kN21，kN22,kN23,kN24）氯,三氢,（SP-5-13）-(9Cl）。

其他名称　丰翠露®。

理化性质　墨绿色疏松粉末状固体，无臭气，无爆炸性，具有弱氧化性，非爆炸物；松密度 0.230g/mL，堆密度 0.292g/mL；对包装材料不具有腐蚀性。溶解度（25℃）：不溶于水，丙酮 0.5g/L，甲醇 0.45g/L。pH 范围 4.5～6.5，溶解程度和溶液稳定性（通过 75μm 试验筛）≤98%，湿筛试验（200 目）≥98.0%，润湿时间≤120s，持久起泡性（1min 后泡沫体积）≤50mL，产品的热贮存和常温 2 年贮存均稳定。二氢卟吩（$C_{34}H_{36}N_4O_6$　596.68；CAS 登录号 19660-77-6）也称二氢卟酚，是叶绿素 a，叶绿素 b 和血红素 d 等的骨架。二氢卟吩铁螯合物以焦脱镁叶绿酸、紫红素、二氢卟吩为主配体，不同酸根或氢氧根为轴向配体（X）与过渡金属三价铁离子螯合为二氢卟吩铁（Ⅲ）。

毒性　2%氢卟吩铁母药微毒；0.02%氢卟吩铁可溶粉剂微毒。

作用机制及特点　二氢卟吩铁是从蚕沙中提取的具有调节作物生长的新型天然植物生长调节剂，属于叶绿素类衍生物，具有延缓叶绿素降解、增强光合作用、促进根系生长、提高发芽率、增加抗逆性、促进对肥料的吸收、调节生长等作用；且不易积累残留，活性强、效果好。二氢卟吩铁除调节作物生长外，对抗逆和产量都有较好的增效作用。其作用机制是通过抑制叶绿素酶而延缓叶绿素的降解，提高叶绿素含量，并提高光系统Ⅱ（PSⅡ）的最大光化学效率（F_v/F_m）；能够促进根细胞内 NO 的生成和降低吲哚乙酸氧化酶活性，促进植物根系生长；明显提高活性氧清除酶活性，促进抗氧化物质脯氨酸含量升高。丰翠露®通过产生叶绿素酶抑制剂，抑制叶绿素降解，提高光合效率，积累有效光合产物，促进作物生长，增加作物的生物产量。同时在胁迫下，明显提高 SOD、POD、CAT 和 APX 等抗氧化酶活性，减少活性氧自由基的产生，通过促根、壮茎秆、促叶，增强作物抗寒、抗盐碱等抗逆性。

适宜作物　油菜、大豆、萝卜、花生、马铃薯、小麦、水稻等。

剂型　2%母药、0.02%可溶粉剂。

应用技术　在油菜苗期、抽薹前各施药 1 次，用药浓度 0.01～0.02mg/kg，喷雾（折成 0.02%二氢卟吩铁可溶粉剂产品稀释 10000～20000 倍液），对油菜生长有较好的调节活性，能够增加单株角果数、每角粒数、千粒重等。

在小麦越冬前、拔节期用 0.02%二氢卟吩铁可溶性粉剂 5000、10000、20000 倍各喷施 1 次，对调节小麦生长、增加有效穗数、提高千粒重、增产效果明显。

二硝酚

（DNOC）

$$O_2N \quad NO_2$$
$$HO \quad CH_3$$

$C_7H_6N_2O_5$，198.1，534-52-1

化学名称 4,6-二硝基邻甲酚。

其他名称 DNC，Antinnonin，Sinox。

理化性质 纯品为浅黄色无嗅的结晶体，熔点88.2～89.9℃。水中溶解度（24℃）为6.94g/kg。溶于大多数有机溶剂。二硝酚和胺类化合物、碳氢化合物、苯酚可发生化学反应。易爆炸，有腐蚀性。

毒性 急性经口LD_{50}（mg/kg）：大鼠25～40，山羊100；对皮肤有刺激性，急性经皮LD_{50}（mg/kg）为大鼠200～600，兔1000。NOEL数据（mg/kg饲料，0.5年）：大鼠和兔>100，狗20。日本鹌鹑LD_{50}（14d）为15.7mg/kg，绿头鸭LD_{50}为23mg/kg。水蚤EC_{50}（24h）为5.7mg/kg，海藻EC_{50}（96h）为6mg/kg。蜜蜂LD_{50}为1.79～2.29mg/只。

作用机制与特点 二硝酚曾用作除草剂。作为植物生长调节剂可加速马铃薯和某些豆类作物在收获前失水，作催枯用。

适宜作物 马铃薯、豆类植物。

应用技术 作为马铃薯和某些豆类作物的催枯剂，用量为3～4kg/hm²。

注意事项 二硝酚对人和动物有毒，操作过程中应避免接触。

放线菌酮

（cycloheximide）

$C_{15}H_{23}NO_4$，281.36，66-81-9

化学名称 3-[2-(3,5-二甲基-2-氧代环己基)-2-羟基乙基]-戊二酰胺。

其他名称 环己酰亚胺，农抗 101，内疗素、柑橘离层剂，Actidione、Acti-Aid。

理化性质 纯品为无色、薄片状的结晶体，熔点 119～121℃。相对密度 0.945（20℃）。其稳定性与 pH 有关。在 pH 4～5 最稳定，pH 5～7 较稳定，pH＞7 时分解。在 25℃ 条件下，丙酮中溶解度 33%，异丙醇 5.5%，水中 2%，环己胺 19%，苯＜0.5%。

毒性 急性经口 LD_{50}（mg/kg）：小鼠 2（剧毒），大鼠为 133.65，豚鼠 65，猴子 60。

作用机制与特点 放线菌酮为抗生素，能杀死酵母和真菌，作为杀菌剂，对细菌无效。同时又是良好的植物生长调节剂，田间应用后，大多保存在果皮上。低浓度诱导果实内源乙烯产生，迅速输送到果柄，促使离层区酶形成，使果实脱落。同时还可促进老叶片脱落，但不影响翌年产量。

适宜作物 柑橘、橙、柚、油橄榄。

应用技术

① 柑橙、橙、柚、油橄榄 当果实趋于正常成熟时，用 2～25mg/kg 放线菌酮喷洒，处理后 3～7d，果柄离层充分发育，果实容易从茎秆上摘取时即可收获。用 1000mg/kg 放线菌酮超剂量喷雾效果更好。可以促进油橄榄叶片脱落，但效果不如乙烯利好。

② 柑橘 促进柑橘果实采收前脱落，一般浓度为 10～20mg/kg，也可将放线菌酮（1～5mg/kg）与甲氯硝吡唑（50～100mg/kg）混合后处理，效果更好。

注意事项

（1）放线菌酮对皮肤有刺激性，可使嘴唇周围发红、瘙痒，操作后应用肥皂洗净手、脸。如不慎进入眼睛，需用清洁流水冲洗 15min。反应轻时外擦甘油即可，严重时注射葡萄糖酸钙。

（2）不能与碱性药物混用。

（3）放线菌酮对哺乳动物有剧毒。

（4）施用放线菌酮的浓度为 20～30mg/kg 时可使作物抵御病害和加速落果。但剂量过高，可能会产生反作用。

呋苯硫脲

（fuphenthiourea）

C$_{19}$H$_{13}$ClN$_4$O$_5$S，444.9，1332625-45-2

化学名称 N-（5-邻氯苯基-2-呋喃甲酰基）-N'-（邻硝基苯甲酰氨基）硫脲。

其他名称 享丰。

理化性质 原药为浅棕色粉末固体，纯品为淡黄色结晶，熔点为207～209℃，蒸气压（20℃）＜10^{-5}Pa。不溶于水，微溶于醇、芳香烃，在乙腈、二甲基甲酰胺中有一定的溶解度，一般情况下，对酸、碱、热均比较稳定。

毒性 原药对大鼠的急性经口 LD$_{50}$＞5000mg/kg，急性经皮 LD$_{50}$＞2000mg/kg，均为低毒，对眼刺激为轻度性级别、皮肤刺激试验属无刺激性级别，皮肤变态反应试验结果为致命强度Ⅰ级，弱致敏物。

作用机制与特点 主要生理效应是促进根部发育，增强光合作用，提高水分利用率，增加分蘖，提高抗寒、抗旱、抗倒伏等抗逆能力，具有增产作用，对品质无不良影响。用于水稻可调节水稻生长，能促进水稻发芽、生根、壮苗、增加有效穗、提高成穗率和增加产量。秧苗根系旺盛，活力增强，移栽大田后，能促进水稻分蘖，增加成穗数和每穗实粒数，但对千粒重无明显影响。其特点是低毒、安全、使用简便、有较好增产效果。另外，生产工艺方面也具有原料易得，生产工艺先进，能耗低，成本低的特点。

剂型 90％原药、10％乳油。

适宜作物 水稻。

应用技术 用10％乳油稀释1000倍液浸种48h，并用此浸种液育秧即可，种子出苗安全、出芽整齐、芽谷颜色鲜亮，发芽率高，苗期叶色深绿、叶鞘紧凑，苗茎粗扁，根系发达，白根数多。抛栽后发根力强，返青快。用呋苯硫脲浸种还可以提高有效穗数、每穗实粒数、结实率，从而提高产量，使水稻增产6％～14％。

氟磺酰草胺

（mefluidide）

$C_{11}H_{13}F_3N_2O_3S$，342.3，53780-34-0

化学名称　5-(1,1,1,-三氟甲基磺酰基氨基)乙酰-2,4-二甲苯胺。

其他名称　Embark，MBR-12325。

理化性质　纯品为无色无嗅结晶体，熔点 $183\sim185℃$。溶解度（23℃，g/L）：水中 0.18，丙酮 350，苯 0.31，二氯甲烷 2.1，甲醇 310，正辛醇 17。本品对热稳定，在酸或碱性溶液中回流则乙酰氨基基团水解，水溶液在紫外线照射下降解。

毒性　急性经口 LD_{50}（mg/kg）：大鼠 4000，小鼠 1920。兔急性经皮 $LD_{50}>4000mg/kg$。对兔眼睛有中等刺激，对兔皮肤没有刺激。NOEL 数据（90d）：大鼠 6000mg/kg 饲料，狗 1000mg/kg 饲料。无致突变、致畸作用。对鼠伤寒沙门氏杆菌没有致突变性。绿头鸭和山齿鹑急性经口 $LD_{50}>4620mg/kg$。绿头鸭和山齿鹑饲喂试验 LC_{50}（d）$>10000mg/kg$ 饲料。虹鳟鱼和蓝鳃翻车鱼 LC_{50}（96h）$>100mg/kg$。对蜜蜂无毒。

作用机制与特点　经由植物的茎、叶吸收，抑制分生组织的生长和发育。作为除草剂，在草坪、牧场、工业区等场所抑制多年生禾本科杂草的生长及杂草种子的产生。作为生长调节剂，可抑制观赏植物和灌木的顶端生长和侧芽生长，增加甘蔗含糖量。

适宜作物　主要为草坪、观赏植物、小灌木的矮化剂。

剂型　0.24%、0.48%液剂。

应用技术

（1）一般用量为 $300\sim1100g/hm^2$。

（2）在甘蔗收获前 6~8 周，用 $600\sim1100g/hm^2$ 喷洒，可增加含糖量。另外，也可作为烟草腋芽抑制剂。

氟节胺

（flumetralin）

$C_{16}H_{12}ClF_4N_3O_4$，421.73，62924-70-3

化学名称　N-(2-氯-6-氟苄基)-N-乙基-α,α,α-三氟-2,6-二硝基对甲苯胺。

其他名称　抑芽敏。

理化性质　纯品为黄色至橙色无嗅晶体，熔点101～103℃（工业品92.4～103.8℃）。相对密度1.54，蒸气压0.032mPa。溶解度（25℃，g/L）：水中0.00007，甲苯400，丙酮560，乙醇18，正辛醇6.8，正己烷14。稳定性：pH 5～9时对水解稳定，250℃以下稳定。

毒性　原药大鼠急性经口LD_{50}＞5000mg/kg体重，大鼠急性经皮LD_{50}为2000mg/kg，对皮肤和眼睛有刺激作用。制剂乳油（150g/L）对兔皮肤有中等刺激性，对兔眼睛有强烈刺激性。大鼠急性吸入LC_{50}＞2.13g/m³空气。NOEL数据（2年）：大、小鼠300mg/kg饲料，在试验剂量内对动物无致畸和突变作用。ADI值为0.17mg/kg。山齿鹑和绿头鸭急性经口LD_{50}＞2000mg/kg。山齿鹑和绿头鸭饲喂试验LC_{50}＞5000mg/kg饲料。蓝鳃翻车鱼和鳟鱼LC_{50}分别为18μg/L和25μg/L。水蚤LC_{50}(48h)＞66μg/L。海藻EC_{50}＞0.85mg/kg。对蜜蜂无毒。蚯蚓LC_{50}＞1000mg/kg土壤。

作用机制与特点　氟节胺为二硝基苯胺类化合物，属接触兼局部内吸性高效烟草侧芽抑制剂，经由烟草的茎、叶表面吸收，有局部传导性能。进入烟草腋芽部位，抑制腋芽内分生细胞的分裂、生长，从而控制腋芽的萌发。为接触兼局部内吸型植物生长延缓剂，被植物吸收得快，作用迅速，主要影响植物体内酶系统功能，增加叶绿素与蛋白质含量。抑制烟草侧芽生长，施药后2h，无雨可见效，对预防花叶病有一定效果。

适宜作物　氟节胺是烟草上专用的抑芽剂。适用于烤烟、明火烤烟、马丽兰烟、晒烟、雪茄烟。

剂型　25%乳油。

应用技术　在生产上，当烟草生长发育到花蕾伸长期至始花期时便要进行人工摘除顶芽（打顶），但不久各叶腋的侧芽会大量发生，通常须进行人工摘侧芽2～3次，以免消耗养分，影响烟叶的产量与品质。氟节胺可以代替人工摘除侧芽，在打顶后24h，每亩用25%乳油80～100mL稀释300～400倍，可采用整株喷雾法、杯淋法或涂抹法进行处理，都会有良好的控侧芽效果。从简便、省工角度来看，顺主茎往下淋为好，从省药和控侧芽效果来看，用毛笔蘸药液涂抹到侧芽上为好。当药液稀释倍数低时（100倍），效果更佳，但成本较高。药液浓度低于600倍时，有时不能抑制生长旺盛的高位侧芽。在山东、湖北等烟草区，施用500倍的药液也可获得良好的效果。

注意事项

（1）对长已超过2.5cm的侧芽抑芽效果欠佳，甚至控制不住，因此要在侧芽刚萌发时处理。

（2）对人畜皮肤、眼、口有刺激作用，操作时注意保护，防止药液飘移，器械用后洗净。误服本药可服用医用活性炭解毒。但不要给昏迷患者喂食任何东西，无特殊解毒剂，需对症治疗。

（3）避免药雾飘移到临近的作物上。避免药剂污染水塘、水沟和河流，以免对鱼类造成危害。

（4）本品在0～35℃条件下存放。贮存在远离食品、饲料和避光、阴凉的地方。

（5）勿与其他农药混用。

（6）2019年1月1日起，欧盟正式禁止使用氟节胺的农产品在境内销售，请注意使用情况。

腐植酸
（humic acid）

化学名称　黄腐酸。

其他名称　Humic acid，Fulvic acid，富里酸，抗旱剂一号，旱地龙。

理化性质　黑色或棕黑色粉末，含碳50%左右、氢2%～6%、氧30%～50%、氮1%～6%、硫等。主要官能团有羧基、羟基、甲氧基、羰基等，相对密度1.33～1.448，可溶于水、酸、碱。

毒性　天然有机物的分化产物，对人、畜安全，无环境污染。

作用机制与特点　腐植酸为天然水体中常见的一类大分子有机化合物，一般认为腐植酸是一组芳香结构的、性质相似的酸性物质的复杂混合体，主要存在于土壤、泥炭、褐煤等有机矿层中。腐植酸是由 C、H、O、N、S 等元素组成，不同类型的腐植酸元素组成有较大差异，但不同来源同类型的腐植酸元素含量比较接近。由于来源不同，它们的组分、结构和分子量有很大差异，其主要组分是有机酸及其衍生物，结构至今还未确定，用 R-COOH 表示，其分子量一般为几百到几十万。

腐植酸是一种亲水性可逆胶体，显弱酸性，比较稳定，一般不再受真菌和细菌的分解。其颜色和相对密度随煤化程度的加深而增加。通常腐植酸多呈黑色或棕色胶体状态，随着条件的改变可以胶溶和絮凝。它所处的状态及状态转换，可随介质所处 pH 值而定。除 H^+ 外，金属离子同样可使腐植酸絮凝，金属离子的絮凝能力与其价数有关，三价离子＞二价离子＞一价离子，相同价数的离子与其半径有关，离子半径越大，絮凝能力也越大。金属离子的絮凝能力与其相应氢氧化物的溶解度相比较，氢氧化物的溶解度越低，这种金属的絮凝能力也越大。由于腐植酸是由微小的球形微粒构成，各微粒间以链状形式连接形成与葡萄串类似的团聚体，在酸性条件下，各微粒间的团聚作用是氢键。腐植酸微粒直径变动于 8～10nm 之间。因腐植酸具有疏松"海绵状"结构，使其产生巨大的表面积（330～340m/g）和表面能，构成了物理吸附的应力基础，其吸附能力还与腐植酸对水的膨润性有关，腐植酸钠盐（R-COONa）或土金属盐（R-COO½Na）较腐植酸（R-COOH）本身有较高的膨润性能。随着膨润性能的加强，可使腐植酸的活性基团充分裸露于水溶液中，增加腐植酸与金属离子接触概率，进而提高吸附效果。由于腐植酸分子结构中含有多种活性基团，能参与动植物体内的代谢过程，是一种良好的生物刺激剂；又可与金属离子进行离子交换、络合或螯合反应。因各种腐植酸来源不同，其分子结构中所含的活性基团性质和数量存在差异，因而对重金属离子的吸附能力有很大的差别。此外，腐植酸分子结构中存在醌基和半醌基，因此具有氧化还原能力。

按照不同的划分依据，腐植酸被划分为不同的类型。

（1）按形成方式分

① 天然腐植酸，包括土壤腐植酸、水体腐植酸、煤类腐植酸；

② 人工腐植酸，包括生物发酵腐植酸、化学合成腐植酸、氧化再生腐植酸。

（2）按来源方式分

① 原生腐植酸，是天然物质的化学组成中所固有的腐植酸，如泥炭和褐煤等；

② 再生腐植酸，指低阶煤（褐煤及分化煤等）经过分化或人工氧化方法生成的腐植酸，如分化煤等；

③ 合成腐植酸，通常指人工方法从非煤炭物质所制得的与天然腐植酸相似的物质，如蔗糖与胺反应的碱可溶物及造纸黑液等均属合成腐植酸。

（3）按在溶剂中的溶解度不同分

① 黄腐酸，是一种溶于水的灰棕黄色粉末状物质；

② 棕腐酸，是一种不溶于水的棕色无定型粉末，可溶于乙醇或丙酮；

③ 黑腐酸，为褐色无定型的酸性有机物，不溶于水和酸，仅溶于碱。

腐植酸具有如下特点：

① 功能多，适应性广　由于腐植酸具有络合、离子交换、分散、黏结等功能，适量加入无机氮、磷、钾后，可达到养分科学配比的目的。

② 提高肥料利用率　普通肥料（腐植酸）中的 N、P、K 养分不容易被作物完全吸收，腐植酸肥料与相同用量的普通肥料相比，N 的土壤自然循环还原能力增加 30%～40%，P 的固定损失可减少 45% 左右，K 的流失率降低 30%。

③ 增强抗逆性能　腐植酸可缩小叶面气孔的张开度，减少水分蒸发，使植物和土壤保持较多的水分，具有独特的抗旱、抗寒、抗病能力。

④ 刺激作用　腐植酸具有活化功能，可提高植物体内氧化酶活性及代谢活动，从而使根系发达、促进植物生长。

⑤ 改良土壤　腐植酸中胶体与土壤中钙形成絮状凝胶，可改善土壤团粒结构，调节土壤水、肥、气、热状况，提高土壤的吸附、交换能力，调节 pH 值，达到土壤酸碱平衡。

黄腐酸的特点：为广谱植物生长调节剂，可促进植物生长，尤其能适当控制作物叶面气孔的开放度，减少蒸腾，对抗旱有重要作用，能提高抗逆能力，增产和改善品质；可与一些非碱性农药混用，并常有协同增效作用。

（4）在农药的使用上，腐植酸主要有三方面用途：一是用腐植酸为原料制成以腐植酸为载体的农药，或以腐植酸为赋形剂的杀虫剂；二是用于土壤和植物的农药解毒；三是用于农药贮存，防止农药分解。此外，可直接用腐植酸钠防治苹果腐烂病、棉花枯萎病、黄瓜霜霉病和杀死多种蚜虫，把具有改良土壤性能的腐植酸混合肥料与五氯苯酚杀虫剂相混合，可制成兼有除草、改土功效和肥效的新型除草剂。

腐植酸作为营养土添加剂、生根和壮根肥添加剂、土壤改良剂、植物生长调节剂、叶面肥复合剂、抗寒剂、抗旱剂、复合肥增效剂等，与氮、磷、钾等元素结合制成的腐植酸类肥料，具有肥料增效、改良土壤、刺激作物生长、改善农产品质量等功能。腐植酸镁、腐植酸锌、腐植酸铁分别在补充土壤缺镁、玉米缺锌、果树缺铁上有良好的效果。

适宜作物 水稻、小麦、葡萄、甜菜、甘蔗、瓜果、番茄、杨树等。

剂型 50%～90%粉剂、3%～10%水剂。

应用技术

（1）使用方式 浸泡、浸蘸、浇灌、喷洒。

（2）使用技术

① 水稻、甘薯、蔬菜等移栽作物或果树插条 在水稻秧苗移栽前10～24h，将液体腐肥加泥土调成糊状浸根，浸根浓度为0.01%～0.05%，若蘸根浓度稍高，可促使水稻根系发育，进而促进根系对氮、磷、钾的吸收，使幼苗生长健壮。

② 甘薯、蔬菜等移栽作物或果树插条 可用与同样的方法浸根或蘸根。试验表明，腐植酸与吲哚丁酸混用，促进苹果插枝生根的效果比二者单用显著。

③ 水稻 可在水稻生长期根外追施。方法为在水稻扬花至灌浆初期，用浓度为0.01%～0.05%黄腐酸溶液喷施叶面、穗部，每亩50kg，喷洒2～3次，可促进灌浆，增产。

④ 小麦 在小麦孕穗期及灌浆初期喷洒叶面具有明显的增产效果，尤以孕穗期喷洒后增产效果最佳，在孕穗期喷洒以旗叶伸出叶鞘1/3～1/2时较好，用药量为50～150g/亩，加水40kg进行喷洒，在孕穗期和灌浆初期各喷1次。可降低小麦的蒸腾速率，增大气孔阻力，提高脯氨酸含量，一般可增产10%左右。

⑤ 腐植酸与核苷酸混合使用 研制成3.25%黄（腐酸）·核（甘酸）合剂，注册商品名为3.25%绿满丰水剂。在小麦生长发育期，以150～200倍液喷洒2～3次，可提高小麦抗旱能力，增加叶绿素含量及光合作用效率，健壮植株，促进根系发育，提高产量。用400～600倍液喷洒黄瓜植株，可加快生长发育，促进营养生长和生殖生长，提高黄瓜产量。

⑥ 玉米　在大喇叭口期，用 0.01%～0.05%黄腐酸溶液喷施植株，可增强抗旱能力，增产。

⑦ 花生　在花生下针期，或在花生生长期受旱时，以 0.01%～0.05%黄腐酸溶液喷施植株，增产。

⑧ 大豆　在大豆结荚期，以 0.01%～0.05%黄腐酸溶液喷施植株，可增加结荚数和豆粒重。

⑨ 葡萄、甜菜、甘蔗、瓜果、番茄等　以 300～400mg/kg 浇灌黄腐酸，可不同程度地提高含糖量。

⑩ 杨树等　插条以 300～500mg/kg 浸渍，可促进插条生根。

注意事项

(1) 这类物质有生理活性，但取得的效果又不是非常明显，各地应用效果也不稳定，有待与其他农药混用，以更好地发挥作用。

(2) 应用时应加入表面活性剂。

复酞核酸

理化性质　本品外观为白色粉末，易溶于水，中性，无色无味。

毒性　纯天然植物提取物，对人畜安全，对环境和生物无任何残留和污染。

作用机制与特点　复酞核酸为新型植物生长物质，能诱导植物基因活性酶，促进作物生长，被植物生理学界誉为绿色植物第六生命素。同时复酞核酸具有绿色环境友好、配伍性强等优点，是生产绿色农产品（A级、AA级）首选叶面喷施物。本品区别于传统的各种化学调节剂，是现今市场广泛使用的化学调节剂的替代产品，代表着植物调节物质的发展方向。

(1) 复酞核酸促进植物伸长生长，促进根茎、芽的生长，使幼苗和成长植株快速生长形成壮苗壮株，增加叶茎株的重量。

(2) 复酞核酸延长叶片衰老，促进叶绿素、蛋白质和原生质含量的降低速度。

(3) 使作物叶片厚绿，叶柄粗壮翠绿；使植物早开花、早结果、早上市，果形美观，风味纯正，口感好，商品性提高。

(4) 增强作物抗逆性，增强细胞活力、抵抗力、免疫力，促进作物自身调节功能。

(5) 复酞核酸化学稳定性强，能与各种酸性或碱性（pH4～9）肥料、农药混合使用，克服了传统化学调节剂混配性差、产生拮抗性的缺点。

（6）复酞核酸广谱、高效、绿色环保，可用于所有植物的整个生育期，能替代传统各种化学调节剂，成本低，见效快，是 A 级、AA 级绿色食品理想叶面喷施物、施肥添加物。

适宜作物 各种作物。

剂型 98％复酞核酸。

应用技术 复酞核酸可用于各种作物的整个生育期。叶面喷施用量为 $15g/hm^2$，底施、冲施用量 $30\sim450g/hm^2$，另外针对不同作物，不同肥水条件，不同生长期，用量上可遵循先示范后推广的原则。

注意事项

（1）与肥料、农药混用时，应注意用量。

（2）使用时，应置于儿童、无关人员及动物接触不到的地方，并加锁保存。

（3）本品应贮存在干燥、通风、阴凉、防雨处，并注意防潮。

复硝酚钠
（atonik）

5-硝基邻甲氧基苯酚钠	邻硝基苯酚钠	对硝基苯酚钠
$C_7H_6NO_4Na$ 191	$C_6H_4NO_3Na$ 161	$C_6H_4NO_3Na$ 161

化学名称 复硝酚钠。

其他名称 爱多收、丰产素、特多收。

理化性质 复硝酚钠是由三种成分 5-硝基邻甲氧基苯酚钠（sodium 5-nitroguaiacolate）、邻硝基苯酚钠（sodium ortho-nitrophenolate）和对硝基苯酚钠（sodium para-nitrophenolate）组成的复硝酚钠类植物生长调节剂。

5-硝基邻甲氧基苯酚钠：原药有效成分含量不低于 98％，外观为无味的橘红色晶体，熔点 $105\sim106℃$（游离酸），溶于水。游离酸状态下可溶于水，易溶于丙酮、乙醇、乙醚、氯仿等有机溶剂。

邻硝基苯酚钠：原药纯度不小于 98％，外观为红色针状晶体，溶于水。具有特殊的芳香烃气味，熔点 44.9℃（游离酸）。游离酸状态下可溶于水，易溶于丙酮、乙醚、乙醇、氯仿等有机溶剂。

对硝基苯酚钠：原药有效成分含量不低于 98％，外观为无味黄色片状晶体，无味，溶于水，熔点 113～114℃（游离酸）。游离酸状态下可溶于水，易溶于丙酮、乙醇、氯仿等有机溶剂。

以上物质常规条件下贮存稳定，按一定比例（1∶2∶3）配制后，形成外观为红、黄混合结晶体的复硝酚钠。

毒性 5-硝基邻甲氧基苯酚钠：对雄、雌大鼠急性经口 LD_{50} 分别为 3100mg/kg、1270mg/kg，对眼睛和皮肤无刺激作用，3 个月喂养试验无作用剂量小鼠 400mg/(kg·d)，在试验剂量内对动物无致突变作用。对鱼毒性低，如对鲤鱼 TLm (48h)＞10mg/kg。

邻硝基苯酚钠：对雌、雄大鼠急性经口 LD_{50} 分别为 1460mg/kg、2050mg/kg，对眼睛和皮肤无刺激作用，亚慢性毒性小鼠经口无作用剂量为 1350mg/(kg·d)，在试验剂量内对动物无致突变作用。

对硝基苯酚钠：对雌、雄大鼠急性经口 LD_{50} 分别为 482mg/kg、1250mg/kg，对眼睛和皮肤无刺激作用，3 个月喂养试验无作用剂量小鼠 LD_{50} 为 480mg/(kg·d)，在试验剂量内对动物无致突变作用。

作用机制与特点 强力细胞赋活剂，能迅速渗透到植物体内，促进细胞的原生质流动，提高流速 10％～15％，赋予细胞活力；加快植物发根速度，对植物发根、生长、生殖及结果等发育阶段均有不同程度的促进作用，特别是促进花粉管的伸长，帮助受精结实的作用尤为明显。可用于促进植物生长发育、提早开花、打破休眠、促进发芽、防止落花落果、改良植物产品的品质等方面。以叶面喷洒、浸种、苗床灌注及花蕾撒布等方式进行处理。在植物播种开始至收获之间的任何时期，皆可使用。可以及时有效地把营养物质输送到植物所需的部位，对植物的发根、发芽、生长结实均显示极为显著的功效。

适宜作物 广泛适用于粮食作物、蔬菜作物、瓜果、茶树、棉花、油料作物及畜牧业、渔业等。

剂型 0.7％、0.9％、1.4％、1.8％（常用）、2％水剂作叶面肥；0.9％可湿性粉剂。

应用技术

（1）粮食作物 水稻与小麦播种前，可用复硝酚钠浸种 12h，幼穗形成和穗出齐时可用复硝酚钠进行叶面喷洒，也可在稻秧移栽前灌注苗床。以上浓度均为 3000 倍。玉米生长期及开花前数日，可用 6000 倍复硝酚钠药液喷洒叶面及花蕾。

（2）经济作物

① 棉花　长出 2 片叶、8～10 片叶、第 1 朵花开、棉桃开裂时，可分别用 3000 倍、2000 倍、2000 倍、2000 倍的药液喷洒叶片正面、花朵及棉桃等部位。

② 大豆　幼苗期、开花前 4～5d 可用 6000 倍药液处理叶面及花蕾。其他豆类如绿豆、豌豆等可按此法用药。

③ 甘蔗　插苗时，用 8000 倍药液浸苗 8h。分蘖始期，用 2500 倍药液均匀喷雾处理。

④ 茶树　插苗时、生长期，可用 6000 倍药液分别进行苗木浸种 12h、喷洒叶面数次。

⑤ 烟草　在幼苗期或移栽前 4～5d，可用 20000 倍药液灌注苗床 1次。移栽后可用 12000 倍液于叶面喷雾 2 次，间隔期为 1 周。

⑥ 黄麻及亚麻　幼苗期用 20000 倍药液灌注 2 次，间隔期为 5d。

⑦ 花生　在生长期、开花期，用 6000 倍药液分别喷洒叶茎 3 次（间隔期为 1 周）、叶面及花蕾 1 次。

（3）果树　在发芽之后，花前 20d 至开花前夕、结果后，用 5000～6000 倍液分别喷洒 1～2 次。此浓度范围适用于葡萄、李、柿、梅、龙眼、木瓜、番石榴、柠檬等品种。但是，梨、桃、柑橘、橙、荔枝等品种的浓度则为 1500～2000 倍。成龄果树施肥时，在树干周围挖浅沟，每株浇灌 6000 倍药液 20～35kg。

（4）蔬菜　大多数蔬菜种子可浸于 6000 倍药液中 8～24h，在暗处晾干后播种。但大豆只浸 3h 左右。马铃薯是先将整个块茎浸 5～12h，然后切开，消毒后立即播种。温室蔬菜移植后生长期，用 6000 倍药液（或与液肥混合后）进行浇灌，对防止老化、促进新根形成效果显著。果蔬类如番茄等，可在生长期及花蕾期用 6000 倍药液喷洒 1～2 次。此外，经济价值高的作物发生药害时，可用 6000～12000 倍药液处理数次，有利于恢复正常生长。

（5）复配

① 与肥料复配：可增强植物对营养元素的吸收，且见效快，同时能缓解元素拮抗、搁肥问题和厌无机肥症，使肥效倍增，参考用量 2‰～5‰。

② 冲施肥复配：可使作物根系发达，叶片肥厚，浓绿油亮，茎粗秆壮，果实膨大，生长速度快，色泽鲜艳，参考用量为 1‰～2‰。

③ 与杀菌剂复配：可增强植物免疫能力，减少病原菌侵染，增强植物的抗病能力，与杀菌剂复配后可增加杀菌功能，提高药效与持效，减少用药量，参考用量2‰～5‰。

④ 与杀虫剂复配：可与大多数杀虫剂复配使用，能拓宽药谱，增强药效，减轻农药在使用过程中产生药害的可能，使受害植物快速恢复生长，参考用量2‰～5‰。

⑤ 与种衣剂复配：可在低温下仍起调节作用，能缩短种子休眠期，促进细胞分裂，诱导生根、发芽，抵制病原菌的侵扰，参考用量为1‰。

注意事项

（1）复硝酚钠在实际使用过程中，对温度有一定的限定要求，温度在25℃以上48h见效，在30℃以上24h见效，在较高温度下复硝酚钠能很好地保持其活性。

（2）严格掌握使用浓度，如果浓度太高可能出现药害，轻度药害症状表现为抑制作物幼芽及植株生长，幼果发育不良；重度药害表现为植株萎蔫，发黄直至死亡。复硝酚钠药害较少发生，主要发生在桃树、西瓜等敏感作物上，导致作物落花、落果，空心果等。

（3）作茎叶处理时，喷洒应均匀。不易附着药滴的作物，应先加展着剂后再喷。

（4）复硝酚钠可与一般农药混用，包括波尔多液等碱性药液，但不宜与强酸农药混用。混用时可先将农药取一小部分溶于水，再慢慢地倒入复硝酚钠溶液中，如复硝酚钠溶液中没有发现沉淀物，溶液仍然保持褐红色，则此农药可以与复硝酚钠混用。若种子消毒剂的浸种时间与本剂相同，可一并使用。与尿素及液体肥料混用时能提高功效。

（5）结球性叶菜和烟草，应在结球前和收烟前1个月停止使用，否则会推迟结球，使烟草生殖生长过于旺盛。

（6）密封后贮藏于冷暗处。

（7）1.8%的复硝酚钠水剂，可稀释2000～6000倍使用，实际常用浓度为3～10mg/kg，相当于每亩用0.2～0.4g即有明显的增产效果，所以复硝酚钠称为神奇的物质当之无愧。

附　复硝酚钠相关新产品

1. 新福钠

其他名称　新复硝酚钠。

毒性 味道更小，效果更好，溶解迅速，不易产生药害，更安全。

作用机制与特点 新福钠是传统复硝酚钠的替代品，郑州信联通过对复硝酚钠不断研发、改良，终于研发出新的复硝酚钠，并重新命名为新福钠；新福钠把 5-硝基愈创木酚钠的含量提到了 32%，而且彻底解决了复硝酚钠味大的问题，具体优点如下：

（1）广谱、高效、改善作物品质 新福钠是一种新型复合型植物生长调节剂，可增强作物抗病、抗劣变、抗寒、抗旱、抗盐、抗倒伏等抗逆能力。

（2）成本低、无毒、无残留 具有使用剂量少，效果好，成本低等特点，可促进细胞原生质流动、提高细胞活力、加速植株生长发育、促根壮苗、保花保果、提高产量、增强抗逆能力等。

（3）具有调节植物体内源激素的功效 抗病解毒，新福钠经植物吸收后，可以调节植物体内 C/N，提高植物抗病能力，使植物健壮，增强植物抵抗力。

适宜作物 广泛适用于粮食作物、蔬菜作物、瓜果等。

剂型 98%粉剂（5-硝基愈创木酚钠含量 32%）。

应用技术 可单独制成水剂、粉剂；可与复合肥料、水溶性肥料、冲施肥、滴灌肥复配；可与杀菌剂、杀虫剂复配，可提高药效。叶面喷施 0.2~0.5g/亩、冲施用量 10~20g/亩。

新福钠与乙蒜素复配使用，能显著提高药效，并延缓抗药性出现，且能够通过调节作物生长来抵御药剂过量或高毒产生的药害，弥补因此造成的损失。新福钠＋乙蒜素乳油在防治棉花枯黄萎病试验研究中表明：新福钠的加入比单用乙蒜素发病率减轻 18.4%，且复配制剂处理比对照棉花生长健壮、叶片深绿、肥厚，后期衰退时间晚，叶片功能期延长。

新福钠与杀菌剂复配可改善药剂的表面活性，增加渗透力和附着力等，进而增加杀菌效果。新福钠与杂环类杀菌剂如与多菌灵复配使用，在花生叶部病害防治上，发病初期连喷 2 次，提高防效 23%，显著增强杀菌效果。

新福钠具有调节生长发育的作用，在大蒜生长期和蒜头膨大期喷施新福钠，可以促进植株增高，蒜头增大、增重。据河南省农业科学院植物保护研究所试验，大蒜喷施新福钠之后，株高比对照增 5~8cm，蒜头重增加 4~15g，蒜头直径增加 1cm 左右，平均亩产达 1492.69kg，比对照增产 25.55%。

注意事项　要严格控制使用浓度，采用两次稀释法用药；喷新福钠时，若有病虫危害，可与农药混用；喷施新福钠的田块，要加强肥水管理。

2. 冲施晶

其他名称　冲施精。

作用机制与特点　冲施晶是在复硝酚钠等原有功效的基础上开发研制而成的新一代精品植物生长调节剂。主要应用于冲施肥、有机肥、复合肥。冲施晶作为一种高效细胞动力剂，富含动力酶因子，可极速渗透植物体，快速激活植物生长动力，增强植物光合作用，激发植物潜能，提高作物抗病、抗涝、抗旱、抗寒能力。

（1）用冲施晶喷洒叶面时，药剂本身所富含的多种动力素及超强渗透因子可迅速渗透到作物叶片，使叶片3～4d绿而肥厚，有光泽，显著增强植物光合作用，增加光合物质的积累和养分吸收，使植株健而不旺；促进根系发达、分蘖、分枝，健壮基部节间，强力抗倒伏；调解生长平衡、加速灌浆，使穗大、粒饱；促进花芽分化及返青柯权，使植物早开花、多开花，防止落花、落果；加速膨果速度，使果大、果匀、色泽鲜亮，显著提高产量和品质。

（2）冲施晶随水冲施，可迅速补充根系吸收，使其在24h内随营养流传到植物的各个部位及相应作用点，促使根系发达，须根多，主根粗壮；显著提高根系活力，促进根系生长与伸展更直接更迅速，使茎秆健壮不倒伏。冲施晶本身所含有的激活态酶，一经冲施，即可促使土壤中的迟效养分转化为速效养分，并同时刺激微生物活动，增强根瘤固氮，极大改善作物的土壤养分小环境，高效利用土壤养分。

（3）植物使用冲施晶后，可迅速有效地解除由土壤残留造成的除草剂药害；迅速解除因微量元素不足导致的黄叶等生理性病害；帮助受根腐病危害的作物快速产生新根，缩短僵苗时间，使作物从受伤状态迅速恢复正常生长。

（4）冲施晶作为一种肥料增效剂，与肥料复配以后，可加强植物对肥料营养元素的吸收，使之"见效快"；解除元素间的拮抗作用，协调营养平衡，使之性能好。

应用技术　与肥料（冲施肥、复合肥）复配叶面喷施0.3～0.5g/亩。

注意事项

(1) 穿衣保护：避免暴露，施药时必须穿戴防护衣或使用保护措施。

(2) 彻底清洗：施药后用清水及肥皂彻底清洗脸及裸露部位。

(3) 浓度不可随意加大，按照规定用量使用。

硅丰环

$C_7H_{14}O_3NSi\,Cl$，237.76，67377-01-9

化学名称　1-氯甲基- 2,8,9-三氧杂-5-氮杂-1-硅三环 (3,3,3) 十一碳烷。

其他名称　妙福。

理化性质　硅丰环属杂氮硅三环化合物。硅丰环原药质量分数≥98.0%，外观为均匀的白色粉末，熔点为211～213℃。溶解度（20℃）：100g水中溶解1g，在52～56℃温度条件下稳定。

毒性　硅丰环原药大鼠急性经口 LD_{50}：雄性为926mg/kg，雌性为1260mg/kg；大鼠急性经皮 LD_{50}>2150mg/kg；对兔皮肤、眼睛无刺激性；豚鼠皮肤变态反应（致敏）试验结果致敏率为0，无皮肤致敏作用。致突变试验结果表明，Ames试验、小鼠骨髓细胞微核试验、小鼠睾丸细胞染色体畸变试验、小鼠精子畸形试验均为阴性，无致突变作用。50%硅丰环湿拌种剂大鼠急性经口 LD_{50}>5000mg/kg，大鼠急性经皮 LD_{50}>2150mg/kg；对兔皮肤、眼睛均无刺激性；豚鼠皮肤变态反应（致敏）试验的致敏率为0，无致敏作用；为低毒植物生长调节剂。

作用机制与特点　硅丰环是一种具有特殊分子结构及显著生物活性的有机硅化合物，分子中配位键具有电子诱导功能，其能量可以诱导作物种子细胞分裂，使生根细胞的有丝分裂及蛋白质的生物合成能力增强，从而使种子萌发过程中生根点增加，植物发育幼期就可以充分吸收土壤中的水分和营养成分，为作物的后期生长奠定物质基础。当作物吸收该调节剂后，调节剂分子进入植物的叶片，电子诱导功能逐步释放，其能量用以光合作用的催化作用，即使光合作用增强，叶绿素合成能力加强，通过叶片不断形成碳水化合物，作为作物生存的储备养分，并最终供给植物的果实。

适宜作物　小麦、水稻、马铃薯。

剂型　原药、50%湿拌种剂。

应用技术　施药方法为拌种或浸种。用 1000～2000mg/kg 药液，拌种 4h（其种子：药液＝10：1）；或用 200mg/kg 药液浸种 3h（种子：药液＝10：1）（50%硅丰环湿拌种剂 2g 加水 0.5～1kg，拌 10kg 种子，或加水 5kg 浸 5kg 种子，浸 3h），然后播种。可以增加小麦的分蘖数、穗粒数及千粒重，对冬小麦具有调节生长和明显的增产作用。

果绿啶

（glyodin）

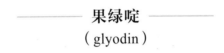

C$_{22}$H$_{44}$N$_2$O$_2$，368.6，556-22-9

化学名称　醋酸-2-十七烷基-2-咪唑啉。

其他名称　Crag Fruit Fungicide 314，Glyodex，Glyoxalidine，Glyoxide Dry。

理化性质　纯品为柔软的蜡状物质，熔点 94℃。醋酸盐为橘黄色粉末，熔点 62～68℃。相对密度 1.035（20℃）。不溶于水，在碱性溶液中分解。

毒性　大鼠急性经口 LD$_{50}$＞6800mg/kg。对鱼和野生动物低毒。以浓度 210mg/(kg·d) 饲喂狗 1 年，270mg/(kg·d) 饲喂大鼠 2 年无不良反应。

作用机制与特点　果绿啶可由植物茎、叶和果实吸收，曾被作为杀菌剂使用，属于保护性杀菌剂，可防治苹果的黑星病、斑点病、黑腐病、樱桃的叶斑病，菊科作物的斑枯病等；对动植物寄生螨类也有效。作为植物生长调节剂，可促进水分吸收，增加吸附和渗透性。因此，可增加叶面施用的植物生长调节剂的效果。

过氧化氢

（hydrogen peroxide）

$$H_2O_2，43.01，7722-84-1$$

化学名称 过氧化氢。

其他名称 双氧水，乙氧烷。

理化性质 纯过氧化氢为弱酸性、淡蓝色黏稠液体，有微弱的特殊气味；相对密度 1.13（20℃），熔点－0.43℃，沸点158℃，溶于水、醇和乙醚。性质极不稳定，遇光、热或有重金属和其他杂质，均能引起分解，同时放出氧和热。具有较强的氧化能力，在有酸存在下较稳定，有腐蚀性。高浓度的过氧化氢能使有机物燃烧。可与二氧化锰相互作用，放出氧气，引起爆炸。

毒性 大鼠经皮 LD_{50} 4060mg/kg；大鼠吸入 LC_{50}（4h）2000mg/L。微生物致突变为鼠伤寒沙门氏菌 $10\mu L$/皿，大肠杆菌 5mg/kg。姐妹染色单体交换：仓鼠肺 $353\mu mol/L$。国际癌症研究所（IARC）致癌性评论为动物可疑阳性。

作用机制与特点 H_2O_2 是一种杀菌剂，可以减少病原菌感染导致的低萌发率；H_2O_2 在某种酶作用下可为种子有氧呼吸提供 O_2，并抑制种子无氧呼吸，以减少有机物消耗量及无氧呼吸过程中产生的酒精对种子的危害；H_2O_2 能刺激解除种子休眠的磷酸戊糖代谢；适当浓度的 H_2O_2 可提高过氧化物酶活性，从而进一步提高种子的活力。

适宜作物 夏谷、花生、水稻、烟草、油菜、薏苡、甜菜、甘草、玉米及黑豆的种子等。

剂型 常见 3% 的过氧化氢水溶液。

应用技术

（1）促进种子发芽，提高休眠种子的发芽率

① 夏谷 3%～10% H_2O_2 促进夏谷种子发芽。

② 花生 1% H_2O_2 浸泡花生种子效果最佳。

③ 油菜 0.01%～0.1% H_2O_2 浸种可提高低活力油菜种子的活力指数，而浓度大于 3%，其作用相反。

④ 烟草 0.15% 或 1.0% H_2O_2 浸烟草种子均提高发芽率 25%以上。

⑤ 薏苡　1%～3% H_2O_2 处理薏苡种子，不仅萌发率高，而且萌发时间短。

⑥ 甜菜　叶用甜菜以浓度 2%～5% H_2O_2 处理为宜，根用甜菜以浓度 3% H_2O_2 处理为宜，对贮期较长的种子则以 5% H_2O_2 处理为佳。

⑦ 甘草　0.4mol/kg H_2O_2 能提高甘草种子发芽率24.41%。

⑧ 玉米　2.0%～3.0% H_2O_2 浸泡玉米种子后发芽率最高。

⑨ 黑豆　0.10% H_2O_2 浸泡黑豆种子萌芽率最高。

（2）提高植物幼苗抗逆性

① 玉米苗　0.1mmol/kg H_2O_2 外源预处理，可提高玉米幼苗在高温胁迫下的存活率。

② 水稻苗　低温下 10μmol/kg H_2O_2 处理可以刺激水稻耐冷品种幼苗的抗冷性增加；4mmol/L H_2O_2 处理水稻幼苗，其抗寒调节能力最佳；不同浓度 H_2O_2 预处理水稻根部可减轻低 Cd（镉）污染土壤的毒害。

③ 大豆苗　用<50mmol/kg H_2O_2 处理大豆可减轻低温伤害。

④ 甘薯苗　用 0.5mmol/kg H_2O_2 处理甘薯幼苗不定根能够增强甘薯幼苗的抗冷性。

⑤ 春小麦苗　12d 苗龄的春小麦幼苗在 1mmol/kg 及 10mmol/kg H_2O_2 的胁迫锻炼后，增强了其抗旱性。H_2O_2 预处理可在一定程度上增强小麦幼苗的抗盐性。

⑥ 马铃薯苗　外源 H_2O_2 可减轻盐碱土壤对马铃薯渗透调节功能和 Na^+/K^+ 吸收影响，缓解盐碱土壤对马铃薯生长发育的抑制，增强马铃薯对盐碱土壤的适应性。

注意事项

（1）注意防潮、防水、避光、避热，置于常温下保存。

（2）不得口服，应置于儿童不易触及处。

（3）对金属有腐蚀作用，慎用。

（4）避免与碱性及氧化性物质混合。

（5）医用过氧化氢有效期一般为 2 个月。

（6）不得用手触摸。

（7）装卸时轻拿轻放，防止包装破损。

（8）失火时只能用干沙、细石子掩盖，绝不可用水。

海藻素

（alginine）

其他名称　海藻精、乌金绿、甲壳海藻素类叶面肥。

理化性质　产品为棕色液体，pH值4.9，相对密度为1.045，极易溶于水，具有海藻味。内含多种植物所必需的营养成分、微量元素和海洋生物活性物质、海藻多糖、天然植物生长素。

毒性　对大鼠急性口服LD_{50}为15380mg/kg。

作用机制与特点　海藻素为多种糖氨基嘌呤混合物，系从海藻中提取的。其最大功能在于提高作物抗逆能力，促进营养物质的同化吸收，主要在逆境条件下应用。其作用机制是能促进植物细胞分裂和伸长，强化新陈代谢，延缓衰老和促进根、茎生长，提高植物对水分和养分的吸收能力，增强抗逆能力，改善作物品质，提高产量。尤为重要的是藻红素和藻蓝素，其辅基是吡咯环所组成的链，分子中不含金属，与蛋白质结合在一起，藻红素主要吸收绿光，藻蓝素主要吸收橙黄光，它们能将所吸收的光能传递给叶绿素而用于光合作用，这点对治理或改善园林绿化植物的黄化也有重要意义。另外，海藻素还能改善土壤结构、水溶液乳化性、降低液体表面张力，可与多种药、肥混用，能提高展布性、黏着性、内吸性，而增强药效、肥效。另在植保方面可直接单用，也有抑制有害生物、缓解病虫危害的作用，如与其他制剂复配，还有增效作用。

适宜作物　水稻、棉花、番茄、芹菜、甘蓝、甜菜、果树等经济作物。

剂型　富滋0.01%水剂。

应用技术　可直接叶喷、灌根、浸种、扦插繁殖，也可作营养剂配制专用冲施肥、叶面肥、农药等。用于无公害基地、花卉和苗圃等农业生产。

（1）水稻　亩施用400g，用0.125%的浓度浸种和喷施秧苗，用0.225%的浓度在插秧后15d、45d、60d各喷施一次。

（2）果蔬　用0.025%～0.030%的海藻素在苗期开始每隔7d喷施一次，亩施200～300mL，收获前10d停止使用。

（3）棉花　在初花期，亩用0.01%富滋水剂50～100mL，兑水20kg，叶面喷雾，间隔两周，连喷3次，可提高产量。

（4）番茄　于幼苗移栽前，用0.01%富滋水剂400倍液浸根。移栽后两周，亩用80～160mL，兑水25kg，叶面喷雾，间隔两周，连喷3次，可提高产量。

苏丁酸
（flurenol）

$C_{14}H_{10}O_3$, 226.2, 467-69-6

化学名称 9-羟基芴-9-羟酸。

其他名称 IT 3233。

理化性质 熔点 71℃，溶解度（20℃）：水中 36.5mg/L；甲醇 1500g/L，丙酮 1450g/L，苯 950g/L，乙醇 700g/L，氯仿 550g/L，环己酮 35g/L。在酸碱介质中水解。

毒性 急性经口 LD_{50} 为大鼠＞6400mg/kg，小鼠＞6315mg/kg。大鼠急性经皮 LD_{50}＞10000mg/kg。NOEL 数据：大鼠（117d）＞10000mg/kg 饲料；狗（119d）＞l0000mg/kg 饲料。鳟鱼 LC_{50}（96h）318mg/kg。水蚤 LC_{50}（24h）86.7mg/kg。

作用机制与特点 苏丁酸通过被植物根、叶吸收而抑制植物生长，但它主要与苯氧链烷酸除草剂一起使用，起增效作用，可防除谷物作物中杂草。

剂型 12.5％乳油。混剂：50％苏丁酯·2甲4氯（1∶4）乳油。

苏丁酸胺
（FDMA）

$C_{16}H_{17}NO_3$, 271.3, 10532-56-6

化学名称 9-羟基芴-9-羧酸二甲胺盐。

其他名称 FDMA。

理化性质 是略带氨气味的五色结晶体。熔点 160～162℃。相对密度 1.18。溶解度（20℃，g/100mL）：水 3.3，丙酮 0.248，甲醇 25。

毒性 急性经口 LD_{50}（mg/kg）：大鼠 6400，小鼠 6315。大鼠急性经皮 LD_{50} 10000mg/kg，对兔皮肤和眼无刺激作用。

作用机制与特点 芴丁酸胺由植物茎、叶吸收，传导到顶部分生组织，抑制顶部生长，促进侧枝生长，矮化植株。

应用技术 芴丁酸胺主要用来矮化植株，还可与 2,4-滴混用作为麦田和水稻田除草剂。

琥珀酸
（succinic acid）

$C_4H_6O_4$，118.1，110-15-6

化学名称 丁二酸，butanedioic acid。

其他名称 亚乙基二羧酸，1,2-乙烷二甲酸，乙二甲酸。

理化性质 纯品白色、无嗅而具有酸味的菱形结晶体。熔点 187～189℃，沸点 235℃，相对密度 1.572（15℃）。溶于水，微溶于乙醇、甲醇、乙醚、丙酮、甘油。几乎不溶于苯、二硫化碳、石油醚和四氯化碳。遇明火、高热可燃，放出刺激性烟气。粉体与空气可形成爆炸性混合物，当达到一定的浓度时，遇火星会发生爆炸。可与碱反应，也可以发生酯化和还原等反应。受热脱水生成琥珀酸酐。可发生亲核取代反应，羟基被卤原子、胺基化合物、酰基等取代。

毒性 大鼠急性经口 LD_{50} 2260mg/kg。给猫 1g/kg 剂量，未见不良影响。猫最小致死注射剂量为 2g/kg。

作用机制与特点 琥珀酸广泛存在于动物与植物体内。可作为杀菌剂、表面活性剂、增味剂。作为植物生长调节剂，可通过植物的根、茎、叶吸收，加速植物体内的代谢，从而监控植物生长。

适宜作物 玉米，春大麦，棉花，大豆，甜菜等。

应用技术 10～100mg/kg 琥珀酸浸种或拌种 12h，可促进根的生长，增加玉米、春大麦、棉花、大豆、甜菜等作物的产量。

注意事项

（1）本品和其他生根剂混用效果更佳。

（2）琥珀酸低剂量多次施用，或与其他叶面肥混合施用效果更佳。

（3）琥珀酸遇明火、高热可燃。在高热条件下分解放出刺激性烟气。粉体与空气可形成爆炸性混合物，当达到一定浓度时，遇火星会爆炸。

环丙嘧啶醇
（ancymidol）

C$_{15}$H$_{16}$N$_2$O$_2$，256.3，12771-68-5

化学名称　α-环丙基-α-(4-甲氧苯基)-5-嘧啶甲醇。

其他名称　嘧啶醇、A-抑制剂、氯苯嘧啶醇、三环苯嘧醇、醇草啶。

理化性质　白色结晶，能溶于水，熔点110～111℃，易溶于丙酮、甲醇等。

毒性　小白鼠急性经口LD$_{50}$为5000mg/kg。对皮肤无刺激性，但对眼睛稍有刺激作用。

作用机制与特点　可被根系或叶片吸收，抑制植物节间伸长，使叶色浓绿。对大多数观赏植物均有控制株型的作用。抑制植物体内赤霉素的生物合成，有延缓营养生长、促进开花的效果。

适宜作物　用于控制观赏植物株型。盆栽植物与花坛植物，可叶面喷洒或土壤浇灌；对温室花卉，如菊花、一品红、大丽花、郁金香、百合等，控制株型的效果良好。

应用技术

（1）增抗性　用25～200mg/kg环丙嘧啶醇溶液在鸡冠花、一串红、万寿菊、长春花苗期叶面喷洒，可使植株在生长期一直保持良好的观赏效果。定植在庭院的，每3～4周喷1次，能增强植物抗性，提高植物对夏季炎热、大风、干旱及空气污染等不良环境的忍受力。

（2）苗床控株高　凤仙花、百日草、鸡冠花在苗床中培育时，用25～250mg/kg环丙嘧啶醇溶液喷洒叶面，可有效控制株高。

（3）盆栽促矮化　可使盆栽观赏植物矮化，抑制植株长高。

（4）菊花　植株高5～15cm时，或在打尖后2周，用50mg/kg环丙嘧啶醇溶液浇灌土壤，效果较好。

（5）百合　植株高 5～15cm 时，用环丙嘧啶醇 0.25～0.5mg/盆（10cm 直径）处理，可得矮壮的植物，或在百合种植前用 50mg/kg 环丙嘧啶醇溶液浸泡球茎 12h，矮化效果更显著。

（6）一品红、杜鹃花　一品红打尖后 4 周、杜鹃花定植后 2 周，用环丙嘧啶醇 0.1～0.25mg/盆处理也有效。

（7）郁金香　促成栽培前 1 周，当盆栽球茎移到温室后 1～2d，每盆栽有 4～6 个球茎，用 50mg/kg 环丙嘧啶醇溶液土壤浇灌 200mL，或 0.5～0.25mg/盆直接施于土中，能控制株型。

（8）天竺葵　具有 5～7 片真叶时，用 0.02% 环丙嘧啶醇溶液喷叶，至喷湿为止，效果显著。

（9）五色椒　新枝生长到 5～8cm 高时，每盆用 0.15～0.3mg 环丙嘧啶醇浇灌土壤，效果良好。

注意事项

（1）避免与皮肤或食物接触，操作后用肥皂与清水将手洗净。

（2）使用浓度过量，会过度控制植物生长，延缓开花 1～2d。但对花的发育没有影响。

（3）不要用松树皮或类似物质作基质与土壤混合在一起，否则将减弱嘧啶醇土壤浇灌的效果。

（4）处理时避免将药液喷到其他植株上。

环丙酰草胺

（cyclanilide）

$C_{11}H_9Cl_2NO_3$，274.1，113136-77-9

化学名称　1-(2,4-二氯苯胺基羰基)环丙羧酸。

其他名称　Finish。

理化性质　纯品为白色粉状固体，熔点 195.5℃，相对密度 1.47（20℃）。水中溶解度（20℃，g/100g）为 0.0037（pH5.2），0.0048（pH7），0.0048（pH9）；有机溶剂中溶解度（20℃，g/100mL）为丙酮 5.29，乙腈 0.50，二氯甲烷 0.17，乙酸乙酯 3.18，正己烷<

0.0001，甲醇 5.91，正辛烷 6.72，异丙醇 6.82。稳定性：本品相当稳定。pK_a 3.5（22℃）。

毒性　大鼠急性经口 LD_{50}（mg/kg）为雌性 208，雄性 315。兔急性经皮 $LD_{50}>2000mg/kg$。对兔眼睛无刺激，对兔皮肤有中度刺激性。大鼠急性吸入 LC_{50}（4h）$>5.15mg/L$ 空气。NOEL 数据（2 年）为大鼠 7.5mg/kg。急性经口 LD_{50}（mg/kg）为绿头鸭>215，山齿鹑 216。饲喂试验 LC_{50}（8d，mg/kg 饲料）为绿头鸭 1240，山齿鹑 2849。鱼毒 LC_{50}（96h，mg/kg）：虹鳟鱼>11，大翻车鱼>16，羊肉鲷 49。蜜蜂 LD_{50}（接触）$>100\mu g/$只。

进入动物体内的本品迅速排出，残留在植物上的主要是未分解的本品，在土壤中有氧条件下，降解 15～49d。主要由土壤微生物降解，移动性差，不易被淋溶至地下水。

作用机制与特点　主要抑制生长素的运输。

适宜作物　棉花、禾谷类作物，草坪和橡胶等。

剂型　与其他药剂如乙烯利混用。

应用技术　主要用于棉花、禾谷类作物、草坪和橡胶等脱叶。与乙烯利混用，具有协同增效作用。使用剂量为 10～200g(a.i.)/hm²。

磺菌威

（methasulfocarb）

$C_9H_{11}NO_4S_2$，261.3，66952-49-6

化学名称　S-(4-甲基磺酰胺氧苯基)-N-甲基硫代氨基甲酸酯。

其他名称　Kayabest，NK-191。

理化性质　纯品为无色结晶体，熔点 137.5～138.5℃。水中溶解度为 480mg/kg，溶于苯、醇类和丙酮。对日光稳定。

毒性　急性经口 LD_{50}（mg/kg）：大鼠 112～119，雄小鼠 342，雌小鼠 262。大、小鼠急性经皮 $LD_{50}>5000mg/kg$，大鼠急性吸入 LC_{50}（4h）$>0.44mg/L$ 空气。对小鼠无诱变性，对大鼠无致畸性。鲤鱼 LC_{50}（48h）1.95mg/kg。水蚤 LC_{50}（3h）24mg/kg。

作用机制与特点　磺菌威是一种磺酸酯杀菌剂和植物生长调节剂。

用于土壤，尤其用于水稻的育苗箱，对于防治由根腐属、镰孢属、木霉属、伏革菌属、毛霉属、丝核菌属和极毛杆菌属等病原真菌引起的水稻枯萎病很有效。

适宜作物 水稻。

剂型 10％粉剂。

应用技术 水稻：在播种前 7d 内或临近播种时，将 10％粉剂混土，剂量为每 5L 育苗土施 6～10g。不仅可杀菌，还可提高水稻根系的生理活性。

甲苯酞氨酸
（benzoic acid）

$C_{15}H_{13}NO_3$，255.27，85-72-3

化学名称 N-间甲苯基邻氨羰基苯甲酸。

其他名称 Duraset，Tmomaset。

理化性质 白色结晶，熔点 152℃。25℃下溶于水 0.1％，丙酮 13％、苯 0.03％；易溶于甲醇、乙醇和异丙醇。遇 pH3 和 pH10 时会水解。结晶固体，25℃时在水中的溶解度为 0.1g/100g，易溶于丙酮。

毒性 大白鼠急性经口 LD_{50} 为 5230mg/kg。

作用机制与特点 为内吸性植物生长调节剂。可增加花和果的数量，增加番茄和豆花数，增加坐果率。在不利的气候条件下，可防止花和幼果的脱落。

适宜作物 番茄、白扁豆、樱桃、梅树等。

剂型 20％可湿性粉剂。

应用技术 能增加番茄、白扁豆、樱桃和梅子的坐果率。蔬菜在开花最盛期喷药，例如在番茄花簇形成初期喷 0.5％浓度药液，剂量为 $500～1000kg/hm^2$，可增加坐果率。果树在开花 80％时喷药，施药浓度为 0.01％～0.02％。

注意事项

（1）施药切勿过量。

（2）勿与其他农药合用。

（3）在高温度气候条件下，喷药宜在清晨或傍晚进行。

（4）使用时戴防护手套、穿防护服、戴防护眼罩、戴防护面具。

1-甲基环丙烯
（1-methylcyclopropene）

C$_4$H$_6$，54.09，3100-04-7

其他名称　Ethyl Bloc。

理化性质　纯品为无色气体，沸点 4.68℃。溶解度（mg/kg，20～25℃）：水 137，庚烷＞2450，二甲苯 2250，丙酮 2400，甲醇＞11000。水解 DT$_{50}$（50℃）2.4h。其结构为带一个甲基的环丙烯，常温下，为一种非常活跃的、易反应、十分不稳定的气体，当超过一定浓度或压力时会发生爆炸，因此，在制造过程中不能对 1-甲基环丙烯以纯品或高浓度原药的形式进行分离和处理，其本身无法单独作为一种产品存在，也很难贮存。

毒性　大鼠急性口服 LD$_{50}$＞5000mg/kg，大鼠急性吸入 LC$_{50}$（4h）＞165μL/L 空气。

作用机制与特点　1-甲基环丙烯是一种非常有效的乙烯产生和乙烯作用抑制剂。作为促进成熟衰老的植物激素，乙烯既可由部分植物自身产生，又可在贮藏环境甚至空气中存在一定量。乙烯与细胞内部的相关受体结合，才能激活一系列与成熟有关的生理生化反应，加快衰老和死亡。1-甲基环丙烯可以很好地与乙烯受体结合，并较长时间保持束缚在受体蛋白上，因而有效地阻碍了乙烯与受体的正常结合，致使乙烯作用信号的传导和表达受阻。这种结合不会引起成熟的生化反应，因此，在植物内源乙烯产生或外源乙烯作用之前，施用 1-甲基环丙烯会抢先与乙烯受体结合，从而阻止乙烯与其受体的结合，很好地延长了果树成熟衰老过程，延长了保鲜期。

适宜作物　主要用于果蔬、切花保鲜。

剂型　3.3％可溶粉剂，0.014％和 3.3％微胶囊剂。

应用技术

（1）使用方式　1-甲基环丙烯的使用量很小，以微克来计算，方式是熏蒸。在密封的空间内熏蒸 6～12h，就可以达到保鲜的效果。

（2）使用技术

① 水果、蔬菜　在采摘后 $1 \sim 7d$ 进行熏蒸处理，可以延长保鲜期至少一倍的时间。如苹果、梨的保鲜期可以从原来的正常贮存 $3 \sim 5$ 个月，延长到 $8 \sim 9$ 个月。

② 八月红梨　用 $1.0 \mu L/L$ 的 1-甲基环丙烯处理，可使果实保持较高的硬度、可溶性固体物和可滴定酸含量，明显降低果实的呼吸强度和乙烯释放速率，能完全抑制八月红梨果实黑皮病的发生，显著降低果心褐变率，推迟果实的后熟和衰老，延长贮藏期。

③ 桃　用 $25 \mu L/L$ 的 1-甲基环丙烯分别对底色转白期和成熟期的桃果实进行处理，然后置于 $0 ℃$ 左右的冷库中贮存 $24d$，能延缓这两个时期桃果实的后熟软化进程。

④ 河套蜜瓜　用 $100mg/kg$、$300mg/kg$ 的药液处理，能有效延缓河套蜜瓜硬度的下降速度。

⑤ 百合切花　用 $0.1mg/kg$ 浓度的 1-甲基环丙烯分别对东方百合西伯利亚和亚洲百合普丽安娜花枝处理 $4h$，再用 $30g/kg + 8$-羟基喹啉硫酸盐 $200mg/kg$ 的混合保鲜液插枝，两种切花的瓶插寿命和观赏价值均有所改善，瓶插寿命比对照延长 $2d$，其中东方百合优于亚洲百合，寿命延长了 $16d$。

甲基抑霉唑
（PTTP）

$C_{16}H_{20}ClN_3O$，305.61，77666-25-2

化学名称　1-(4-氯苯基)-2,4,4-三甲基-3-(1H-1,2,4-三唑-1-基)-1-戊酮。

其他名称　PTTP。

作用机制与特点　本品为三唑类植物生长调节剂，主要降低赤霉素活性。在南瓜胚乳的无细胞制品中，$10^{-7} \sim 10^{-5} mol/L$ 浓度可抑制赤霉酸的生物合成。

适宜作物　用于水稻、玉米、豌豆、大豆。

注意事项

（1）贮存于阴凉干燥处。

（2）使用时注意防护，无专用解毒药，需对症治疗。

2 甲 4 氯丁酸

（MCPB）

$C_{11}H_{13}ClO_3$，228.7，94-81-5(酸)，6062-26-6(钠盐)

化学名称　4-(4-氯邻甲苯氧基)丁酸。

其他名称　Bexane，France，Lequmex，MCPB，Thistrol，Triol，Tropotox，Trotox。

理化性质　纯品为无色结晶（工业品为褐色至棕色薄片），熔点101℃（工业品95～100℃），沸点＞280℃，蒸气压0.057MPa（20℃）、0.09837MPa（25℃），分配系数 $K_{ow}\lg P$＞2.37（pH7）、1.32（pH7）、0.17（pH9），密度1.233g/cm³（22℃）。溶解度（20℃，g/kg）为水0.11（pH5）、4.4（pH7）、444（pH9），丙酮313，二氯甲烷169，乙醇150，己烷0.26，甲苯8。常用的碱金属盐和铵盐易溶于水，几乎不溶于大多数有机溶剂。稳定性：酸的化学性质极其稳定，在pH5～9（25℃）时，对水解稳定，固体对光稳定，溶液降解半衰期为2.2d，对铝、锡和铁稳定至150℃。

毒性　纯品大鼠急性口服 LD_{50} 4700mg/kg，大鼠急性经皮 LD_{50}＞2000mg/kg。对眼睛有刺激，对皮肤无刺激，皮肤无过敏。大鼠急性吸入 LC_{50}（4h）＞1.14mg/L空气。NOEL数据为大鼠（90d）100mg/kg饲料。鸟类 LD_{50}＞20000mg/kg饲料。鱼毒 LD_{50}（48h）：虹鳟鱼75mg/kg，黑头呆鱼11mg/kg。对蜜蜂无毒。

作用机制与特点　通过植物的茎、叶吸收，传导到其他组织。高浓度时可作为除草剂，低浓度时作为植物生长调节剂，可防止收获前落果。

适宜作物　苹果、梨、橘子。

剂型　20%制剂。

应用技术

（1）苹果　收获前 15～20d，以 20％制剂 6000 倍液喷洒 2 次，用量为 300～600kg/1000m²，防止落果。

（2）梨　收获前 7d，以 20％制剂 6000 倍液喷洒 2 次，用量为 200～300kg/1000m²，防止落果。

（3）橘子　收获前 20d，用 20mg/kg 的溶液喷洒，防止落果。

上述处理除防止落果外，还可延长苹果、梨、橘子的贮存时间。

注意事项

（1）严格按照推荐剂量使用，不能随意增加使用剂量。

（2）用过本品的喷雾器械要彻底清洗。

甲哌鎓

（mepiquat chloride）

C₇H₁₆NCl，149.66，24307-26-4

化学名称　1，1-二甲基哌啶鎓氯化物。

其他名称　缩节胺，壮棉素，助壮素，棉长快，增棉散，皮克斯 (Pix)，调节啶。

理化性质　纯品为无味白色结晶体，熔点 285℃（分解），蒸气压小于 1×10^{-7} MPa（20℃）。20℃时在下列溶剂中的溶解度（g/mL）：水＞100，乙醇 16.2，氯仿 1.1，丙酮、乙醚、乙酸乙酯、环己烷、橄榄油均小于 0.1。对热稳定，在潮湿的空气中易吸湿，含有效成分 90％的原粉外观为白色或灰白色结晶体，相对密度 1.87（20℃），不可燃，不爆炸，50℃以下贮存稳定期两年以上。含有效成分 97％的原粉外观为白色或浅黄色结晶体，水分含量＜3％，常温贮存稳定期两年以上。

毒性　99％原粉对大鼠急性经口 LD_{50} 490mg/kg，急性经皮 LD_{50} 7800mg/kg，急性吸入 LC_{50} 3.2mg/L。对兔眼睛和皮肤无刺激作用。在动物体内蓄积性较小。在试验条件下，未见致突变、致畸和致癌作用。大鼠三代繁殖试验结果未见异常。大鼠两年慢性饲喂试验无作用剂量为 3000mg/kg。按规定剂量使用，对鱼类、鸟、蜜蜂无害。在土壤中易分解成二氧化碳和氮，对土壤微生物无害。

作用机制与特点　甲哌鎓对植物生长有延缓作用，可通过植物叶片和根部吸收，传导至全株，降低植物体内赤霉素的活性，从而抑制细胞伸长，使芽长势减弱，控制株型纵横生长，使植株节间缩短，株型紧凑，叶色深厚，叶面积减少，并增强叶绿素的合成，控制植株旺长，推迟封行等。对于棉花其主要功能在于抑制棉株主茎的生长，并且对棉株果枝的横向生长也有抑制作用，可减少蕾铃脱落，使开花铃集中，伏前桃与伏桃增加，尤其对棉株徒长的地段，增产效果更为明显。甲哌鎓能提高细胞膜的稳定性，增加植株抗逆性。

适宜作物　甲哌鎓为内吸性植物生长延缓剂，能抑制赤霉素的生物合成，抑制细胞伸长，延缓营养体生长，使植株矮化，株型紧凑，并能增加叶绿素含量，提高叶片同化能力。

主要用于抑制棉花生长，防止蕾铃脱落，也可用于小麦、玉米防倒伏。用于葡萄、柑橘、桃、梨、枣、苹果等果树可防止新梢过长，提高钙离子浓度；用于番茄、瓜类和豆类可提高产量，提早成熟。

剂型　97％原药，50％水剂，25％水剂，5％水溶液剂。

应用技术

（1）棉花　主要用于棉花生长调节，由棉花的叶子吸收而起作用。不仅抑制棉株的高度，而且对果枝的横向生长也有抑制作用，可在棉花生长全程使用。棉花应用甲哌鎓3～6d后叶色浓绿，甲哌鎓能协调营养生长与生殖生长的关系，延缓纵向生长和横向生长，使得株型紧凑，减少蕾铃的脱落，集中开花结铃，增加伏前桃与伏桃比例，衣分、衣指、籽指、铃重及籽棉产量都有增加，对皮棉质量无不良影响。生产上一般每亩使用甲哌鎓原药8～10g，可增产棉花10％以上。

① 促进种子萌发　应用甲哌鎓浸种，可以促进棉籽发芽，出苗整齐；提早和增加侧根发生，增强根系活力；实现壮苗稳长，增加棉花幼苗对干旱、低温等不良环境的抵抗能力；促进壮苗，减少死苗，增加育苗移栽成活率。处理方法为：经硫酸脱茸的种子，按1～2g甲哌鎓原药加水10kg，配成100～200mg/kg的药液，加入种子，搅匀后浸泡6～8h。未经脱茸的种子，处理药液浓度需200～300mg/kg，其他同脱茸种子。浸种期间翻搅2～3次，以使浸种均匀。如果用温水浸种，时间可短些。浸种完毕及时捞出种子，晾干后播种。种子包衣可在晾干后进行，也可用含有甲哌鎓的种衣剂加工。

② 培育壮苗　在棉花移栽时，使用甲哌鎓可促进棉苗健壮，防止

形成高脚苗和弱苗。可以在播种前浸种，也可以在棉花出苗后，用50mg/kg甲哌鎓药液喷洒叶面。

③ 苗蕾期　使用甲哌鎓能促进根系发育，实现壮苗稳长，塑造合理株型，促进早开花，增强棉花对干旱、涝害等逆境的抵抗力，协调水肥管理，避免因早施肥、浇水而引起徒长。方法为在春棉8～10叶期至4～5个果枝期，短季棉在3～4叶期至现蕾期用甲哌鎓原药4.5～12g/hm^2，加水150～225L喷洒。

④ 控制棉花徒长　甲哌鎓的典型作用是"缩节"，就是延缓棉花主茎和果枝伸长，缩短节间，防止徒长。一般在棉花始花期到盛花期容易徒长，可用97%的甲哌鎓原药150～300mg/hm^2，加水15～25kg喷洒叶面。如仍然旺长，可间隔15～20d，按上述浓度重喷1次。

（2）大豆　甲哌鎓与胺鲜酯混用后可以改善大豆物质代谢，优化物质分配，促进叶片和根系生理活性，提高大豆叶绿素含量和叶片光合速率，也能提高叶片蛋白质含量并改善氨基酸组分，提高叶片中硝酸还原酶、肽酶活性和硝态氮含量，有利于延长籽粒充实期的叶片功能并促进氮素的转化，同时提高大豆根系氧化还原能力，促进根系的结瘤固氮能力。大豆应用胺鲜酯甲哌鎓混剂后，能降低大豆株高，防止倒伏；提高大豆荚数、粒数、粒重，产量增加10%～15%，籽粒品质略有改善。也有甲哌鎓与多效唑混用用于大豆生长调节的产品。

（3）小麦　甲哌鎓在禾本类植物上出现药害较少，用量范围较宽。针对多效唑在旱地上代谢较慢，容易引起后茬作物残留药害，生产上通常使用烯效唑，或者利用多效唑与甲哌鎓进行复配降低多效唑的使用剂量。甲哌鎓和多效唑混用后无论是浸种还是拌种，均能提高麦苗根系的生长发育和活力，培育冬前壮苗、提高麦苗适应环境的能力；还可加快小麦叶片的分化和出叶速度，增加越冬期前主茎展开叶数，使叶片长度缩短、单叶面积下降、叶色加深，有利于达到冬前壮苗标准。生产上推荐使用3～6g/10kg种子进行拌种。

在小麦拔节始期，使用200mg/kg的甲哌鎓稀释液均匀喷施叶面，对降低株高、增加茎秆强度、防止小麦旺长、倒伏，提高结实率，增加千粒重和产量均有较好的作用。据报道，小麦喷施甲哌鎓后，株高比对照矮24.9cm，节间长缩短5.6cm，单产增加13.64%。

在返青拔节前（3～4叶期）每亩用25～30g 20.8%甲哌鎓·烯效唑微乳剂进行叶面喷施处理后能降低茎基部1～3节间长度，增加单位长度干物质重，提高茎秆的质量，使植株重心降低，茎秆质量提高，抗倒伏、弯的能力增强。第 4、5 节间的"反跳"，有利于旗叶光合作用和利用茎秆干物质再分配，使单位面积穗数、穗粒数、千粒重协调增加，增产 8%～13%。甲哌鎓与烯效唑混用，效果更佳。

（4）花生　在花生针期和结荚初期喷洒 150mg/kg 的甲哌鎓药液，可提高根系合成氨基酸的能力，促进根系对无机磷的吸收以及调节糖类物质的利用和转化，因而可以提高根系活力，延缓根系的衰老；能使荚果数增加，饱果数增加，荚果发育快，单果重和体积增加，产量平均增加 10%～40%。与胺鲜酯混用后，在花生生长至开花下针期，可控制花生植株生长，使花生株型矮化，提高单株饱荚数，增加饱荚重，对花生品质无影响。

（5）玉米　在玉米大喇叭口期，使用 500～800mg/kg 甲哌鎓进行茎叶喷雾，可抑制玉米细胞伸长，缩节矮壮，有利于培育壮苗。

（6）薯类　甘薯茎叶喷施 200～300mg/kg 的甲哌鎓溶液，施用两次（间隔 15d），甘薯的营养生长受到抑制，藤蔓的增长明显减缓，浓度越高，蔓长增长越慢；甲哌鎓处理促进甘薯光合作用向生殖器官转移，能显著增加甘薯的大块茎个数和产量，对甘薯品质无不良影响。甲哌鎓也可以用在甘薯的调节生长上。

于蕾期至现花期，使用 50mg/kg 的甲哌鎓药液喷洒叶面，能促进有机养分向地下部转移，促进块茎肥大，提高产量。

（7）油菜　在油菜抽薹期喷洒 40～80mg/kg 的甲哌鎓溶液，能使油菜结果枝紧凑，封行期推迟，延长中下部叶片的光合作用时间，提高群体光合速率，使产量提高 17.2%～30.4%，防止倒伏。

注意事项

（1）施用甲哌鎓要根据作物生长情况而定，对土壤肥力条件差、水源不足、长势差的田块，不宜施用。对喷洒甲哌鎓的田块，要加强肥水管理，防止干旱或缺肥。对易早衰的作物品种，应在生长后期喷洒尿素进行根外追肥。喷雾点雾滴要细，喷施要均匀。

（2）须掌握使用剂量和施药时期，根据规定剂量施药。施药时间不宜过早，以免影响植株正常生长，但施药过迟会引起药害。如引起药害，可喷洒赤霉素减缓药害程度。甲哌鎓药害一般不会对下茬作物产生影响。

（3）施用甲哌鎓应选择晴天，喷药后 3h 内如遇中等以上降雨，会影响药效。不能与碱性农药混用，也不可与磷酸二氢钾混用。如施用后出现抑制过度现象，可喷洒 500mg/kg 的赤霉素缓解。棉田施药后 24h

内降雨影响药效。

（4）要避免溅入眼睛，防止人、畜误食。不要与食物、种子、饲料混放。

（5）甲哌鎓易吸湿，甚至可以成水状，故须保存在避光、密封、干燥容器中。潮解后可在 100℃ 左右烘干。

（6）可与多种杀虫剂、杀菌剂混用。

（7）甲哌鎓控旺长较为迅速，但持效期短，多效唑具有控制营养生长，缩短节间距，促进生殖生长，持效长的特点。将两者复配使用，药效持效长，在控制旺长的同时，增加产量，抗倒伏。

附 甲哌鎓复配产品

麦巨金

化学名称 20.8%烯效·甲哌鎓

毒性 相对多效唑和烯效唑来说，药性比较温和、无刺激性，具有更高的安全性。

作用机制及特点 麦巨金是中国农业大学联合浩伦农业科技集团共同研发的一种新型植物生长调节剂，有效成分是甲哌鎓和烯效唑，含量分别为20%和0.8%。甲哌鎓是一种温和新型植物生长调节剂，可以促进小麦根系发达，降低株高，提高产量；烯效唑具有控制营养生长、抑制细胞伸长、缩短节间、矮化植株、促进小麦分蘖、提高抗倒伏能力的作用。麦巨金的效果更直接，安全性更高，残苗性更小，使用更方便。产品特点如下：

（1）调节生长　采用新成分，活性更高，控旺显著。能有效控制小麦基部 1~3 节节间长度，降低小麦高度，使小麦秆粗秆壮，增强小麦的抗倒伏能力。

（2）提高产量　增加亩穗数、穗粒数，千粒重，亩产量增加 10% 以上，并可提早成熟。

（3）改善品质　籽粒淀粉、蛋白质含量、面筋含量、沉降值等均有大幅度提高。

（4）剂型先进　本品采用国际上流行的新剂型——微乳剂，具有黏附性强、分散性好、药效高、对环境友好等特点。

（5）减少残留　残留量相当于多效唑的 1/10，减少对后茬作物的危害。

（6）提早成熟　落黄正常，为后茬作物种植争取时间。

适宜作物 小麦。

剂型 微乳剂。

应用技术 春小麦在 3～4 叶期，冬小麦在返青-起身期，发生冬暖现象可以提前到上冻前，进行兑水叶面喷雾。小麦一般喷施 450～600g/hm²，对于高肥水及高秆品种可适当增加至 525～750g/hm²。喷液量为人工背包式喷雾 15kg/亩，拖拉机喷雾 150～180kg/hm²，飞机喷雾 30～45kg/hm²。一般在早晚施药。施药前应注意天气预报，施药后应 2h 内无雨。

注意事项

(1) 在晴朗无风天气进行；不要重喷和漏喷，施药时间宜早不宜迟。

(2) 属中性植物生长调节剂，可与除草剂混用，以降低施用成本。

(3) 如发生冬暖现象，小麦在上冻前就发生旺长，可以放在冬前使用，冬前使用的开春可以不再使用。

(4) 喷药后 6h 下雨应减量补喷。

(5) 高密植、高水肥田块，可以冬前和开春各使用一次。

—— 甲氧隆 ——
（metoxuron）

$C_{10}H_{13}ClN_2O_2$，228.7，19937-59-8

化学名称 3-(3-氯-4-甲氧基苯基)-1,1-二甲基脲。

其他名称 Purival。

理化性质 纯品为无色结晶体，熔点 126～127℃，24℃时在水中的溶解度为 678mg/kg，可溶于丙酮、环己酮、乙腈和热乙醇，在乙醚、苯、甲苯、冷乙醇中溶解度中等，不溶于石油醚。贮存稳定（54℃下 4 周）。在强酸和强碱条件下水解，DT_{50}（50℃）18d（pH3）、21d（pH5）、24d（pH7）、>30d（pH9）、26d（pH11）。其溶液对紫外线敏感。

毒性 大鼠急性经口 LD_{50} 3200mg/kg，急性经皮 LD_{50} >2000mg/

kg，对蜜蜂无毒。

作用机制与特点　可作为除草剂使用，作为生长调节剂使用时，可通过植物的根、叶片吸收，传导到其他组织，抑制光合作用，加速叶片枯萎和脱落。

适宜作物　马铃薯、大麻、黄麻、柿子。

应用技术　在马铃薯收获前几周，以 $2\sim5kg/hm^2$ 剂量喷施叶面，可加速成熟、增加产量。还可用于大麻、黄麻和柿子脱叶。

菊胺酯
（WD-5）

$C_{17}H_{27}Cl_2NO_2$，348.3，172351-12-1

化学名称　N,N-二乙胺基乙基-4-氯-α-异丙基苄基羧酸酯盐酸盐。

其他名称　菊乙胺酯。

理化性质　该化合物是以增产胺（DCPTA）为先导，进行结构修饰，根据拼合原理设计合成 12 个全新的类似物。

毒性　菊乙胺酯原药对受试动物大白鼠和小白鼠的经口 LD_{50} 均大于 500mg/kg，菊乙胺酯原药的经口急性毒性为低毒级。菊乙胺酯原药经皮急性毒性均大于 2500mg/kg，按农药急性分级标准判定为低毒级化合物。致突变试验：Ames 试验呈阴性。

作用机制及特点　可增强叶片的光合速率；增强根系的活力；使可溶性糖含量增加；促进核酸和蛋白质的合成，使代谢旺盛，促进植物的营养生长；对磷素的吸收有一定的促进作用。

适宜作物　对小麦、水稻、油菜、棉花、芝麻等作物有较好的增产作用。

剂型　95％菊乙胺酯（WD-5 粉剂）。

应用技术

（1）小麦　在小麦拔节期和初花期各施药一次，可提高单穗结粒数、千粒重量及小区产量，从而起到不同程度的增产作用。菊乙胺酯以施质量分数 1×10^{-4} 的增产效果最好，0.5×10^{-4} 次之，1.5×10^{-4} 效果较小，与对照比，其效果分别为 13.67％、7.4％、3.65％。

（2）水稻　在水稻上使用 150mg/kg 增产效果最佳。

注意事项　菊乙胺酯农药对鱼的毒性是中毒，但对蜂、鸟、蚕的毒性都是低毒，使用时对环境生物安全。

糠氨基嘌呤
（kinetin）

$C_{10}H_9N_5O$，215.21，525-79-1

化学名称　6-糠基氨基嘌呤。

其他名称　KT，动力精，激动素，6-呋喃甲基氨基嘌呤，6-糠氨基-7(9)H-嘌呤，N-糠基腺嘌呤，凯尼丁，糠基腺嘌呤。

理化性质　纯品为白色片状结晶，从乙醇中获得的结晶，熔点为 266～269℃，为两性化合物。不溶于水，溶于强酸、强碱与冰醋酸，微溶于冷水、甲醇和乙醇。配制时先溶于少量浓盐酸或乙醇中，然后再将盐酸（或乙醇）溶液稀释到一定量的水中。

毒性　99％糠氨基嘌呤原药，低毒，登记证号为 PD20170011；0.4％糠氨基嘌呤水剂，低毒，登记证号为 PD20170016。

作用机制与特点　本品是一种细胞分裂素类植物生长调节剂，能促进细胞分裂和组织分化，延缓蛋白质和叶绿素降解，有保鲜与防衰老作用，可延缓离层形成，增加坐果。用于农业上果树、蔬菜及组织培养，可促进细胞分裂、分化、生长；诱导愈伤组织长芽，解除顶端优势；打破侧芽休眠，促进种子发芽；延缓衰老，保鲜；调节营养物质的运输，促进结实等。由于价格比 6-苄基氨基嘌呤高，活性又不如 6-苄基氨基嘌呤，因此在生产中一般多用 6-苄基氨基嘌呤。

糠氨基嘌呤是一种嘌呤类天然植物内源激素，也是人类发现的第一个细胞分裂素，可人工合成。可被作物叶、茎、子叶和发芽的种子吸收，移动缓慢。具有促进细胞分裂，促进 RNA、蛋白质生物合成特性；诱导芽分化解除顶端优势；延缓蛋白质和叶绿素降解，有保鲜和防衰老作用；延缓离层形成，增加坐果等。

适宜作物　水稻、玉米、棉花、番茄、辣椒、黄瓜、西瓜、韭菜、芹菜、苹果、梨、葡萄及各种花卉、中药材等。

剂型 1mg/kg、40mg/kg可溶性粉剂。

应用技术

1.使用方式

（1）浸种 使用浓度一般为0.01mg/kg药液，即用1mg/kg的糠氨基嘌呤可溶性粉剂500g，加水50kg。

（2）叶面喷雾 使用浓度一般为0.02mg/kg药液，即用1mg/kg的糠氨基嘌呤可溶性粉剂100g，加水5kg，搅拌均匀后喷施于作物表面。

2.使用技术

（1）促进坐果

① 棉花 用100～200mg/kg糠氨基嘌呤溶液喷洒棉花，可促进光合作用，增加总糖量及含氮量，有利于棉铃生长。

② 梨、苹果 在梨或苹果花瓣大多脱落时，用250～500mg/kg糠氨基嘌呤溶液喷洒花或小果，可促进坐果，减少采前落果。

③ 葡萄 盛花期后用250～500mg/kg溶液浸蘸果穗，能促进坐果。

④ 可乐果 刚采收后，用100mg/kg溶液浸泡种子24h，可促进萌发。

（2）打破休眠

① 莴苣 在高温地区，用100mg/kg溶液浸莴苣种子3min，有助于莴苣种子克服由于高温引起的休眠。用10mg/kg溶液浸莴苣种子3min，可提高种子抗盐能力。

② 马铃薯 对需要一年两收的马铃薯，夏季收获后用10mg/kg溶液浸泡10min，可以打破休眠，使薯块在处理后2～3d就发芽。

③ 杜鹃花 对未经低温处理的杜鹃花用100mg/kg糠氨基嘌呤溶液加100mg/kg赤霉素溶液，每隔4d喷1次，到芽膨大为止，可消除杜鹃花对低温的需要，使其提早开花。单用糠氨基嘌呤无效，与赤霉素混用对打破休眠有加强作用，比单用赤霉素效果更好。

④ 番红花 用10mg/kg糠氨基嘌呤溶液加100mg/kg赤霉素处理番红花球茎，可促进开花，增加花朵数。

（3）保鲜作用 以10～20mg/kg喷洒花椰菜、芹菜、菠菜、莴苣、芥菜、萝卜、胡萝卜等植株，或收获后浸蘸，能延缓绿色组织中蛋白质和叶绿素的降解，防止衰老，起到保鲜作用。处理结球白菜、甘蓝等可加大浓度至40mg/kg。

① 番茄　将尚未成熟的（绿色）番茄采摘后，在 $10\sim100$mg/kg 糠氨基嘌呤溶液中浸一下，由于糠氨基嘌呤延缓了果实中内源乙烯的形成，可使番茄延迟成熟 $5\sim7$d，延长储藏期，有利于运输。

② 青椒　采收后，用 10mg/kg 溶液浸或喷洒，可延长保鲜期。

③ 草莓　采收后，用 10mg/kg 溶液浸果或喷洒，晾干后包装，可延长保存期。

④ 月季　用 60mg/kg 溶液处理月季鲜切花，可较长时间保持花色鲜艳。

（4）组织培养

① 马铃薯　在组织培养中，应用 $0.2\sim1\mu$mol/kg 糠氨基嘌呤与生长素混用，处理全植株、离体器官或器官，有明显刺激组织或器官分化的作用。如马铃薯茎尖培养基中，每升加入 $0.25\sim2.5$mg 糠氨基嘌呤可以诱导 $80\%\sim100\%$ 马铃薯块茎形成。

② 唐菖蒲、倒挂金钟　在唐菖蒲子球茎 MS 培养基中加入 5mg/kg 2,4-滴和 0.1mg/kg 糠氨基嘌呤，在倒挂金钟幼叶 MS 培养基中加入 1mg/kg 萘乙酸和 2mg/kg 糠氨基嘌呤，均有利于繁殖。

（5）调节生长　99% 糠氨基嘌呤原药和 0.4% 糠氨基嘌呤水剂，主要用于调节水稻生长，在水稻分蘖期、扬花初期和灌浆期各施药 1 次，用 $4\sim6.7$mg/kg 剂量喷雾，每季最多使用 3 次。

注意事项

（1）因糠氨基嘌呤无商品制剂，其原药不溶于水，而溶于强酸、强碱、冰醋酸等。因此，在配制时需特别小心，防止溅到皮肤与眼中。

（2）现配现用，遇碱易分解，因此勿与碱性农药和肥料混用。

（3）在植物体内移动性差，仅作叶面处理效果欠佳，如果用于果实，可采用浸果或喷果处理。

（4）严格控制药剂的使用浓度。贮存于阴凉、干燥处。

抗倒胺
（inabenfide）

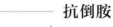

$C_{19}H_{15}ClNO_2$，338.79，82211-24-3

化学名称 N-[4-氯-2-(羟基苄基)苯基]吡啶-4-甲酰胺，4-氯-2-(α-羟苄基)异烟酰替苯胺。

其他名称 依纳素，Seritard，CGR-811。

理化性质 纯品抗倒胺为淡黄色至棕色结晶固体，熔点210～212℃。溶解性（30℃，g/kg）：难溶于水，丙酮3.6，乙酸乙酯1.43，氯仿0.59，DMF 6.72，乙醇1.62，甲醇2.35。对光稳定，对碱稍不稳定。

毒性 大、小鼠（雄、雌）急性经口LD_{50}为15g/kg，腹腔注射$LD_{50}>5g/kg$，急性经皮$LD_{50}>5g/kg$，急性吸入LC_{50}（4h）0.46mg/L空气（大鼠）。对兔皮肤和眼睛无不良反应，对豚鼠无过敏性。对大鼠和狗饲喂6个月和2年的亚慢性和慢性试验研究中，无明显异常反应。对大鼠的生殖研究（3代繁殖）和对大鼠、兔的致畸试验中，未发现明显异常。复原突变试验（Ames试验）、微生物的复原试验（染色体畸变）和修复试验均为阴性，鱼毒LC_{50}（48h）：鲤鱼30mg/kg，白眼棱鱼11mg/kg，鲮鱼26mg/kg，鲻鱼11mg/kg。水蚤LC_{50}（3h）30mg/kg。抗倒胺具有一定的毒性，根据美国和欧盟等农药分级标准，属于毒性较高农药。因此，很多国家都制定了粮谷中抗倒胺的最大允许残留限量，日本规定抗倒胺在大米中的最大允许残留量为0.05mg/kg。

剂型 5％、6％颗粒剂，50％可湿性粉剂。

适用作物 对水稻有很强的抗倒伏作用。

作用机制和特点 本品能延缓植物生长，抑制水稻赤霉素的生物合成。对水稻有很强的选择性抗倒伏作用，在稻株体内、土壤和水中易代谢，无残留。主要通过根吸收。

应用技术

（1）水稻 在水稻抽穗前40～50d，每亩用80g原药处理水稻，即用可湿性粉剂180g，兑水50L喷洒。经抗倒胺处理后，水稻抗倒伏效果好，增产幅度为14％～20％。此外，抗倒胺对穗分化和籽实饱满度等方面的效应都优于多效唑，且无药害。

在漫灌条件下，以1.5～2.4kg/hm²施于土壤表面。可使稻秆节间缩短、矮壮、上部叶片狭短，提高水稻抗倒伏能力，并能促进谷粒成熟，提高千粒重。但每穗粒数略有减少。

（2）大豆 用60～120mg/kg的抗倒胺溶液喷洒于大豆第一节间生长期的幼苗，大豆幼苗株高明显受抑制，基部节间缩短，根系鲜重、干重、根管比值、根系活力和叶片中叶绿素含量均提高。药剂浓度越高，作用越强，具有良好的壮苗作用。

（3）花生 于花生出苗后第 10d，喷施 60～120mg/kg 的抗倒胺，幼苗株高明显受到抑制，基部节间缩短，一、二级分枝数减少，地上部鲜重、干重减少，根系鲜重、干重、长度、活力和叶片叶绿素含量均增加。药剂浓度愈高，其作用愈强，壮苗作用良好。

注意事项 药品应贮存于低温、干燥、通风处。

—— 抗倒酯 ——

（trinexapac-ethyl）

$C_{13}H_{16}O_5$，252.26，95266-40-3

化学名称 4-环丙基（羟基）亚甲基-3,5-二氧代环己烷羧酸乙酯。

其他名称 挺立，CGA163935，Modus，Primo，Vision，Omega。

理化性质 纯品抗倒酯为无色结晶固体，熔点 36℃，沸点＞270℃，蒸气压 1.6MPa（20℃）。溶解度（20℃）：水中 pH 7 时为 27g/L，pH4.3 时为 2g/L；乙腈、环己酮、甲醇＞1g/L，己烷 35g/L，正辛醇 180g/L，异丙醇 9g/L。三酮呈酸性，pK_a 4.57。

毒性 抗倒酯原药大鼠急性经口 LD_{50}＞4460mg/kg，急性经皮 LD_{50}＞2000mg/kg，急性吸入 LC_{50}（4h）＞5.69mg/L；对家兔眼睛和皮肤有轻度刺激作用；豚鼠皮肤变态反应（致敏性）试验结果为无致敏性。大鼠 90d 亚慢性喂养毒性试验最大无作用剂量为 500mg/kg 饲料 [36mg/（kg·d）]；致突变试验：Ames 试验、小鼠微核试验、小鼠体外淋巴细胞基因突变试验、大鼠体外染色体畸变试验等多项致突变试验结果均为阴性，未见致突变作用。

抗倒酯 250g/L 乳油大鼠急性经口 LD_{50}＞5000mg/kg，急性经皮 LD_{50}＞4000mg/kg；对家兔皮肤、眼睛无刺激性；豚鼠皮肤变态反应（致敏性）试验结果为中度致敏性。抗倒酯原药和 250g/L 乳油均为低毒植物生长调节剂。

抗倒酯原药对虹鳟鱼 LC_{50}（96h）为 68mg/kg，蜜蜂急性接触 LD_{50}（48h）为 115.4μg/蜂，急性经口 LD_{50}（48h）为 293.4μg/蜂。250g/L 乳油对虹鳟鱼 EC_{50}（48h）为 24mg/kg；对蜜蜂急性接触 LD_{50}（48h）为 69.9μg/蜂，急性经口 LD_{50}（48h）＞107μg/蜂。抗倒酯可溶液剂对家蚕 LC_{50}（96h）＞5000mg/kg桑叶。抗倒酯对鱼、鸟、蜜蜂、家蚕均为低毒。

作用机制与特点　本品属环己烷羧酸类植物生长调节剂，为赤霉素生物合成抑制剂，通过降低赤霉素的含量，减少节间伸长，控制作物旺长。可被植物茎、叶迅速吸收，而根部吸收很少。

适宜作物　可在禾谷类、油料作物、甘蔗、蓖麻、水稻、向日葵和草坪草等多种植物上使用，可明显抑制生长。主要功效为抗倒伏（用于水稻），促进成熟（用于甘蔗）。

剂型　121g/L 可溶液剂和 250g/L 乳油。

应用技术　使用剂量通常为 100～500g(a.i.)/hm^2。

（1）小麦等禾谷类作物与冬油菜　出苗后，以 100～300g(a.i.)/hm^2 施用于禾谷类作物与冬油菜，能有效降低小麦等禾谷类植物的株高，防止倒伏，提高收获效率。

（2）草坪　以 150～500g(a.i.)/hm^2 施用于草坪，可减少修剪次数。

（3）甘蔗　以 100～250g(a.i.)/hm^2 施用于甘蔗，可促进成熟。

注意事项　勿将抗倒酯乳油用于受不良气候（干旱、冰雹）影响和受到严重病虫害危害的作物上。

抗坏血酸
（ascorbic acid）

C$_6$H$_8$O$_6$，176.12，50-81-7

化学名称　L-抗坏血酸（木糖型抗坏血酸）。

其他名称　维生素 C，Vitamin C，丙种维生素，维生素丙，茂丰，抗病丰。

理化性质 纯品为白色结晶。熔点 190～192℃（部分分解），易溶于水，100℃水中溶解度为 80％，45℃为 40％，稍溶于乙醇，不溶于乙醚、氯仿、苯、石油醚、油、脂类。水溶液显酸性，溶解度 5mg/g（pH3），50mg/g（pH2）。味酸，干燥时稳定，不纯品或天然品露置空气、光线中易氧化成脱氢抗坏血酸，水溶液中混入微量铜、铁离子时可加快氧化速度。溶液无臭，是较强的还原剂。贮藏时间较长后变为淡黄色。

毒性 抗坏血酸对人、畜安全，每天以 500～1000mg/kg 饲喂小鼠一段时间，未见有异常现象。

作用机制与特点 广泛存在于植物果实中，茶叶等多种叶类农产品均含有维生素 C。在植物体内参与电子传递系统中的氧化还原作用，促进植物的新陈代谢。与吲哚丁酸混用，诱导插枝生根作用比单用效果好。也具有捕捉体内自由基的作用，可提高作物抗病能力，如提高番茄抗灰霉病的能力。

适宜作物 万寿菊、波斯菊、菜豆、番茄、烟草等。

剂型 1.5％水剂，6％水剂。

应用技术

（1）促进插枝生根 抗坏血酸 30mg/kg＋吲哚丁酸 30mg/kg 混用处理万寿菊、波斯菊、菜豆，可显著促进插枝生根。

（2）抗病作用

① 番茄 用 20～30mg/kg 抗坏血酸药液喷施番茄果实，可提高番茄抗灰霉病的能力。

② 烟草 用 125mg/kg 抗坏血酸药液喷施，烟草可抗花叶病毒。

③ 小麦 在小麦苗期、孕穗期，用 30mg/kg 抗坏血酸药液喷施叶面，可提高小麦产量，增强抗病力。

（3）改善品质、增产

① 水稻 苗期用 30mg/kg 抗坏血酸药液喷施叶面，可增加水稻产量。

② 烟草 用 6％水剂以 2000 倍液喷洒烟草叶片 2 次，可改善烟草品质，增加烟叶产量。

③ 辣椒 生长期用 30～40mg/kg 药液喷施叶面，可增加辣椒产量。

④ 茶树 用 20～30mg/kg 药液喷施叶面，可改善茶叶品质，增加茶叶产量。

⑤ 蜜柑 生长期用 20～30mg/kg 药液喷施叶面，可改善品质，增加蜜柑产量。

注意事项

（1）本品水溶液呈酸性，接触空气后易氧化，应现配现用。

（2）贮存时间较长后变淡黄色。

壳聚糖
（chitosan）

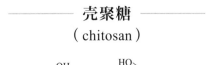

$(C_6H_{11}NO_4)_n$, $(161.1)_n$, 9012-76-4

化学名称 （1,4)-2-氨基-2-去氧-β-D-葡聚糖[（1,4)-2-乙酰氨基-2-去氧-β-D-葡萄糖]。

其他名称 甲壳素，甲壳胺，甲壳质，几丁聚糖，施特灵。

理化性质 纯品为白色或灰白色无定形片状或粉末，无臭无味，可溶于稀酸及有机酸中，如水杨酸、酒石酸、乳酸、琥珀酸、乙二酸、苹果酸、抗坏血酸等，分子越小，脱乙酰度越大，溶解度越大。化学性质稳定，耐高温，经高温消毒后不变性。

溶于弱酸稀溶液中的壳聚糖，加工成的膜具有透气性、透湿性、渗透性、伸延性及防静电作用。

壳聚糖在盐酸水溶液中加热至 100℃，能完全水解成氨基葡萄糖盐酸盐。甲壳质在强碱水溶液中可脱去乙酰成为甲壳胺。壳聚糖在碱性溶液或乙醇、异丙醇中可与环氧乙烷、氯乙醇、环氧丙烷反应生成羟乙基化或羟丙基化的衍生物，从而更易溶于水。壳聚糖还可与甲酸、乙酸、草酸、乳酸等有机酸生成盐。

毒性 毒性极低，口服、长期毒性试验均显示毒性非常小，也未发现有诱变性、皮肤刺激性、眼黏膜刺激性、皮肤过敏、光毒性、光敏性。小鼠、大鼠急性口服 $LD_{50} > 15mg/kg$。

作用机制与特点

（1）作为固定酶的载体 因为壳聚糖分子中的游离氨基酸对各种蛋白质的亲和力非常强，可以用作酶、抗原、抗体等生理活性物质的固定化载体，使酶、细胞保持高度的活力。

（2）可被酶降解　壳聚糖可被甲壳酶、甲壳胺酶、溶菌酶、蜗牛酶水解，其分解产物是氨基葡萄糖及二氧化碳，而氨基葡萄糖是生物体内大量存在的一种成分，对生物无毒。

（3）良好的生物螯合剂和吸附剂　壳聚糖分子中含有羟基、氨基，可与金属离子形成螯合物，在 pH 为 2～6 时，螯合最多的是 Cu^{2+}，其次是 Fe^{2+}，且随 pH 值增大螯合量增多，还可与带负电荷的有机物，如蛋白质、氨基酸、核酸发生吸附作用。壳聚糖和甘氨酸的交联物可使螯合的 Cu^{2+} 能力提高 22 倍。

适宜作物　常用作种子包衣剂成分，也可用于土壤改良剂、农药缓释剂及水果保鲜剂等。

剂型　2%可溶性液剂。

应用技术

（1）处理种子，促进增产

① 种子　壳聚糖广泛用于处理种子，可在作物种子外形成一层薄膜，不但可以抑制种子周围病原菌的生长，增强作物的抵抗力，而且还有生长调节作用，可使许多作物产量增加。壳聚糖的弱酸溶液用作种子包衣剂的黏附剂，使种子具有透气、抗菌及促进生长等多种作用，现配现用，是优良的生物多功能吸附性种子包衣剂。如壳聚糖 11.2g＋谷氨酸 11.2g，处理 22.68kg 作物种子，增产达 28.9%。

② 大豆　用 1%壳聚糖＋0.25%乳酸处理大豆种子，可促进早发芽。

③ 油菜、茼蒿　用壳聚糖 800 倍液浸泡油菜、茼蒿种子后播种，可促进根系发育。

④ 小麦、水稻、玉米、棉花、大麦、燕麦、大豆、甘薯　用壳聚糖处理均可增产。

（2）抗病防病

① 喷雾　用 0.4%壳聚糖溶液喷洒烟草，10d 内可减少烟草斑纹病毒的传播。

② 浸种处理　减轻小麦纹枯病、大豆根腐病、水稻胡麻斑病、花生叶斑病等。

③ 浸根　用 25～50μg/g 壳聚糖浸芹菜苗，可防止尖孢镰刀菌引起的萎蔫；浸番茄根，可防治根腐病。

（3）喷洒果品表面，有保鲜作用　在苹果收获时用 1%壳聚糖均匀喷洒于果面后晾干，在室温下贮存 5 个月后，苹果表面仍保持亮绿色，没有皱缩，含水量和维生素 C 含量明显高于对照，好果率达 98%。用 2%壳聚糖 600～800 倍液（25～33.3mg/kg）喷洒黄瓜，可调节生长，提高抗病能力，从而提高产量。

（4）施于土壤，可改善团粒结构，减少水分蒸发　壳聚糖以 25mg/g（土）水溶剂加入土壤中可以改进土壤的团粒结构，减少水分蒸发，减轻土壤盐渍作用。梨树用 50g 壳聚糖+300g 锯末混合，有改良土壤的作用。此外，壳聚糖的 Fe^{2+}、Mn^{2+}、Zn^{2+}、Cu^{2+}、Mo^{2+} 液肥可作无土栽培用的液体肥料。

（5）用作农药的缓释剂　N-乙酰壳聚糖可对许多农药起缓释作用，使农药有效期延长 50～100 倍。

注意事项

（1）壳聚糖有吸湿性，应注意防潮。

（2）不同分子量壳聚糖的应用效果有差异，使用时应注意产品说明。

蜡质芽孢杆菌
（*Bacillus cereus*）

其他名称　蜡状芽孢杆菌，叶扶力，叶扶力 2 号，BC752 菌株。

理化性质　本剂为蜡质芽孢杆菌活体吸附粉剂。外观为灰白色或浅灰色粉末，细度 90%通过 325 目筛，水分含量≤5%，悬浮率≥85%，pH7.2。与假单芽孢菌的混合制剂外观为淡黄色或浅棕色乳液体，略带黏性，有特殊腥味，密度 $1.08g/cm^3$，pH6.5～8.4，45℃以下稳定。

毒性　原液对大鼠急性经口 LD_{50} 大于 7000 亿菌体/kg，大鼠 90d 亚慢性喂养试验，剂量为 100 亿菌体/(kg·d)，未见不良反应。用 100 亿菌体/kg 对兔急性经皮和眼睛试验，均无刺激性反应。对人、畜和天敌安全，不污染环境。

作用机制与特点　蜡质芽孢杆菌能通过体内的 SOD 酶，调节作物细胞微生境，维持细胞正常的生理代谢和生化反应，提高抗逆性，加速生长，提高产量和品质。多数情况下与井冈霉素复配使用，防治水稻纹枯病、稻曲病及小麦纹枯病、赤霉病等。作为细菌杀菌剂，单剂主要用于油菜抗病、壮苗、增产以及防治生姜瘟病。蜡质芽孢杆菌属微生物制剂，低毒、低残留，不污染环境，使用安全。

适宜作物 适用于油菜、玉米、高粱、大豆等各种蔬菜作物。

应用技术

（1）拌种　对油菜、玉米、高粱、大豆及各种蔬菜作物，每 1000g 种子，用本剂 15～20g 拌种，然后播种。如果种子先浸种后拌本剂菌粉，应在拌药后晾干再进行播种。

（2）喷雾　对油菜、大豆、玉米及蔬菜等作物，在旺长期，每亩用本剂 100～150g，兑水 30～40kg 均匀喷雾。据在油菜上试验，可增加油菜分枝数、角果数及籽粒数，促进增产，并对立枯病、霜霉病有防治作用，明显降低发病率。

注意事项

（1）本剂为活体细菌制剂，保存时避免高温，50℃以上易造成菌体死亡。应贮存在阴凉、干燥处，切勿受潮，避免阳光暴晒。

（2）本剂保质期 2 年，应在有效期及时用完。

氯苯胺灵

（chlorpropham）

$C_{10}H_{12}ClNO_2$，213.66，101-21-3

化学名称　间氯苯氨基甲酸异丙酯。

其他名称　氯普芬，土豆抑芽粉，马铃薯抑芽剂，3-氯苯氨基甲酸异丙酯。

理化性质　属低熔点固体，熔点 41.4℃，25℃时在水中的溶解度为 89mg/L，在石油中溶解度中等（在煤油中 10%），可与低级醇、芳烃和大多数有机溶剂混溶。工业产品纯度为 98.5%，熔点 38.5～40℃。在低于 100℃时稳定，但在酸和碱性介质中缓慢水解。

毒性　对大鼠经口 LD_{50} 为 5000～7500mg/kg（原药为 4200mg/kg），兔经皮 $LD_{50} > 2000mg/kg$。对眼睛稍有刺激性，对皮肤无刺激性。动物试验未见致畸、致突变作用，大鼠慢性毒性试验和致癌作用试验无作用剂量为 30mg/(kg·d)。

作用机制与特点　本品既是植物生长调节剂又是除草剂。可抑制 β-淀粉酶活性，抑制植物 RNA、蛋白质合成，干扰氧化磷酸化和光合作用，破坏细胞分裂，因而能显著地抑制马铃薯贮存时的发芽力。也可用于果树的疏花、疏果，同时氯苯胺灵是一种高度选择性苗前或苗后早期除草剂，药剂被禾本科杂草芽鞘吸收，以植物的根部吸收为主，也可被叶片吸收，在体内向上、向下双向传导，有效防除作物地中一年生禾本科杂草和部分阔叶草。

适宜作物　能有效防除小麦、玉米、苜蓿、向日葵、马铃薯、甜菜、大豆、水稻、菜豆、胡萝卜、菠菜、莴苣、洋葱、辣椒等作物地中一年生禾本科杂草和部分阔叶草。用于防除的杂草主要有生禾苗、稗草、野燕麦、早熟禾、多花黑麦草、繁缕、粟米草、荠菜、苋、燕麦草、田野菟丝子、萹蓄、马齿苋等。

应用技术

（1）使用氯苯胺灵处理马铃薯，可抑制马铃薯发芽，避免因食用发芽的马铃薯而中毒。在马铃薯收获后待损伤自然愈合（约 14d 以上）和出芽前使用，将药剂混细干土均匀撒于马铃薯上，使用剂量为每吨马铃薯用 0.7% 粉剂 1.4～2.1kg（有效成分 9.8～14.7g）；或用 2.5% 粉剂 400～600g（有效成分 10～15g）。

（2）在作物播后苗前进行土壤处理，以 0.7% 粉剂 157～425kg/hm² 单用或混用，可防除敏感杂草。

氯吡脲

（forchlorfenuron）

$C_{12}H_{10}ClN_3O$，247.68，68157-60-8

化学名称　1-(2-氯-4-吡啶)-3-苯基脲，1-(2-氯-4-吡啶基)-3-苯基脲，N,N-二苯脲。

其他名称　吡效隆，吡效隆醇，氯吡苯脲，脲动素，调吡脲，联二苯脲，施特优，KT-30，CPPU，4PU-30。

理化性质　白色结晶粉末，熔点 170～172℃。相对密度 1.3839（25℃）。在 20℃时，水中溶解度为 0.11g/kg，乙醇 119g/kg，无水乙醇 149g/kg，丙酮 127g/kg，氯仿 2.7g/kg。稳定性：在光、热、酸、碱条件下稳定。耐贮存。

毒性　大白鼠急性经口 LD_{50} 为 4918mg/kg，兔急性经皮 LD_{50}＞2000mg/kg。虹鳟鱼 LD_{50}（96h）为 9.2mg/kg。大鼠急性吸入 LC_{50}（4h）在饱和蒸汽中不致死，无作用剂量为 7.5mg/kg。对兔皮肤有轻度刺激性，对眼睛有刺激；无致突变作用。

作用机制与特点　氯吡脲为广谱、多用途的取代脲类中具有糠氨基嘌呤作用的植物生长调节剂，是目前促进细胞分裂活性最高的一种人工合成糠氨基嘌呤，其生物活性大约是苄氨基嘌呤的 10 倍。可经由植物的根、茎、叶、花、果吸收，然后运输到起作用的部位。具有细胞分裂素活性，主要生理作用是促进细胞分裂，增加细胞数量，增大果实；促进组织分化和发育；打破侧芽休眠，促进萌发；延缓衰老，调节营养物质分配；提高花粉可孕性，诱导部分果树单性结实、促进坐果、改善果实品质。

适宜作物　烟草、番茄、茄子、苹果、猕猴桃、葡萄、脐橙、枇杷、西瓜、甜瓜、草莓、黄瓜、樱桃萝卜、洋葱、大豆、向日葵、大麦、小麦等。

剂型　主要剂型为 0.1％可溶性液剂，2％粉剂。

应用技术

（1）诱导愈伤组织生长　用 10mg/kg 药液喷施烟草叶面，可促进愈伤组织生长。

（2）膨大果实，提高坐果率及产量，改善品质

① 苹果　在苹果生长期（7～8 月），以 50mg/kg 氯吡脲处理侧芽，可诱导苹果产生分枝，但它诱导出的侧枝不是羽状枝，故难以形成短果枝，这是它与苄氨基嘌呤的不同之处。

② 梨　开花前以 0.1％药液 100～150 倍液喷洒，可提高坐果率，改善品质，增加产量。

③ 桃　在桃开花后 30d 以 20mg/kg 喷幼果，可增加果实大小，促进着色，改善品质。

④ 猕猴桃　谢花后 10～20d，用 0.1％可溶性液剂 20g，兑水 2kg，浸幼果 1 次，可使果实膨大，单果增重，不影响果实品质。用药 2 次或药液浓度过大，会产生畸形果，影响果实风味。中华猕猴桃在开花后 20～30d，以 5～l0mg/kg 浸果，可促进果实膨大。

⑤ 葡萄　谢花后 10～15d，用 0.1％可溶性液剂 70～200 倍液浸幼果穗，可提高坐果率，使果实膨大、增重，增加可溶性固形物含量。可与赤霉酸（GA_3）混合使用。在葡萄盛花前 14～18d，以氯吡脲 1～

5mg/kg＋100mg/kg GA$_3$ 浸果，可增加 GA$_3$ 的效果；盛花后 10d，氯吡脲 3～5mg/kg＋100mg/kg GA$_3$，可促进葡萄果实肥大。为防止葡萄落花，在始花至盛花期以 2～10mg/kg 浸花效果较好。

⑥ 脐橙、温州蜜柑、柚子、柑橘　于生理落果期，用 500 倍液喷施脐橙树冠或用 100 倍液涂果梗蜜盘。在生理落果前，即谢花后 3～7d、谢花后 25～30d，用 0.1％可溶性液剂 50～200 倍液涂果梗蜜盘各 1 次，可提高坐果率；或用 0.1％氯吡脲溶液 5～10g 加 4％赤霉酸乳油 1.25g，加水 1kg，处理时间、方法同上。

⑦ 枇杷　幼果直径 1cm 时，用 0.1％可溶性液剂 100 倍液浸幼果，1 个月后再浸 1 次，果实受冻后及时用药，可促使果实膨大。

⑧ 大麦、小麦　用 0.1％可溶性液剂 6～7 倍液喷施旗叶。与赤霉素或生长素类混用，药效优于单用。

⑨ 水稻　抽穗期使用 5～10mg/kg 药液喷洒，可提高精米率、千粒重及产量。

⑩ 大豆　始花期喷 0.1％可溶性液剂 10～20 倍液（50～100mg/kg），可提高光合效率，增加蛋白质含量。

⑪ 向日葵　花期喷 0.1％可溶性液剂 20 倍液，可使籽粒饱满，千粒重增加。

⑫ 西瓜　开雌花前一天或当天，用 0.1％可溶性液剂 20～33 倍液涂果柄一圈，可提高坐瓜率、含糖量。不可涂瓜胎，薄皮易裂品种慎用；气温低用药浓度高，气温高用药浓度低。

⑬ 甜瓜　开雌花当天或前后一天，用 0.1％本品溶液 5～10g 加水 1L（5～10mg/L），浸蘸瓜胎 1 次，可促进坐果及果实膨大。甜瓜在开花前后以 200～500mg/kg 涂果梗，可促进坐果。

⑭ 西瓜　开花当天或前一天，用 0.1％药液 30～50g 加水 1kg，涂瓜柄，或喷洒于授粉雌花的子房上，可提高坐瓜率，增加含糖量和产量。

⑮ 黄瓜　低温光照不足、开花受精不良时，为解决"化瓜"问题，于开花前 1d 或当天用 0.1％可溶性液剂 20 倍液涂抹瓜柄，可缩短生育期，提高坐瓜率，增加产量。

⑯ 马铃薯　马铃薯种植后 70d 以 100mg/kg 喷洒处理，可增加产量。

⑰ 洋葱　鳞茎生长期，叶面喷 0.1％可溶性液剂 50 倍液，可延长叶片功能期，促进鳞茎膨大。

⑱ 樱桃萝卜　6 叶期喷 0.1％可溶性液剂 20 倍液，可缩短生育期。

（3）保鲜

① 草莓　采摘后，用0.1％可溶性液剂100倍液喷果或浸果，晾干保藏，可延长贮存期。

② 其他叶菜类　用氯吡脲处理，可防止叶绿素降解，延长保鲜期。

注意事项

（1）严格按规定时期、用药量和使用方法，浓度过高可引起果实空心、畸形果、顶端开裂等现象，并影响果内维生素C含量。

（2）对人眼睛及皮肤有刺激性，施用时应注意防护。

（3）氯吡脲用作坐果剂时，主要用于花器、果实处理。用于提高小麦、水稻千粒重时，也是从上向下喷洒，以小麦、水稻植株上部为主。

（4）氯吡脲与赤霉酸或其他生长素混用，其效果优于单用，但须在专业人员指导下或先试验后示范的前提下进行，勿任意混用。与磷酸二氢钾复配，既能促进果实膨大，又能促进植物生长，防止落果，有效改善果实的品质。用在小麦和水稻上，能增加千粒重，达到增产的效果。

（5）处理后12～24h内遇下雨须重新施药。

（6）药液应现用现配，否则效果会降低。本品易挥发，用后要盖紧瓶盖。

氯化胆碱

（choline chloride）

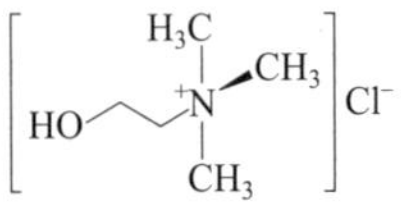

$C_5H_{14}ClNO$，139.63，67-48-1

化学名称　2-羟乙基-三甲基氢氧化胆碱。

其他名称　氯化胆脂、氯化2-羟乙基三甲铵、增蛋素、三甲基（2-羟乙基）铵氯化物、2-羟乙基三甲基氯化铵、维生素B_4。

理化性质　白色吸湿性结晶，无味，有鱼腥臭。熔点240℃。10％水溶液pH5～6，在碱液中不稳定。本品易溶于水和乙醇，不溶于乙醚、石油醚、苯和二硫化碳。

毒性　LD_{50}（大鼠，经口）3400mg/kg。

作用机制与特点　胆碱，维生素 B 的一种。胆碱可以促进肝、肾的脂肪代谢；胆碱还是机体合成乙酰胆碱的基础，从而影响神经信号的传递。另外胆碱也是体内蛋氨酸合成所需的甲基源之一。在许多食物中都含有天然胆碱，但其浓度不足以满足现代饲料业对动物迅速生长的需要，因此在饲料中应添加合成胆碱以满足需要。缺少胆碱可导致脂肪肝、生长缓慢、产蛋率降低、死亡增多等现象。

适宜作物　小麦、水稻、玉米、甘蔗、甘薯、马铃薯、萝卜、洋葱、棉花、烟草、葡萄、芒果、杜鹃花、一品红、天竺葵、木槿、小麦、大麦、燕麦等。

应用技术　氯化胆碱还是一种植物光合作用促进剂，对增加产量有明显的效果。小麦、水稻在孕穗期喷施可促进小穗分化，多结穗粒，灌浆期喷施可加快灌浆速度，使穗粒饱满，千粒重增加 2～5g。用于玉米、甘蔗、甘薯、马铃薯、萝卜、洋葱、棉花、烟草、葡萄、芒果等，可增加产量，在不同气候、生态环境条件下效果稳定；用于块根等地下部分生长作物时，在膨大初期每亩用 60% 水剂 10～20g（有效成分 6～12g），加水 30L 稀释（1500～3000 倍），喷施 2～3 次，膨大增产效果明显；用于观赏植物杜鹃花、一品红、天竺葵、木槿等，可调节生长；用于小麦、大麦、燕麦，可抗倒伏。

注意事项

（1）氯化胆碱水剂贮存温度不应低于 −12℃，以避免结晶后堵塞管道。

（2）氯化胆碱粉剂贮存在筒仓中应使用除湿设备以防产品吸潮。植物载体型氯化胆碱粉剂长期吸湿后则有可能产生发酵现象。

氯酸镁

（magnesium chlorate）

$$Mg(ClO_3)_2 \cdot 6H_2O$$

$$H_{12}Cl_2MgO_{12} \quad 299.30, \quad 10326\text{-}21\text{-}3$$

化学名称　氯酸镁（六水合物）。

其他名称　Desecol，Magron，MC Defoliant，Ortho MC。

理化性质　纯品为无色针状或片状结晶，熔点 118℃，相对密度 1.80，沸点 120℃（分解）。易溶于水，18℃时 100mL 水中溶解 56.5g，微溶于丙酮和乙醇。在 35℃时溶化析出水分而转化为四水合物。由于具有很高的吸湿性，不易引起爆炸和着火。比其他氯酸盐稳定，与硫、磷、有机物等混合，经摩擦、撞击，有引起爆炸燃烧的危险。对失去氧化膜的铁有显著腐蚀性，对不锈钢和搪瓷的腐蚀性不显著。

毒性　大鼠急性经口 LD_{50} 为 6348mg/kg，小鼠急性经口 LD_{50} 为 5235mg/kg。

作用机制与特点　本品具触杀作用，能被根部吸收，并在植物体内传导，以杀死植物的根和顶端，当其用量小于致死剂量时，可使绿叶褪色，茎秆和根中的淀粉含量减少。本品既是脱叶剂，又是除草剂，主要用于棉株脱叶。

适宜作物　用作棉花收获前的脱叶剂、小麦催熟剂、除莠剂、干燥剂。

剂型　颗粒剂，水溶剂。俄罗斯氯酸镁制剂含氯酸镁不低于 30%，氯化镁不超过 15%。

应用技术　喷药时间应根据棉铃成熟情况和下枯霜的早晚来决定。在棉铃成熟、开始自然落叶时喷脱叶剂才能发挥最好的效果。喷药过早，棉株尚在生长期，有时无法使棉叶枯死，甚至会引起落蕾、落铃，导致减产，损害棉花纤维及种子品质，并会复生新叶；喷药过晚，由于气温降低，棉叶变老、粗质，脱叶效果也不好。喷药时应在昼夜平均气温 17℃ 以上时进行。17℃ 以下，脱叶作用受阻，10℃ 时脱叶作用完全停止。由于晚霜后需经 12～15d 才能完成脱叶过程，如喷晚了，遇下枯霜，棉叶易被打死枯在棉枝上。故在贪青晚熟棉田，枯霜期来早年份，为争取多收霜前花，喷药脱叶应在下枯霜前 15～20d 进行完毕。

对于喷药浓度和量，一般每亩喷浓度为 0.5%～0.6%（按 100% 纯度）的氯酸镁药液 100kg。枝叶茂密的棉田，催熟喷药时，每亩喷浓度为 1.2%～1.5% 的药液 83.3～93.3kg。

当昼夜平均气温高于 20～25℃ 时，药量应减少 15%～20%。当棉花在生长期或脱叶前受过旱，脱叶困难时，需增加用药量 15%～20%。据观察氯酸镁可起到如下作用：

（1）喷药 15d 内棉株逐渐脱叶 85%～99%。

（2）增产霜前花 8.9%～37.3%。

（3）籽棉含杂含水分少。茂密棉田下部喷药后老叶脱落，可防止下部棉桃烂铃。

（4）该药剂可消灭红蜘蛛、蚜虫等害虫，减少次年棉苗期虫害。

（5）可在棉花生长后期、收获期前消灭杂草。

（6）可对晚熟贪青棉株进行第二次喷药催熟。

注意事项

（1）20％或40％氯酸镁溶液溅到皮肤上，可使皮肤发红并有灼痛感，应立即用肥皂和清水充分清洗；患急性皮炎时，可用铅水洗剂、硼酸液清洗，涂上中性软膏；如不慎溅入眼睛，应用凉开水充分清洗至少15min，用30％的磺胺乙酰滴入眼内。生产人员工作时应穿工作服，戴口罩、乳胶手套等劳动用品，以保护器官和皮肤。误服应立即送医院治疗。剩余药液应妥善处理，以免使其他作物受害。

（2）注意施药浓度，最高浓度建议为10mg/m³。

（3）摘棉花前先施药，至少7d后方可开始下地工作。

硫脲
（thiourea）

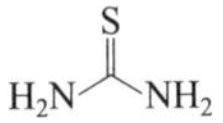

CH₄N₂S，76.12，62-56-6

其他名称　硫代尿素。

理化性质　白色光亮苦味晶体，熔点176～178℃，溶于冷水、乙醇，微溶于乙醚。遇明火、高热可燃。本品易与金属形成化合物，其溶液稳定性跟纯度有关。

毒性　一次作用时毒性小，反复作用时能经皮肤吸收，抑制甲状腺和造血器官的机能，引起中枢神经麻痹及呼吸、心脏功能衰弱等症状。

作用机制与特点　具有细胞分裂素活性，可打破休眠、促进萌芽。

应用技术　芸薹苔类蔬菜：GA 50mg/kg＋硫脲0.5％，浸种1min。

麦草畏甲酯
（disugran）

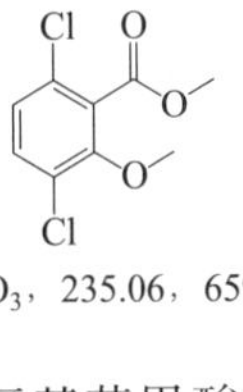

C₉H₈Cl₂O₃，235.06，6597-78-0

化学名称　3,6-二氯-2-甲氧基苯甲酸甲酯。

其他名称　百草敌、增糖酯、Racuza。

理化性质　分析纯的麦草畏甲酯纯品是白色结晶固体。熔点 31～32℃。在 25℃呈黏性液体。沸点 118～128℃（40～53Pa）。水中溶解度＜1％，溶于丙酮、二甲苯、甲苯、戊烷和异丙醇。

毒性　相对低毒，大鼠急性经口 LD_{50} 为 3344mg/kg，兔急性经皮 LD_{50} ＞2000mg/kg。对眼睛有刺激，但对皮肤无刺激。

作用机制与特点　麦草畏甲酯可通过茎、叶吸收，传导到活跃组织中。作用机制仍有待研究。其生理作用是加速成熟和增加含糖量。

应用技术

（1）甘蔗、甜菜　收获前 4～8 周，施用 0.25～1kg/hm²，可增加含糖量。

（2）甜瓜　在瓜直径为 7～12cm 时，施用 1.0～2.0kg/hm²，可增加含糖量。

（3）葡萄柚　收获前 4～8 周，施用 0.25～0.5kg/hm²，可通过改变糖/酸比例，增加甜度。

（4）苹果、桃　果实出现颜色时，施用 0.25～1kg/hm²，可促进果实均匀成熟。

（5）葡萄　开花期，施用 0.2～0.6kg/hm²，可增加含糖量，增加产量。

（6）大豆　开花后，施用 0.25～1kg/hm²，可增加产量。

（7）绿豆　开花后，施用 0.25～1kg/hm²，可增加产量。

（8）草地　旺盛生长期，施用 0.25～1kg/hm²，可增加草坪草分蘖。

注意事项

（1）最好的应用方法是叶面均匀喷洒。

（2）不能和碱性或酸性植物生长调节剂混用。

（3）处理后 24h 内下雨，需重喷。

茉莉酸类
（jasmonates，Jas）

茉莉酸(R=H)$C_{12}H_{18}O_3$，210.27，77026-92-7；
茉莉酸甲酯(R=CH₃)$C_{13}H_{20}O_3$，224.30，39924-52-2

化学名称　茉莉酸，3-氧代-2-（2-戊烯基）环戊烷乙酸甲酯。

理化性质　茉莉酸类是一类特殊的环戊烷衍生物，其结构上的特点是具有环戊烷酮。在自然界最早被发现的是茉莉酸甲酯，现已发现30多种。其中，茉莉酸（jasmonic acid，JA）及其挥发性甲酯衍生物茉莉酸甲酯（methyl-jasmonate，MeJA，也称为甲基茉莉酸）和氨基酸衍生物统称为茉莉酸类物质（jasmonates，JAs），也称为茉莉素、茉莉酮酸和茉莉酮酯，是已知的20多种JAs中最具代表性的两种物质，这两种物质在代谢上具有激素作用的特点，在生理功能上也可与其他激素发生相互作用，因此被认为是一类新型植物激素。茉莉酸纯品是有芳香气味的黏性油状液体，沸点为125℃，紫外吸收波长234~235nm，可溶于丙酮。茉莉酸几种异构体以固定比例存在于植物体内，而在每种植物体内的比例不同。

作用机制与特点　是植物体内起整体性调控作用的植物生长调节物质。因茉莉酸类物质是茉莉属（*Jasminum*）等植物中香精油的重要成分故而得名，其进化地位和生理作用与动物中的前列腺素有类似之处。游离的茉莉酸于1971年首先从肉桂枝枯病菌（*Lasiodiplodia thebromae*）的培养液中被分离出来。后来发现JAs在植物界中普遍存在，广泛分布于植物的幼嫩组织、花和发育的生殖器官中，通过信号转导途径调控植物生长发育和应激反应。JAs的生理效应，一方面与植物的生长发育相关，包括种子的萌发与生长，器官的生长与发育，植物的衰老与死亡，参与光合作用过程等；另一方面与自身的防御系统相关，如在外界机械创伤、病虫害防御、不利的环境因子胁迫等信号转导中起信使作用，可诱导一系列植物防御基因的表达、防御反应化学物质的合成等，并调节植物的免疫和应激反应。茉莉酸合成途径的激活对于应激信号的传递和放大是必不可少的。

适宜作物　番茄、木瓜、番石榴、水蜜桃、香蕉、芒果、葡萄、黄瓜、草莓、葡萄柚等。

应用技术　研究表明，JAs具有植物激素的多效作用，包括生物抑制作用、诱导作用、促进作用。

（1）促进乙烯产生和果实成熟　把羊毛脂浸在0.5%的茉莉酸甲酯中，涂抹未成熟的番茄青果实后，发现乙烯的产生量比对照增加1.6~7.9倍。茉莉酸也刺激番茄果实形成较多的β-胡萝卜素，促进果实着色和成熟。在果实成熟的整个过程中，茉莉酸甲酯能强烈促进乙烯的产生，用茉莉酸甲酯处理后，乙烯前体1-氨基环丙烷-1-羧酸（ACC）的含量增加。研究认为茉莉酸甲酯既影响 ACC 合成酶的活性，又影响 ACC 氧化酶的活性。茉莉酸促进苹果中乙烯生成，并降低果实可滴定酸含量。

（2）加速衰老　用茉莉酸类处理叶片会引起叶绿素减少，叶绿素结构被破坏，叶片黄化，蛋白质分解和呼吸作用加强。因而被认为是死亡激素，可从发育中的种子和果实转移到叶片，从而引起叶片衰老。

（3）延缓采后果蔬冷害的发生　用茉莉酸甲酯处理可有效延缓木瓜、番石榴、水蜜桃、香蕉、芒果、葡萄、黄瓜等果蔬冷害症状的发展，起到果实保鲜、保持食用品质的作用。

（4）增强采后果蔬抗病性　茉莉酸类是植物获得性诱导抗性的重要诱导因子，采用适当浓度的茉莉酸甲酯处理草莓果实和葡萄柚果实，可有效抑制草莓果实灰霉病和葡萄柚果实青绿病的发生，增强采后果蔬抗病性。

（5）增强植物抗旱能力　以 $1 \times 10^{-8} \sim 1 \times 10^{-3} \, \text{mol/kg}$ 浓度处理植物，可抑制茎的生长，使萌芽种子转为休眠状态，加速叶片气孔关闭，推迟成熟。

注意事项　各种植物对茉莉酸类植物生长调节剂反应不一样，大量应用时，应先做好试验，确定适宜的使用浓度。

2-萘氧乙酸
（2-naphthoxyacetic acid）

$C_{12}H_{10}O_3$，202.21，120-23-0

化学名称　β-萘氧乙酸或 2-萘氧基乙酸。

其他名称　β-NOA，NOA。

理化性质　纯品为白色结晶，熔点 151～154℃。可分为 A 型和 B 型，其中 B 型的活性较强，难溶于水，微溶于热水，溶于乙醇、醚、乙酸等有机溶剂，性质稳定，耐贮存，不易变性。具有萘乙酸的活性，但活性没有萘乙酸高。

毒性　大白鼠急性经口 LD_{50} 为 1000mg/kg，对蜜蜂无毒。

作用机制与特点　其生理作用与萘乙酸相似，主要用于促进植物生根，防止果实脱落。由叶片和根吸收，能促进坐果，刺激果实膨大，且能克服空心果。与生根剂一起使用，可促进植物生根。

适宜作物 番茄、秋葵、金瓜、苹果、葡萄、菠萝、草莓等。

剂型 乳油、悬浮剂。

应用技术

（1）使用方式 喷洒、浸泡。

（2）使用技术

① 番茄 用 50mg/kg 溶液喷洒植株，可增加早期产量，并产生无籽果实。

② 秋葵 用 50mg/kg 溶液浸种 6～12h，可促进种子萌发。

③ 金瓜 用 50mg/kg 溶液喷洒花，可获得 60% 无籽果实。

④ 苹果、葡萄、菠萝、草莓 用 40～60mg/kg 溶液喷洒，可防止落果。

注意事项 2-萘氧乙酸粉剂可用有机溶剂溶解后再稀释成所需浓度。

萘乙酸

（1-naphthaleneacetic acid）

$C_{12}H_{10}O_2$，186.21，86-87-3

化学名称 α-萘乙酸。

其他名称 NAA，1-萘乙酸，1-萘基乙酸，2-(1-萘基)乙酸，α-萘醋酸。

理化性质 纯品萘乙酸为白色针状结晶固体，工业品黄褐色。熔点 130℃，沸点 285℃。水溶性差，20℃水中溶解度为 42mg/L，溶于热水，易溶于醇、酮、乙醚、氯仿和苯等有机溶剂。遇碱生成盐，萘乙酸盐能溶于水，其溶液呈中性，在一般有机溶剂中稳定，可加工成钾盐或者钠盐后，再配制成水溶液使用，其钠、钾盐可溶于热水，如浓度过高水冷却后会有结晶析出；遇酸生成 α-萘乙酸，呈白色结晶。性质稳定，但易潮解，见光变色，应避光保存。萘乙酸分 α 型和 β 型，α 型的活性比 β 型的强，通常说的萘乙酸指 α 型。

毒性 萘乙酸原药急性 LD_{50}（mg/kg）：大鼠经口＞2000，小鼠经口 670，兔经皮＞5000。对皮肤、黏膜有刺激作用，对大鼠、兔的皮肤和眼睛有刺激作用。

作用机制与特点 是广谱性生长素类植物生长调节剂。可经叶片、树枝的嫩表皮、种子进入植物体内，随营养液流输导到各部位，能促进细胞分裂和扩大，改变雌、雄花比例。萘乙酸除具有一般生长素的基本功能外，还可以促进植物根的形成和诱导形成不定根，用于促进种子发根、扦插生根和茄科类生须根。能促进果实和块根块茎的迅速膨大，因此在蔬菜、果树上可作为膨大素使用。能提高开花坐果率，防止落花落果。不仅能提高产量，改善品质，促进枝叶茂盛、植株健壮，还能有效提高作物抗寒、抗旱、抗涝、抗病、抗盐碱等抗逆能力。在较高浓度下，有抑制生长作用。在生产上可作为扦插生根剂、防落果剂、坐果剂、开花调节剂等。

适宜作物 在粮食、蔬菜、果树和花卉等作物上广泛使用。适用于谷类作物，可增加分蘖，提高成穗率和千粒重。棉花减少蕾铃脱落，增桃增重，提高质量。果树促开花，防落果、催熟增产。瓜果类蔬菜防止落花，形成小籽果实；促进扦插枝条生根等。

剂型 99％原粉，80％粉剂，5％水剂，2％钠盐水剂，2％钾盐水剂。

应用技术

1. 促进果实和块根块茎迅速膨大

（1）甘薯 将薯秧捆齐，用 10～20mg/kg 药液浸泡秧苗基部 1 寸（1 寸＝3.33cm）深，6h 后插秧；或用 80～100mg/kg 的药液蘸秧基部 1 寸高处 3s，立即插秧，可提高秧苗成活率，膨大薯块，增加产量。

（2）萝卜、白菜 用 15～30mg/kg 的药液浸种 12h，捞出用清水冲洗 1～2 次，晾干后播种。可促果实膨大，增加产量。

（3）棉花 盛花期开始，用 10～20mg/kg 的药液喷施叶面，间隔 10～15d 喷 1 次，共喷 3 次。可防止落蕾落铃，膨大果桃，改善品质，增加产量。

2. 提高坐果率、保花保果

（1）苹果等疏花疏果 苹果、梨等果树，在大年时花果数量过多，而次年结果很少，甚至两三年才恢复结果，造成大小年现象。大年时，在确保坐果前提下，对过多的花、果进行化学疏除，使负载量适宜，布局合理，从而减少树体营养的过多消耗。这对克服大小年结果、提高果品质量及防止树势衰弱等都有显著的作用。

① 苹果　国光、金冠、秦冠等品种开始落瓣后 5～10d，喷洒 40mg/kg 萘乙酸，以喷湿树冠至不滴水为度。金冠、鸡冠等品种盛花后 14d 左右，喷洒 10mg/kg 萘乙酸＋200mg/kg 乙烯利和 3000 倍 6501 展着剂，或花蕾膨大期喷洒 300mg/kg 乙烯利，至开始落瓣后 10d 左右喷洒 20mg/kg 萘乙酸。金冠品种也可盛花后 14d，喷洒 10～40mg/kg 萘乙酸，或开始落瓣后 10d 左右，喷洒 10mg/kg 萘乙酸＋750mg/kg 西维因（甲萘威）。国光品种盛花后 10d，喷洒 20～40mg/kg 萘乙酸，或花蕾膨大期喷 300mg/kg 乙烯利，至盛花后 10d，喷 20mg/kg 萘乙酸（或加 300mg/kg 乙烯利）。苹果使用萘乙酸疏花疏果主要用于晚熟品种，早熟品种因易产生药害不宜使用。

② 梨　鸭梨盛花期喷洒 40mg/kg 萘乙酸钠，可降低坐果率 13％～25％。秋白梨盛花后 7～14d，喷洒 20mg/kg 萘乙酸，百花序坐果数减少 33.59％。金盖酥和天生伏梨 90％花开时，喷洒 30mg/kg 萘乙酸，花序坐果率比对照降低 40.7％和 21.7％；花瓣脱落后 1～5d，喷洒 30mg/kg 萘乙酸，花序坐果率比对照降低 28.9％和 34.3％。

③ 桃　大久保，盛花期喷洒 20～40mg/kg 萘乙酸。蟠桃，盛花期及花后两周，各喷洒 40～60mg/kg 萘乙酸。

④ 温州蜜柑　盛花期后 30d，果径在 2cm 以下时，喷洒 200～300mg/kg。

⑤ 柿子　盛花后 10～15d，喷洒 10～20mg/kg。

（2）防止采前落花落果

① 苹果、梨　在采收前 5～21d，用 5～20mg/kg 的萘乙酸全株喷 1 次，可防止采前落果。苹果使用萘乙酸后 2～3d，落果减少，5～6d 效果明显，有效期为 10～20d，用药 2 次，能大幅减少落果。根据各地生产实践，在苹果落果前数天，通常是采收前 30～40d 及 20d，可喷洒 2 次浓度为 20～40mg/kg 的萘乙酸，重点喷树体结果部位，以喷湿而不滴水为度，第一次浓度低些，第二次稍高些。据试验，在有效浓度范围内，增加使用浓度并不相应增加效果。萘乙酸使用浓度过高，反而会产生药害，超过 60mg/kg，会使叶片萎蔫，甚至脱落。但据报道，对红玉苹果使用萘乙酸的浓度，应提高到 60～80mg/kg，喷药时重点喷果实和果柄，内堂果及下部果应多喷。

② 柑橘　采前 15d 用 40～60mg/kg 的溶液喷果蒂部位，可防止采

前落果，提高产量。

③ 沙果　成熟很不一致，采前落果特别严重，一般高达 50%～70%，严重影响了沙果的产量和质量。据试验，于沙果正常采收前 20d 左右，全株喷洒 30～50mg/kg 萘乙酸，可减轻采前落果 26%～46%。同时，由于延长了果实生育期，还有利于糖分积累和果实着色，红果率达 71%，比对照提高 31%。

④ 辣椒　辣椒开花结果时对温度的要求较高，在辣椒生育前期温度低于 15℃，后期温度高于 20℃ 以及光照不足、干旱等不良环境条件下，或者肥水过多、种植过密、枝叶徒长等，都会引起大量落花，通常可达 20%～40%，严重影响辣椒早期产量和总产量。生产上使用苯酚类植物生长调节剂，如 2,4-滴或对氯苯氧乙酸对辣椒浸花，虽能减少落花，但非常费工。如采用喷果法，又会产生药害。对此，浙江农业大学进行了应用植物生长调节剂防止辣椒落花的研究，结果表明使用萘乙酸的效果最好，且更安全。

浙江农业大学对杭州鸡爪椒×茄门甜椒杂种一代辣椒进行试验，于开花期用 50mg/kg 萘乙酸溶液喷花，每隔 7～10d 喷一次，前后共喷 4～5 次，发现能明显减少落花，提高坐果率，促进果实生长，增加果数和果重。前期产量增加 29.2%，总产量增加 20.4%，分别达到极显著和显著水平。据观察，辣椒喷洒萘乙酸，能使叶色变深，叶的寿命延长，辣椒花叶病的发病率下降，增强了抗病和抗逆性。同时，试验还指出，在适宜浓度下辣椒用萘乙酸喷花，不会产生药害，比用 2,4-滴或对氯苯氧乙酸喷花安全，比浸花提高工效 10 倍，因此宜在生产上推广应用。但留种的辣椒不宜处理，因对辣椒种子的形成、发育和产量会有一定影响。

⑤ 南瓜　开花时用 5～20mg/kg 的药液涂子房，可提高坐果率。

⑥ 西瓜　雌花初开时，用 20～30mg/kg 的药液浸花或喷花，可提高坐果率。

3. 促进不定根和根的形成

① 葡萄　扦插前用 100～200mg/kg 的药液浸蘸枝条，可促使枝条生根，发芽快，植株发育健壮。

② 茶、桑、柞树、水杉等　用 10～15mg/kg 的药液浸扦插枝基部 24h，可促进生根。

③ 雪松　将插穗浸入 500mg/kg 萘乙酸溶液中 5s，能比对照提早

半个月生根。

④ 翠柏、地柏　夏插繁殖时，将插穗浸入 50mg/kg 萘乙酸溶液中 24h 或 500mg/kg 溶液中 15s，能明显促进插条生根。

⑤ 山茶　大多数名贵的山茶品种性器官退化，靠扦插繁殖后代。方法是：在 5、6 月份，取半木质的枝条，剪一芽一叶，长 3～5cm，用 300～500mg/kg 萘乙酸浸泡 8～12h，之后冲洗干净，插于遮阴的沙床（基质为黄土 6 份，河沙 4 份）上。也可采用快浸法，即将插条放在 1000mg/kg 萘乙酸溶液中浸 3～5s。处理后 50d 调查，发现发根率比对照高 1 倍，根数增加，平均根长和株总根长均超过对照。

⑥ 仙人球　盆栽仙人球在室内，特别在我国北方，发根迟，生长慢，影响了它的观赏价值。用萘乙酸处理，可以促进仙人球发根和生长。促进发根的方法是把从母体上取下的幼株，用 100mg/kg 萘乙酸浸泡 20min 左右，然后取出栽种在预定的盆中。促进仙人球生长的方法是用 50mg/kg 萘乙酸溶液代替清水浇仙人球，夏季每日一次，连续 10d。

⑦ 玉兰　再生能力弱，扦插生根困难。试验证明，将幼、壮龄树上剪下的嫩枝，放入 200mg/kg 萘乙酸溶液中浸泡 24h，能促使玉兰插条生根成苗。

⑧ 大白菜　种植采种的大白菜或甘蓝，生产上习惯用种子繁殖。但产种量不高，繁殖系数低。研究表明，采用"叶-芽"扦插法，结合使用萘乙酸促根，能使每一片叶子繁殖成一个独立的植株。一株大白菜或甘蓝的叶球，有叶子 30～50 片，可以繁殖几十株。一个叶球用"叶-芽"扦插法繁殖所得到的种子，比一株母株的采种量多十几倍，从而可大大提高繁殖系数，提高自交不亲和系或雄性不育系的繁殖率，同时能保持优良单株的遗传性，为结球叶菜的留种技术提供了一个新的途径。使用方法为：取大白菜或甘蓝叶片，切一段中肋，带有一个腋芽（侧芽）及一小块茎组织，在 1000～2000mg/kg 萘乙酸溶液中快速浸蘸茎切口底面，不要蘸到芽，否则会影响发芽。然后扦插在砻糠灰或砂与菜园土 1：1 的混合基质上。扦插后，一般要求温度为 20～25℃，相对湿度 85%～95%。10～15d 后，开始发芽、生根，逐渐长成植株，通常成活率达 85%～95%。每一个大白菜叶球可以繁殖成 30～40 株，提高繁殖系数 15～20 倍。

⑨ 中华猕猴桃　将中华猕猴桃插穗下部 1/3～1/2 浸入萘乙酸溶液中，插条木质化程度不同，浸渍浓度和时间也不同。一般硬枝插条，在

500mg/kg 药液中浸 5s；绿枝插条在 200～500mg/kg 药液中浸 3h。也可用粉剂黏着法，先将插穗下部在清水中浸湿，然后蘸 500～2000mg/kg 的萘乙酸钠粉剂，之后插入苗床。

⑩ 山楂　将嫩花枝或嫩果枝插穗在 300～320mg/kg 的萘乙酸溶液中浸泡 2h，生根率可达 90%左右，对照仅 13.3%。

⑪ 葡萄　将砧木根端 5cm 左右浸入 100～400mg/kg 的萘乙酸溶液中 6～12h，可刺激砧木发根。但各品种反应不一样，大量应用时，应先做好试验，确定适宜的使用浓度。

4. 促进生长、健壮植株、增产、改善品质

① 水稻　用 0.0001%浓度的萘乙酸药液浸秧根 1～2h，移栽后返青快，茎秆粗壮。

② 小麦　用 0.0001%浓度的萘乙酸药液浸麦种 6～12h，捞出后用清水冲洗 2 遍，风干后播种，可促进分蘖，提高抗盐能力。在小麦拔节前用 0.0025%浓度的萘乙酸药液喷洒 1 次，扬花后用 30mg/kg 的萘乙酸药液着重喷剑叶和穗部，可防止倒伏，增加结实率。

③ 玉米、谷子　用 20～30mg/kg 的药液浸种 12h，捞出用清水冲洗 1～2 遍，干后播种；生长期用 15～20mg/kg 的药液喷洒叶面，可促进生长，增加产量。

④ 番茄、茄子　定株前、开花始期，用 5～20mg/kg 的药液喷洒叶面，每隔 10～15d 喷洒 1 次，共 3 次，可促进生长，增加产量。20mg/kg 萘乙酸+0.5%氯化钙在番茄果实膨大期使用，可促进番茄吸收矿物质，降低脐腐发生率。

⑤ 黄瓜　生长期用 5～20mg/kg 的药液喷洒全株 1～2 次，可增加雌花密度，调节生长。

⑥ 甘蔗　分蘖期用 15～20mg/kg 的药液喷洒叶面 2～3 次，可促进生长，增加产量。

⑦ 苹果　用 30～50mg/kg 的药液喷洒叶面 1～2 次，可显著增加产量。

⑧ 马铃薯　将萘乙酸用少量酒精溶解，再加适量清水，均匀喷洒于干细土上（边喷边搅拌），然后放一层马铃薯撒一层药土，一般贮藏 5 吨马铃薯需要用萘乙酸 250g，可防止马铃薯薯块在贮藏期间发芽变质，有效期可维持 3～6 个月。

⑨ 蚕豆　蚕豆在生长过程中，正确使用低浓度的植物生长调节剂，

不但能促进其生长发育，而且能防止落花落荚，抑制顶端生长，增强植株耐寒性、抗倒性，以达到增产的目的。喷施 10mg/kg 萘乙酸和 1000mg/kg 硼酸混合液，能显著减少蚕豆的蕾、花、荚的脱落，增加成荚数。喷施后，一般单产可增加 15～20kg，提早成熟 5～7d，是简便易行、经济有效的增产措施。喷药时间以阴天或傍晚为好，整株喷最好喷在叶背面。

⑩ 大豆　于大豆结荚盛期用 5～10mg/kg 的萘乙酸溶液重点喷洒豆荚，可以调节叶片的光合产物转运到豆荚上，抑制离层形成，减少落花落荚，早熟增产。但要注意过高浓度的萘乙酸反而促进离层形成，疏花疏果。

⑪ 菠萝　菠萝定植后，在正常生长中，抽薹结果时间很长，自然抽薹率低。生产上为提早菠萝抽薹，提高抽薹率，在 20 世纪 50～60 年代采用电石（碳化钙）催花，后改用萘乙酸处理（现在一些地区又改用乙烯利催花）。萘乙酸能诱导菠萝花芽分化，提早抽薹开花，提高抽薹率，促进结果成熟，从而使菠萝密植高产，实现当年种植当年收获。同时，又调节了收果季节，做到有计划地安排市场鲜果供应和罐头加工的需要。使用方法：菠萝植株营养生长成熟后，从株心注入 30～50g 浓度为 1525mg/kg 萘乙酸溶液，可促使植株由营养生长转向生殖生长，处理后约 30d 可以抽薹，抽薹率达 60%，健壮植株可达 90% 以上，而且结果成熟一致。注意使用萘乙酸的浓度不宜过高，否则会抑制将要开花的植株开花。

⑫ 烟草　生长期用 10～20mg/kg 的萘乙酸溶液喷施叶面 2～3 次，可调节烟株生长，提高烟叶质量。

注意事项

（1）本品对皮肤和黏膜具有刺激作用，与本品接触人员需注意避免污染手、脸和皮肤。如有污染应及时用清水清洗。勿将残余药液倒入河、池塘等，以免污染水源。无特效解毒剂，如出现中毒症状，马上送医院就诊。

（2）本品能通过食道等引起中毒，一旦误食，应立即送医院对症治疗，注意保护肝、肾。

（3）本品难溶于冷水，配制方法有：①配制时先用少量酒精溶解，再加水稀释到所需浓度；②先将萘乙酸加少量水调成糊状，再加适量水，然后加碳酸氢钠（小苏打），边加边搅拌，直至全部溶解；③用沸水溶解。

（4）应严格按照说明书要求浓度使用，不可随意加大浓度，否则会对植物造成药害。萘乙酸的轻度药害表现为花和幼果脱叶，对植株生长影响较小；较重药害为叶片萎缩，叶柄翻转，叶片脱落，成果迅速成熟脱落。对于浸种药害，轻则导致根少，根部畸形，重则不生根，不出苗。萘乙酸药害大多数不对下茬作物产生危害，但部分会对下茬作物产生药害作用。如秋白梨用 40mg/kg 会引起减产，浓度过高会引起畸形、叶片枯焦以及脱落。无花果用 50mg/kg 以上会引起药害。此外，萘乙酸作为坐果或防落果剂使用，浓度不能太高，若浓度增加 10mg/kg，可能引起反作用，原因是高浓度的类生长素能促进植物体内乙烯的生成。萘乙酸作为生根剂使用，单用时虽然生根效果好，但苗生长不理想。所以，一般可与吲哚乙酸或其他具有生根作用的调节剂混用，提高调节效果。瓜果类喷洒药液量，以叶面均匀喷湿为止。大田作物一般每亩喷药液 50kg，果树为 75～125kg。表面活性剂可明显影响萘乙酸的吸收，加吐温-20、X-77 等可使萘乙酸的吸收提高几倍。100mg/kg 的萘乙酸与草甘膦混用有明显的增效作用。在不同地区、年份、品种、树势、气候等因素下，萘乙酸对果树的疏花疏果效果有很大的差异。各地在使用前，应先做好试验，寻找适合当地的用药技术，以免用药不当造成疏除过度而导致减产。

（5）本品的水溶液易失效，需现配现用，应密封，贮藏于干燥、避光处，以免变质。

（6）萘乙酸可与杀虫、杀菌剂及化肥混用。

萘乙酸钠
（sodium naphthalene-1-acetate）

$C_{12}H_9O_2Na$，208.19，61-31-4

化学名称　α-萘乙酸钠。

理化性质　本品为白色颗粒、粉末或结晶性粉末；无臭或微带臭气，味微甜带咸。熔点为 120℃，常温下贮存稳定。溶液中 pH 为 7～10 时稳定。极易溶于水（53.0g/100g，25℃）。溶于乙醇（1.4g/100g）的 pH 值为 8。防止发酵力及杀菌力较苯甲酸弱。pH 值 3.5 时，

0.05％溶液完全能阻止酵母生长，pH值6.5时，需要2.5％以上浓度的溶液。

毒性 LD$_{50}$（mg/kg）：大鼠急性经口约1000，小鼠约700（钠盐）；对皮肤和黏膜略有刺激。按照规定剂量使用，对蜜蜂无毒。

作用机制与特点 萘乙酸钠是萘乙酸的强碱弱酸钠盐，水解后产生萘乙酸，植物利用的是离子，所以只要有萘乙酸根离子，就可以起作用。萘乙酸为广谱性植物生长调节剂，可促进细胞分裂，诱导形成不定根，改变雌雄花比例，增加坐果率等。萘乙酸主要经由植物叶片、嫩枝表皮等进入植物体内，随营养液输导到起作用的部位。

高纯度萘乙酸钠为生长素类植物调节剂，经由叶片、植物的嫩表皮、种子进入植物体内，随营养流输导到生长旺盛的部位（生长点、幼嫩器官、花或果实），可迅速促进细胞分裂与扩大（膨果剂、膨大素），并可明显促进根系的尖端发育，诱导形成不定根（生根粉）。具有调节生长，促进生根、抽芽、诱导开花、防止落花落果、形成无核果实、促进早熟、增产等作用，同时萘乙酸钠也可增强植物的抗旱、抗寒、抗病、抗盐碱、抗干热风的能力。是一种广谱、高效、低毒的植物生长调节剂。

适宜作物 番茄、猕猴桃、葡萄、西瓜、黄瓜、番茄、辣椒、茄子、梨、苹果、蘑菇等。

剂型 粉剂。

应用技术

（1）单独使用高纯度α-萘乙酸钠可配成水剂、乳油、粉剂和其他剂型，用于促长、生根、保花、保果等。单独使用剂量2g兑15kg水。

（2）高纯度α-萘乙酸钠可以和很多植物生长调节剂复配使用。

① 与生长素复配，制成生根粉，是目前市场上高档生根粉的主要配方；

② 与复硝酚钠复配，制成保花保果剂和膨果剂；

③ 与杀菌剂复配，可防治病毒和其他病害；

④ 与肥料复配，可提高肥料利用率，同时促进植物根系发达，保花保果保铃，建议最佳用量为：叶面肥3.0～6.0g/hm^2；滴灌7.5～30g/hm^2；冲施肥120～150g/hm^2；复合肥（基肥、追施肥）120～150g/hm^2；疏花疏果30～50mg/kg；抑制生根100mg/kg。

（3）0.2％磷酸二氢钾或0.2％尿素与20mg/kg萘乙酸钠相配合，

可促进番茄增产。

（4）萘乙酸钠与吲哚丁酸钾复配生根好，萘乙酸钠是生主根的，吲哚丁酸钾是生毛细根的，两者复配，生根效果好，做冲施、滴灌、复合肥、BB肥、复混肥、掺混肥都可，必要时可添加少许新福钠，可使作物长势好，且长得壮。

注意事项　单独使用时注意用量，量大容易出现药害。人应该避免吸入药雾，避免药液与皮肤、眼睛接触；勿将残余药液倒入河、池、塘等，以免污染水源。无特效解毒剂，若出现中毒症状，马上送医院就诊。

1-萘乙酸甲酯

（1-naphthylacetic acid）

$C_{13}H_{12}O_2$，200.23，2876-78-0

化学名称　α-萘乙酸甲酯，萘乙酸甲酯。

其他名称　萘-1-乙酸甲酯，M-1，MENA，Methyl。

理化性质　纯品为无色油状液体，沸点122～122.5℃，相对密度为1.459，折光率1.5975（25℃），不溶于水，易溶于甲醇、苯等有机溶剂。工业品1-萘乙酸甲酯常含有萘二乙酸二甲酯。有挥发性。

毒性　动物内服致死剂量约10g/kg，对人稍有毒。

作用机制与特点　具有生长素的活性，有抑制发芽的效果。1-萘乙酸甲酯具有挥发性，可通过挥发出的气体抑制马铃薯在贮藏期间发芽，延长休眠期。还可有效防止萝卜发芽，大量用于马铃薯贮藏。α-萘乙酸甲酯不仅应用范围广，而且毒性低，生产和使用安全，因此是取代青鲜素（抑芽丹、马来酰肼）等的良好替代品。

适宜作物　防止马铃薯和萝卜等根菜类发芽，可用于小麦抑芽、甜菜储存、水果坐果、抑制烟草侧芽生长等，还能用于延长果树和观赏树木芽的休眠期。

剂型　3.2%、3.8%粉剂。

应用技术　一般以蒸汽方式发挥作用，温度越高挥发越快，也可与惰性材料滑石粉等混合使用。

（1）马铃薯　薯块收获后贮藏期间，利用1-萘乙酸甲酯抑制其发芽。具体做法是将1-萘乙酸甲酯喷在干土上或纸屑上，与马铃薯混合，5000kg马铃薯用90%以上的1-萘乙酸甲酯100～500g。延长休眠期的长短与萘乙酸使用量呈正相关。在最佳贮藏温度10℃下可存1年。翌年播种前将薯块取出，放在阴暗、空气流通的地方，待1-萘乙酸甲酯挥发殆尽，可用作种薯，也可供食用。

（2）薄荷　用40mg/kg的萘乙酸甲酯、20mg/kg萘乙酸、8mg/kg双氧水喷洒辣薄荷，其气生部分薄荷油含量增加13.8%～22.8%，薄荷油中薄荷醇含量增加8.5%。

注意事项

（1）灵活掌握用药量，对进入休眠期的马铃薯进行处理时用药量要多些，对芽即将萌发的马铃薯用药可少些，对休眠期短的品种可适当增加用药量来延长贮藏时期。

（2）处理后的马铃薯要改为食用，可将其摊放在通风场所，让残留的1-萘乙酸甲酯挥发。

1-萘乙酸乙酯
（ENA）

$C_{14}H_{14}O_2$，214.26，2122-70-5

化学名称　α-萘乙酸乙酯，萘乙酸乙酯。

其他名称　Tre-Hold。

理化性质　无色液体，不溶于水。相对密度1.106（25℃）。沸点158～160℃（400Pa）。不溶于水，溶于丙酮、乙醇、二硫化碳，微溶于苯。

毒性　大白鼠急性口服LD_{50}为3580mg/kg，兔急性经皮$LD_{50}>$5000mg/kg。

作用机制与特点　具有生长素的活性，主要用于化学整形。可通过植物茎和叶片吸收，抑制侧芽生长，可用作植物修整后的整形剂。

适宜作物　对槭树、榆树、栎树均有效。

应用技术　1-萘乙酸乙酯主要用来抑制侧芽生长，用作植物修整后的整形剂。已用在枫树和榆树上。应用时间为春末夏初，植物修整后，将1-萘乙酸乙酯直接用在切口处。绿篱经修剪后，将1-萘乙酸乙酯涂在修剪的切口处，可控制新梢生长。每年4月1日至7月15日间处理2次效果最佳。温度高时效果显著，可代替人工修剪。

注意事项 1-萘乙酸乙酯要在植物修整后1周，侧芽开始重新生长前应用。

萘乙酰胺
（NAD）

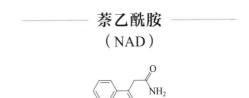

C$_{12}$H$_{11}$NO，185.22，86-86-2

化学名称 1-萘乙酰胺，α-萘乙酰胺。

其他名称 2-（1-萘基）乙酰胺（IUPAC），Amid-Thin，NAAmide。

理化性质 原药为无味白色结晶，熔点182～184℃。能溶于热水、乙醚、苯、丙酮、乙醇、异丙醇，20℃时微溶于水，40℃在水中的溶解度为39mg/kg。不溶于二硫化碳、煤油和柴油。在常温下稳定。

毒性 大白鼠急性口服LD$_{50}$为6400mg/kg体重，兔急性皮试LD$_{50}$为5000mg/kg体重。无毒，对皮肤无刺激作用，但可引起不可逆的眼损伤。

作用机制与特点 萘乙酰胺可经由植物的茎、叶吸收，传导性慢。可诱导花梗离层的形成，疏花，防止早熟落果，可作疏果剂，也有促进生根的作用。

适宜作物 是良好的苹果、梨的疏果剂。萘乙酰胺与有关生根物质混用，可促进苹果、梨、桃、葡萄及观赏植物生根。

剂型 商品一般为水剂，或8.4%、10%可湿性粉剂。

应用技术 在采收前4周喷本品，可防止苹果、梨和樱桃采前落果，浓度一般为25～50mg/kg，剂量为212.5g/hm^2。还可用于刺激插条和移栽植株生根。

注意事项

（1）用作疏果剂应严格掌握时间，且疏果效果与气温等有关，因此先要取得示范经验再推广。

（2）采用一般保护措施，无专用解毒药，出现中毒后应对症治疗。

8-羟基喹啉

（8-hydroxyquinoline）

C_9H_7NO，145.16，148-24-3

其他名称　8-氢氧化喹啉，8-羟基氮萘，邻羟基氮（杂）萘，喔星，8-羟基氮杂萘，羟喹啉。

理化性质　8-羟基喹啉是两性的，能溶于强酸、强碱，在碱中电离成负离子，在酸中能结合氢离子，pH＝7时溶解度最小。白色或淡黄色结晶或结晶性粉末，不溶于水和乙醚，溶于乙醇、丙酮、氯仿、苯或稀酸，能升华。腐蚀性较小。

毒性　大鼠经口 LD_{50} 1200mg/kg。该物质对环境可能有危害，应特别注意避免污染水体。

作用机制　对于多年生植物，该剂可加速切口的愈合，可作为防治各种细菌和真菌的杀菌剂。其作用机制还有待于进一步研究。

适宜作物　雪松、日本金钟柏属植物、樱桃、桐树等。

应用技术　可作为雪松、日本金钟柏属植物、樱桃、桐树等多年生植物切口处的愈合剂。每5cm直径切口处用0.2％制剂2g。

8-羟基喹啉柠檬酸盐

（oxine citrate）

$C_{15}H_{15}NO_8$，337.3，134-30-5

化学名称　2-羟基-8-羟基喹啉-1,2,3-丙烷三羧酸盐。

理化性质　纯品为微黄色粉状结晶体，熔点 175～178℃。在水中易溶解。微溶于乙醇，不溶于乙醚。与重金属易反应。

毒性　对人和动物安全。

作用机制与特点　本品能被任何切花吸收，抑制乙烯的生物合成，促进气孔开张，从而减少花和叶片的水分蒸发。作用机制有待于进一步研究。

适宜作物　主要用于各种切花的保存液。

应用技术

（1）康乃馨　8-羟基喹啉柠檬酸盐 200mg/kg ＋ 糖 70g/kg ＋ $AgNO_3$ 25mg/kg。

（2）玫瑰　8-羟基喹啉柠檬酸盐 250mg/kg ＋ 糖 30g/kg ＋ $AgNO_3$ 50mg/kg ＋ $Al_2(SO_4)$ · $16H_2O$ 300mg/kg ＋ PBA 100mg/kg。

（3）金鱼草　8-羟基喹啉柠檬酸盐 300mg/kg ＋ 糖 15g/kg。

（4）菊花　8-羟基喹啉柠檬酸盐 250mg/kg ＋ 糖 40g/kg ＋ 苯菌灵 100mg/kg。

注意事项

（1）8-羟基喹啉柠檬酸盐不能和碱性试剂混用。

（2）定期给切花加入新鲜 8-羟基喹啉柠檬酸盐保存液，可延长其寿命。

羟基乙肼

（2-hydrazinoethanol）

$C_2H_8ON_2$，76.01，4554-16-9

化学名称　β-羟基乙肼。

其他名称　Omaflora，Brombloom，BOH。

理化性质　本品为无色液体，稍稠。含量 70％时，熔点 −70℃，沸点 145～153℃（3.33kPa）。相对密度 d_{20} 1.11。闪点 106.5℃。可与水完全混合，溶于低级醇，难溶于醚。在低温和暗处稳定，稀释溶液易于氧化。

适宜作物　菠萝。

应用技术　以 0.09g/棵用量能促使菠萝树提前开花。

14-羟基芸苔素甾醇

（14-hydroxylated brassinosteroid）

C$_{27}$H$_{46}$O$_7$，482.7，457603-63-3

化学名称 （20R,22R）-2β,3β,14,20,22,25-六羟基-5β-胆甾-6-酮。

其他名称 安诺素、苏丰源。

毒性 毒性级别为低毒或微毒，对水生生物等环境生物毒性低。5% 14-羟基芸苔素甾醇母药，低毒，登记证号为 PD20171724；0.01% 14-羟基芸苔素甾醇水剂，低毒，登记证号为 PD20171723；40%芸苔·赤霉酸（0.002%+39.998%）可溶粒剂，低毒，登记证号为 PD20171722。

作用机制与特点 14-羟基芸苔素甾醇是目前唯一登记的天然芸苔素类似物，该类芸苔素的类似物于 1970 年由 Faux 等从蕨类植物中提取发现，具有植物细胞分裂和延长双重作用，其活性主要表现为促进植物生长，促进根系发达，增加光合作用，提高作物叶绿素含量，提高结实率，增加产量，改善品质，抗逆等。极其微小的剂量就可表现出良好的调节效果。其作用方式主要是促进细胞伸长和分裂，调控叶片形状；改变细胞膜电位和酶活性，增强光合作用；促进 DNA、RNA 和蛋白质的生物合成，提高植株对环境胁迫的耐受力等。突出优势主要为天然、高效、广谱、安全等。

剂型 5%母药、0.01%水剂。

适宜作物 已经在 80 多种作物上应用，并且适用于作物生长的各个生育期。

应用技术 应用方法多样，如拌种、浸种、浸苗、蘸根、喷施、滴灌、冲施、飞防等，与植物亲和性高，使用浓度活性区间跨度大，不易产生药害，对作物安全性更高；与杀菌剂、杀螨剂、杀虫剂一起混用，协同增效明显，降低杀菌剂、杀螨剂、杀虫剂用量，同时激发作物自身免疫，从而降低杀菌剂、杀螨剂的抗性；与除草剂一起混用，可大大降低除草剂的药害风险，并且增强杂草新陈代谢率，让杂草短时间内吸收的除草剂剂量足以致死，死草彻底、迅速、不反弹、增强低温除草药效；与叶面肥一起混用，可提高营养物质吸收利用率 10%～26%，增强新陈代谢速率的同时增加叶面营养补充，更符合作物生长规律。在葡萄上用 0.02～0.04mg/kg 喷雾，可调节葡萄生长。

单剂产品主要调节水稻生长，在水稻孕穗期和齐穗期，用 0.025～0.033mg/kg 剂量喷雾，每季最多使用 2 次。混剂产品主要调节柑橘树生长和水稻制种，在柑橘树初花期、幼果期和果实膨大期各施药 1 次，用 33～40mg/kg 剂量喷雾；在水稻抽穗始期和盛期各施药 1 次，用 180～240g/hm² 剂量喷雾。

注意事项 勿与食品、饮料、动物饲料、粮食和种子同贮同运，应贮存在干燥阴凉、通风防雨处，远离火源或热源。

青鲜素

（maleic hydrazide，MH）

$$O=\!\!\!\!\underset{HN-NH}{\bigcirc}\!\!\!\!=O \text{ 或 } HO\!\!-\!\!\underset{N-N}{\bigcirc}\!\!\!-OH$$

$C_4H_4N_2O_2$，112.09，123-33-1

化学名称 顺丁烯二酸联胺，1,2-二羟-3,6-哒嗪二酮，6-羟基-3-(2H)-哒嗪酮。

其他名称 抑芽丹，马来酰肼，木息，顺丁烯二酸酰肼，失水苹果酰肼，MH-30，slo-gro，Su-ck-er-stuff，sprout-stop，Regulox，Retard，Malazide，Desprout，Birtoline。

理化性质 纯品为无色结晶体，熔点 296～298℃，难溶于水，在水中的溶解度为 2000mg/L，其钠盐、钾盐和铵盐易溶于水，易溶于醋酸、二乙醇胺或三乙醇胺，稍溶于乙醇，在乙醇中的溶解度为 2000mg/kg，而难溶于热乙醇。商品为棕色液体，含量为 25%～35%的青鲜素钠盐水剂。稳定性很强，耐贮藏，使用时可直接用水稀释，通常加 0.1%～0.5%表面活性剂，以提高青鲜素活性。

毒性 大白鼠急性经口 LD_{50} 为 3800～6800mg/kg，钠盐为 6950mg/kg，钾盐为 3900mg/kg，二乙醇胺盐为 2340mg/kg。无刺激性。对大白鼠用含钠盐的饲料在 50000mg/kg 剂量下饲喂 2 年，未出现中毒症状。不致癌。

作用机制与特点 是一种暂时性植物生长抑制剂或选择性除草剂。

青鲜素经植物吸收后，能在植物体内传导到生长活跃部位，并积累在顶芽里，但不参与代谢。青鲜素在植物体内与巯基发生反应，抑制植物顶端分生组织细胞分裂，破坏顶端优势，抑制顶芽旺长。使光合产物向下输送到腋芽、侧芽或块茎、块根里。青鲜素的分子结构与尿嘧啶类似，是植物体内尿嘧啶代谢拮抗物，可渗入核糖核酸中，抑制尿嘧啶进入细胞与核糖核酸结合。主要作用是阻碍核酸合成，并与蛋白质结合而影响酶系统。在生产中用于延缓植物休眠，延长农产品贮藏期，控制侧芽生长等。

适宜作物 可用于马铃薯、洋葱、大蒜、萝卜等，防止在贮藏期发芽；也可用于棉花、玉米杀雄；对山桃、女贞等可起到打尖修顶的作用；抑制烟叶侧芽。青鲜素与2,4-滴混合配制，可作除草剂，用于抑制草坪、树篱和树的生长。

剂型 90％原药，25％钠盐水剂，30％、40％乙醇胺盐水剂，35.5％可湿性粉剂。一般制成二乙醇胺盐，配成易溶于水的溶液使用。

应用技术

（1）抑制萌芽，延长农产品贮藏期

① 马铃薯、洋葱、大蒜 在收获前2～3周，叶片尚绿时，用2000～3000mg/kg青鲜素溶液喷施叶面，可延缓贮藏期发芽与生根，减少养分消耗，避免因长途运输或贮藏期间变质而造成损失。利用青鲜素处理可做到马铃薯全年上市，缓和蔬菜供应淡旺季节的矛盾。用2000～3000mg/kg青鲜素溶液，每亩用50kg药液喷施马铃薯叶面，可以防止马铃薯块茎在贮藏期间发芽，使其呼吸速率下降，淀粉水解减少。

② 糖用甜菜 在收获前15～30d，用500mg/kg青鲜素溶液喷洒叶下根茎部1次，可抑制甜菜后期叶片生长，增加块根糖分积累，减少贮存中糖分的损失，防止空心或发芽。

③ 甘薯 收获前2～3周，用2000mg/kg青鲜素溶液喷洒叶面一次，可防止甘薯生根和发芽。

④ 抑制烟叶侧芽 烟叶侧芽萌发始期用30％胺盐600倍稀释液每亩喷洒50kg，隔7d左右喷1次，共喷3～4次，可有效抑制侧芽生长，促进叶色变黄，叶质增厚。

虽然青鲜素价格廉、效果较好，但对人畜不够安全，故生产上将青鲜素与抑芽敏混合使用，在腋芽刚萌发时，将两种抑芽剂按照1∶（1～

4）的比例混合，不但提高了抑芽的效果，还延长了适用期，减少了青鲜素的残留。

（2）抑制抽薹开花

① 胡萝卜、萝卜　对二年生胡萝卜和萝卜，在采收前 1～4 周，用 1000～2000mg/kg 青鲜素溶液于叶面喷洒一次，可抑制抽薹，减少养分消耗，保持原有色泽与品质。

② 甘蓝、结球白菜、芹菜、莴苣　甘蓝或结球白菜，在采收前 2～4 周用 2500mg/kg 青鲜素溶液喷洒叶面，可抑制花芽分化和抽薹开花，促进叶片生长和叶球形成。用 50～100mg/kg 青鲜素溶液喷洒，可防止芹菜和莴苣抽薹。

③ 甜菜　花芽分化初期，用 3000mg/kg 青鲜素溶液喷洒叶面，可抑制甜菜在越冬期间抽薹，延长生长期，提高块根的产量和含糖量。

④ 甘蔗　甘蔗开花会影响植株糖分的积累，在甘蔗穗分化初期用 3000～5000mg/kg 青鲜素溶液喷洒顶部，可抑制开花，增加糖含量。

⑤ 芦苇　是造纸原料之一，在造纸工艺过程中，易把芦苇花穗上的护颖带入纸浆，严重影响纸的质量，不利于印刷，用青鲜素可抑制芦苇开花。于芦苇幼穗分化期，用 3000mg/kg 青鲜素溶液喷洒 2 次，间隔 2 周，可抑制开花，或使小花不育，增加植株纤维含量。

（3）化学整形

① 烟草　摘心后，用 2500mg/kg 青鲜素溶液喷洒上部 5～6 片叶，能控制顶芽与腋芽生长，代替人工掰杈。对防治烟草赤星病有一定效果。烟草早花期或抽芽期，用 500mg/kg 青鲜素溶液喷洒 2 次，间隔 4d，可抑制花序发育，使花粉发育不良，产生空的子房，促进叶片增大，改善品质。

② 草莓　移栽后，以 1000mg/kg 青鲜素溶液喷洒草莓植株，可减少匍匐枝的发育，使果实增大。

③ 柠檬树　打顶是生产上常用的整枝方法，用 500～1000mg/kg 青鲜素溶液喷洒，可抑制茶树新枝形成和发芽，减少冬季的冻伤和落叶，改善茶叶品质。

④ 豇豆　用 200～400mg/kg 青鲜素溶液喷洒，可抑制豇豆顶芽生长，促进侧芽生长，增加开花结荚数，提高种子产量。

⑤ 糖用甜菜　留种株在盛花期或种子形成期，用 100～500mg/kg 青鲜素溶液喷洒，可代替人工去芽，增加种子产量。

⑥ 绿篱植物　往往需要人工打尖或整修，抑制生长过旺与新稍形

成，以改善株型。用青鲜素1000～5000mg/kg溶液处理绿篱植物，如黄杨、鼠李、榔榆、山楂、女贞、日本荚蒾、火棘、毡毛榆子、夹竹桃等，可代替人工修剪，节省劳力。一般在春季人工整修后用青鲜素溶液喷洒全株，可抑制顶芽生长，促进侧枝生长，使株型密集，提高观赏价值。青鲜素一般使用两个月后被降解，不会影响再生长。长期使用，对树木的寿命也没有不良影响。

⑦ 松树　松柏类植物对青鲜素耐药力比较大，用1000～2500mg/kg青鲜素处理常绿松树，可控制新芽的过度生长，有效期达4个月。

⑧ 行道树　行道树的树冠往往会由于生长过旺，影响交通安全，以及遮挡夜间照明等。用1000～5000mg/kg青鲜素溶液在春季行道树腋芽开始生长时喷洒全株，由于新发育的叶片比长成的叶片更易吸收青鲜素，可使叶片吸收部位附近的顶芽生长受到抑制。在2～3月份天气晴朗、树身干燥时，对白蜡树、栎树、白杨、榆树等用1500～3000mg/kg青鲜素溶液喷洒，可控制疯杈和枝条生长，使用浓度和效果与植物品种和年龄有关，一般在修剪之后或春季腋芽开始生长时使用效果最好。处理时如空气湿度较高，有利于增加植株对青鲜素的吸收量。

（4）诱导雄性不育

① 棉花　现蕾后与接近开花期，以800～1000mg/kg青鲜素溶液喷洒2次，可杀死棉花雄蕊。

② 玉米　在生长出6～7片叶时，喷500mg/kg青鲜素溶液，1周1次，共3次，可去雄。

③ 瓜类　青鲜素能诱导增加雌花。黄瓜幼苗期，用100～200mg/kg青鲜素溶液喷洒，隔10天喷洒1次，共喷洒2次，可提高雌花比例，增加坐果。西瓜在2叶1心期，以100mg/kg青鲜素溶液喷洒，间隔1周1次，共喷2次，可提高早期产量和总产量。苦瓜、甜瓜1～2叶阶段，用青鲜素处理有同样效果。

（5）切花保鲜

① 月季、香石竹、菊花　在含糖（糖3.5%，硫酸铝100mg/kg，柠檬酸1000mg/kg，硫酸合联氨700mg/kg）保鲜液中，加入2500mg/kg青鲜素，对月季、香石竹、菊花、金鱼草等切花有良好的保鲜效果。

② 金鱼草、羽扇豆、大丽花　用250～500mg/kg青鲜素溶液在切花贮存前进行处理，可延长贮藏期，保持质量。

注意事项

（1）青鲜素当除草剂使用时，可抑制耕地杂草和灌木的生长，如每亩用 25% 青鲜素 1.2～2kg 加水 50kg 喷雾，可控制多年生杂草 3～4 个月，也可抑制灌木生长。

（2）必须严格控制使用浓度，原则上，使用浓度越高，抑制萌芽的效果越明显，但也使果蔬腐烂得越快。通常青鲜素使用浓度在 1000～4000mg/kg。另外，用青鲜素处理，一定要掌握好采收前喷洒的时间、部位和浓度。喷洒过早，如在叶子生长旺盛时期处理，会抑制块根块茎的膨大生长，影响产量，且抑制萌芽的效果反而差；若喷洒过迟，叶子已经枯黄，就失去了吸收和运转的能力，起不到应有的效果。青鲜素必须在果蔬采收前，喷洒在果蔬叶面上，而不能于采后处理。处理过的马铃薯不能留种用，不要处理因缺水或霜冻所致生长不良的马铃薯。

（3）容器用后要洗净，如有残留将影响其他作物。不要让药剂接触皮肤与眼睛。操作人员在使用后，要用清水洗手后再用餐。喷过药的作物、饲料勿喂饲牲畜，喷药区内勿放牧。无专用解毒药，若误服，需做催吐处理，进行对症治疗。贮存在阴凉干燥处。

（4）青鲜素在土表和植物茎叶表面不易消解，也不易在土壤中淋失。因此，应尽量避免在直接食用的农作物上使用，只能用于留种的作物。收获后不需贮藏的块茎作物不可喷洒青鲜素，以免药剂过量残留，影响食品安全性。对某些作物需在生长前期使用时，必须经过残留试验后方能推广。植物吸收青鲜素较慢，如施用 24h 内下雨，将降低药效。使用时加入乳化剂效果更好。

（5）作为烟草控芽剂的最适浓度较窄，浓度较低时效果差，较高时易产生药害，应严格限制使用浓度。

（6）在酸性、碱性和中性溶液中均稳定，在硬水中析出沉淀。但对氧化剂不稳定，遇强酸可分解出氮。对铁器有轻微腐蚀性。

S-诱抗素
（trans-abscisic acid）

$C_{15}H_{20}O_4$，264.3，14375-45-2

化学名称　丙烯基乙基巴比妥酸；2-顺式,4-反式-5-(1-羟基-4-氧代-2,6,6-三甲基-2-环己烯-1-基)-3-甲基-2,4-戊二烯酸。

其他名称 福生诱抗素，天然脱落酸。

理化性质 纯品为白色结晶，熔点为 160～162℃，水溶解度 3～5g/L（20℃），难溶于石油醚与苯，易溶于甲醇、乙醇、丙酮、乙酸乙酯与三氯甲烷。S-诱抗素的稳定性较好，常温下可放置两年，有效成分含量基本不变。对光敏感，属强光分解化合物。

毒性 对人畜无毒害、无刺激性。

作用机制与特点 作用机制：在逆境胁迫时，S-诱抗素在细胞间传递逆境信息，诱导植物机体产生各种应对的抵抗能力。在土壤干旱胁迫下，S-诱抗素启动叶片细胞质膜上的信号传导，诱导叶面气孔不均匀关闭，减少植物体内水分蒸腾散失，提高植物抗干旱能力。在寒冷胁迫下，S-诱抗素启动细胞抗冷基因，诱导植物产生抗寒蛋白质。在病虫害胁迫下，S-诱抗素诱导植物叶片细胞 PIN 基因活化，产生蛋白酶抑制物（pls）阻碍病原或虫害进一步侵害，避免受害或减轻植物的受害程度。在土壤盐渍胁迫下，S-诱抗素诱导植物增强细胞膜渗透调节能力，降低每千克物质中 Na^+ 含量，提高 PEP 羧化酶活性，增强植株的耐盐能力；在药害肥害的胁迫下，调节植物内源激素的平衡，使植物停止进一步吸收，有效解除药害肥害的不良影响；在正常生长条件下，S-诱抗素诱导植物增强光合作用和吸收营养物质，促进物质的转运和积累，提高产量、改善品质。

特点：能显著提高作物的生长素质，诱导并激活植物体内产生 150 余种基因参与调节平衡生长和营养物质合成，增强作物抗干旱、低温、盐碱、涝能力，有效预防病虫害的发生，解除药害肥害，并能稳花、保果和促进果实膨大与早熟；能增强作物光合作用，促进氨基酸、维生素和蛋白质等的合成，加速营养物质的积累，对改善品质、提高产量效果特别显著；施用后，幼苗发根快、发根多、移栽后返青快、成活率高，作物整个营养生长期和生殖期生长旺盛、抗逆性强、病虫害少。

适宜作物 适用于各种蔬菜、烟草、棉花、瓜类、大豆、水稻、小麦、葡萄、枇杷、茶树、中药材及花卉等，对作物抗旱、抗寒、抗病、增产效果显著。

应用技术

（1）在出苗后，将本品用水稀释 1500～2000 倍，于苗床喷施。

（2）在作物移栽后 2～3d，移栽后 10～15d，将本品用水稀释 1000～1500 倍，对叶面各喷施一次。

（3）若在作物移栽前未施用，可在作物移栽后 2d 内喷施。

（4）在直播田初次定苗后，将本品用水稀释 1000～1500 倍，进行叶面喷施。

（5）作物整个生育期内，均可根据作物长势；将本品用水稀释 1000～1500 倍后进行叶面喷施，用药间隔期 15～20d。

注意事项

（1）勿与碱性物质混用。

（2）与非碱性杀菌剂、杀虫剂混用，药效将大大提高。

（3）植株弱小时，兑水量应取上限。

（4）喷施后 6h 遇雨补喷。

三碘苯甲酸

（TIBA）

$C_7H_3I_3O_2$，499.81，88-82-4

化学名称　2,3,5-三碘苯甲酸。

其他名称　Regmi-8，FloratOHe。

理化性质　纯品为白色无定形粉末，熔点 224～226℃，不溶于水，常温下在水中的溶解度为 1.4%，微溶于煤油或柴油，易溶于乙醇、异乙醇、乙醚、苯、甲苯。其铵盐溶于水。

毒性　口服急性毒性 LD_{50} 大鼠为 813mg/kg 体重，小鼠 2200mg/kg 体重。对鱼低毒，对鲤鱼 48h 的 $LC_{50} > 40mg/kg$。

作用机制与特点　TIBA 是一种抗生长素类调节物质，也是一种生长素传导抑制剂，能阻碍生长素和 GA 在韧皮部中的运输。其结构与生长素相近，可和生长素竞争作用位点，使生长素不能与受体结合，从而降低植物体内生长素的浓度，抑制生长素向根、茎运输，抑制茎顶端生长，阻碍节间伸长，使植株矮化、叶片增厚、叶色深绿、顶端优势受阻。对植株有整形和促使花芽形成的作用，还能促进早熟、增产。高浓度时抑制植物生长，低浓度时促进生根和生长，在适当浓度下促进开花和诱导花芽形成，增加开花数和结实数。具有抑制枝条生长，减小开张角度，促进花芽形成，增加分枝，矮化树体，减少采前落果，促进成熟的作用。

适宜作物 可用于水稻、小麦防止倒伏，增产；用于大豆、番茄促进花芽形成，防止落花、落果；用于苹果幼树整形整枝。

剂型 98%粉剂，2%液剂。

应用技术

（1）使用方式 原药先加少量乙醇溶解，再加适量水稀释喷雾。

（2）使用方法

① 大豆 在生长旺盛的中熟、晚熟品种或与玉米间作的大豆上使用，增产效果显著；长势弱或极早熟品种不宜使用该药。在大豆初花至盛花期，一般每亩用三碘苯甲酸原药 3～5g，初花期 3g/亩，盛花期 5g/亩。

② 花生 盛花期用 200mg/kg 药液喷洒 1 次，可促进结荚，提高质量。

③ 甘薯 用 150mg/kg 三碘苯甲酸药液喷洒 1 次，可抑制地上部分徒长，促进块根生长。

④ 马铃薯 现蕾期用 100mg/kg 三碘苯甲酸药液喷洒 1 次。

⑤ 苹果 是国光和红玉苹果的脱叶剂。在采收前 30d，用 450mg/kg 三碘苯甲酸药液在全株或在着果枝附近喷洒 1 次，可促进落叶，使果实着色。在苹果盛花期使用，有疏果作用。

对于尚未结果的一二年生苹果树，在早春叶面开始生长时，或者对于已结果的苹果树，在苹果落花后 2 周或在盛花后 1 个月，用 25mg/kg 的药液喷洒叶面，可诱导花芽的形成，提高下一年的开花率，使直立生长的主枝改变为向斜面开张，改善侧枝角度。

⑥ 桑树 在桑树生长旺期用 300～450mg/kg 的药液喷洒 1～2 次，可增加分枝和叶数。

注意事项

（1）要掌握好使用浓度、施药次数和施药时期，以免产生不良影响。本品用于大豆可增产和提高大豆蛋白质含量，但要注意不能用于作饲料的豆科植物上。

（2）本品由于使用效果不稳定，影响了它的扩大应用。与一些叶面处理的生长调节剂配合使用，特别是与能够扩大它的适用期、提高其生物活性的物质配合使用，有利于发挥它的应用效果。

（3）加入表面活性剂，如平平加等，会增加其应用效果。

三氟吲哚丁酸酯

（TFIBA）

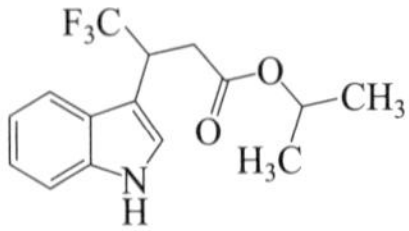

$C_{15}H_{16}F_3NO_2$，299.39，164353-12-2

化学名称　$1H$-吲哚-3-丙酸-β-三氟甲基-1-甲基乙基酯。

作用机制与特点　能促进植物根系发达，从而达到增产的目的。此外，还能提高水果甜度，降低水果中的含糖量，且对人安全。

适宜作物　主要用于水稻、豆类、马铃薯等。

三氯苯氧丙酸

（fruitone）

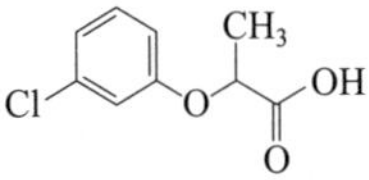

$C_9H_9O_3Cl$，200.5，101-10-0

化学名称　2-(3-氯苯氧)丙酸。

其他名称　CPA448，Cloprp。

理化性质　纯品为白色结晶，无臭，难溶于水，微溶于热水，易溶于乙醇、丙醇、丁基溶纤剂（乙二醇丁醚）、二甲亚砜等有机溶剂。有的商品为钠盐，可溶于水。

毒性　大鼠急性口服 LD_{50} 约为 6500mg/kg 体重。

作用机制与特点　三氯苯氧丙酸是生长素类生长促进剂。具有生长素活性，不能通过叶片向外运输，需直接处理果实，能抑制叶簇生长，延迟果实成熟，高浓度可作除莠剂。

适宜作物　菠萝，番茄。

应用技术

（1）菠萝　主要用于抑制菠萝根茎伸长，促进果实增大，增加根蘖数。在预期收获前 15 周，即幼果上的最后一朵花已萎缩和干枯、根茎 3～5cm 长时，用 1100～3300mg/kg 的三氯苯氧丙酸溶液宽幅喷雾菠萝顶部，浓度较低可增加菠萝产量，浓度稍高可抑制根茎生长。宽幅喷雾是最好的施用方法。

（2）番茄　在日照短、晚间温度较低时，用 25～40mg/kg 三氯苯氧丙酸蘸花簇，可以防止落花，促进坐果，并能在没有授粉的情况下，诱导产生无籽果实。

注意事项　在植物体内不易移动，要均匀喷用；若施用后 3h 内遇雨，活性降低。

三十烷醇
（triacontanol）

化学结构式　$CH_3（CH_2）_{28}CH_2OH$

$C_{30}H_{62}O$，438.38，593-50-0

化学名称　正三十烷醇。

其他名称　1-三十烷醇，蜂花醇，增产宝、大丰力、Melissyl alcohol，Myrictl alcohol.

理化性质　纯品为白色鳞片状晶体（95%～99%），熔点 86.5～87.5℃，相对密度 0.777，分子链长 67.0nm。微溶于水，在室温下水中的溶解度为 10mg/kg，难溶于冷乙醇、甲醇、丙酮，微溶于苯、丁醇、戊醇，可溶于热苯、热丙酮、热四氢呋喃，易溶于氯仿、二氯甲烷、乙醚和四氯甲烷。C_{20}～C_{28} 醇可溶于热甲醇、乙醇及冷戊醇。性质稳定，对光、空气、热及碱均较稳定。

毒性　雌小鼠急性口服 LD_{50} 为 1.5g/kg，雄小鼠急性口服 LD_{50} 为 8g/kg，以 18.75g/kg 的剂量给 10 只体重 17～20g 的小白鼠灌胃，7d后照常存活。

作用机制与特点　三十烷醇是一种天然的长碳链植物生长调节剂，广泛存在于蜂蜡和植物蜡质中。可经由植物的茎、叶吸收，具有多种生理作用，可促进能量贮存，增加干物质积累，改善细胞透性，调节生理功能，增加叶面积，促进组织吸水，增加叶绿素含量，提高酶的活性，增强呼吸作用，促进矿质元素吸收，增加蛋白质含量。对作物具有促进生根、发芽、开花、茎叶生长、早熟、提高结实率的作用。在作物生长期使用，可提高种子发芽率、改善秧苗素质、增加有效分蘖。在作物生长中、后期使用，可增加蕾花、坐果率（结实率）、千粒重，从而增产。

2%三十烷醇可溶粉产品是广谱性植物生长增效剂，可增强植物免疫力、抗病、抗逆、增产、改善作物品质、解药害、增加药、肥效力，可迅速溶于水，适用于各种肥料中添加。

适宜作物 可用于水稻、麦类、玉米、高粱、甘蔗、甘薯、西瓜、黄瓜、豇豆、油菜、花椰菜、甘蓝、青菜、番茄、茄子、辣椒、甜菜、柑橘、枣、苹果、荔枝、桑、茶、棉花、大豆、花生、烟草等作物，提高产量。在蘑菇等食用菌上应用，也能增产。

剂型 1.4%TA 乳粉，0.1%乳剂，0.1%胶悬剂，1.4%三十烷醇可湿性粉剂，2%三十烷醇可溶粉。其中乳粉的药效稳定。用吐温-20（或吐温-80）配制成乳油使用。

应用技术

（1）浸种

① 种子催芽前，用 0.1%三十烷醇微乳剂 1000 倍液浸种 2d，然后再催芽、播种；对于旱地作物，在播种前用 0.1%三十烷醇微乳剂 1000 倍液浸种 0.5～1d，然后播种。可增强发芽势，提高种子发芽率。

② 水稻 用 0.1%三十烷醇乳剂 1000 倍液浸种，浸种时间早稻为 48h，中、晚稻 24h 后即可催芽播种。浸种后，发芽率可比对照提高 2%左右，发芽势提高 8%左右，并能促进根系生长，增强秧苗抗逆能力等，有利于培育壮秧。

③ 小麦 播种前用 0.2～0.5mg/kg 的三十烷醇溶液浸种 4～12h；或用 15kg 麦种喷三十烷醇溶液 1L，喷后堆起，闷种 2～4h 后晾干即可播种。

④ 甘薯 三十烷醇用于甘薯浸种可比对照提前 4d 出苗，并使薯苗的鲜重和长度比对照增加 6.67%～13.3%和 22.53%，可增产 5.7%～13.9%或 16.2%。选择无病种薯，采用温床育苗，将薯块浸泡在 1mg/kg 的三十烷醇溶液中 10min，捞出晾干后进行温床育苗。或剪取无病薯苗，将薯苗基端浸于 0.5mg/kg 的三十烷醇溶液中 30min，晾干后播种。还可在甘薯薯块膨大期用 0.5mg/kg 的三十烷醇溶液 50kg 于叶面喷雾，每隔 10d 喷施 1 次，共喷 2～3 次。

⑤ 大豆 1.4%的三十烷醇乳粉 0.5mg/kg，浸泡种子 4h，然后催芽播种。可提高发芽率和发芽势，增加三仁荚，减少单仁荚，增加豆数。注意必须按规定浓度使用，若浓度过大，则抑制生长。可与其他种子处理杀菌剂混合使用。

（2）喷雾

① 棉、瓜、果类作物　在始花期和盛花期各施1次药，用0.1％三十烷醇微乳剂2000倍液均匀喷雾，喷药液量以作物叶面喷湿而不流下为宜。

② 水稻　在水稻抽穗始期用1mg/kg的三十烷醇溶液喷洒植株，可促进光合作用产物向水稻穗部运送，增加穗粒数，提高千粒重，提高水稻产量。在水稻孕穗期、齐穗期用浓度为0.5mg/kg的三十烷醇各喷施1次，每次每亩喷施50kg药液为宜，能明显增加叶片中叶绿素的含量，增强光合作用，促进光合产物向谷粒输送，从而提高产量。一般结实率可提高7％以上，千粒重增加0.2～0.9g，产量提高10％左右。

在杂交水稻制种田混合使用三十烷醇与赤霉素，增产效果比单用赤霉素效果更显著，有利于提高赤霉素的增产作用，而三十烷醇又同时提高了水稻光合磷酸化作用，增加光能利用率，使母本午前花比例增加，促进父、母本花期相遇，二者表现协调效应，使结实率和产量较各自单独喷施有明显的增加，一般可增产5％左右。可在母本始穗期，用0.5mg/kg的三十烷醇与20mg/kg的赤霉素混合喷施，亩用药量为36kg左右。但使用须注意，在混配时，先各自用少量水稀释，再混合加足量水定容后喷施；要现配现用，以免药液搁置时间过长而影响药效；严格控制使用浓度。

③ 小麦　在小麦开花期，用0.1～0.5mg/kg的药液喷洒叶面，可增产。

④ 玉米　在玉米幼穗分化期至抽雄期，用0.1～0.5mg/kg的药液喷洒叶面，可增产。

⑤ 甘薯　在薯块膨大期，用0.5～1.0mg/kg的药液喷洒叶面，可增产。

⑥ 花生　于盛花期、下针末幼果膨大期，每亩用0.1％三十烷醇微乳剂48～60g，加水60kg于叶面喷施各1次，可提高叶绿素含量和光合能力，提高花生成果率，促进果实膨大增重，增加产量。

⑦ 大豆　在大豆盛花期喷洒0.5mg/kg的三十烷醇乳粉溶液，可使叶色增绿，提高光合作用和物质积累量，增加结实率和百粒重，并提前几天成熟。

⑧ 油菜　对生长旺盛的油菜，于盛花期用浓度为0.5mg/kg的三十烷醇药液喷洒叶片，有利于提高结实率和千粒重。对生长一般的植株，可在抽薹期增喷一次同样浓度的三十烷醇，可增加主花序长度，一

般可增产 10％～15％。三十烷醇乳粉效果更好。对缺硼严重的地块，则可喷洒硼砂和三十烷醇的混合液。

用 0.05mg/kg 的三十烷醇对甘蓝型油菜品种"上海 23"浸种 5h，可明显提高种子萌发率，提高种子脂肪酶活性，增加子叶期的主根长度以及皮层和木质部的宽度，也增加了导管的数量，有利于向地上部输送更多的水分和养分，从而促进地上部的生长，为培育早苗和壮苗奠定了基础。

⑨ 青菜、大白菜、萝卜　在生长期，用 0.5～1.0mg/kg 的药液喷洒叶面，可增产。

⑩ 番茄　番茄应用三十烷醇可促进植株的根、茎、叶生长，使鲜重和干重迅速增加，提高果实中维生素的含量，一般每 100g 番茄果实中可以增加维生素 C 的含量 34.52mg。三十烷醇喷施番茄的最适浓度为 0.5mg/kg，用药量为 50kg/亩，整个生长期喷施 2～3 次，喷施时可加入磷酸二氢钾或尿素等混合喷施，增产效果更为显著。

⑪ 蘑菇　于菌丝体初期，用 1～20mg/kg 的药液喷洒，可增产。

⑫ 双孢菇　于菌丝体初期，用 0.1～10mg/kg 的药液喷洒，可增产。

⑬ 香菇　用 0.5mg/kg 的药液喷洒喷淋接菌后的板块培养基，可增产。

⑭ 甘蔗　在甘蔗伸长期，用 0.5mg/kg 的药液喷洒叶面，可增加含糖量。

⑮ 烟草　在团棵期至生长盛期，用 0.1％微乳剂 1670～2500 倍液喷 2～3 次，可增产。

⑯ 麻类、红麻　在播种后 6～8 个月，用 1mg/kg 的药液喷洒，可增加纤维产量。

⑰ 茶树　在鱼叶初展期，亩用 0.1％微乳剂 25～50g，兑水 50kg 喷雾，每个茶季喷 2 次，间隔 15d，如加 0.5％尿素，可增加效果。

⑱ 柑橘　苗木用 0.1％可溶性溶液 3300 倍喷雾，能促进生长。在初花期至壮果期喷 1500～2000 倍液药剂，有增产作用。

（3）浸苗　海带、紫菜养殖。在海带幼苗出苗时，用 1.4％三十烷醇乳粉 7000 倍液浸苗 2h 或用 2.8 万倍稀释液浸苗 12h 后放入海区养殖，可明显促进幼龄期海带的生长，有利于早分苗和分大苗，提早成熟，增加产量。紫菜育苗方法同海带，可促进丝状体生长，增加壳孢子的释放量，提高出苗率，促进幼苗生长。

（4）混配

① 可与杀虫剂（如敌百虫等）、杀菌剂（如托布津、多菌灵等）等农药混合使用来防止病虫害的危害。

② 可与各种化肥，如 1% 尿素，0.2% 磷酸二氢钾和微量元素，0.2% 硼砂，0.1% 钼酸铵等混合喷施。在水稻、小麦等上与磷酸二氢钾混配喷施，可促进生长并提高结实率。

注意事项

（1）应选用结晶纯化不含其他高烷醇杂质的制剂，否则防治效果不稳定。

（2）要严格控制使用浓度和施药量，以免产生药害。使用量较大会导致苗期鞘弯曲，根部畸形，成株则导致幼嫩叶片卷曲。浸种浓度过高会抑制种子发芽，配制时要充分搅拌均匀。一般 0.1% 乳液稀释 1000～2000 倍为宜。

（3）三十烷醇乳剂使用时如有沉淀，可反复摇动瓶中药液，或者置于 50～70℃ 热水中溶解，或加乙醇助溶剂后再使用，否则无效果。

（4）本品不得与酸性物质混合，以免分解失效。

（5）使用三十烷醇适宜温度为 20～25℃，应选择在晴天下午施药，在高温、低温、雨天、大风等不良天气下不宜施药。如果喷药后 6h 降雨，需重喷 1 次药。

（6）三十烷醇与尿素，磷酸二氢钾，微量元素如锌、硼、钼等混用，可获得更佳效果。

（7）本品应保存在阴凉干燥处，不宜受冻，药剂提倡当年生产当年使用。

附 三十烷醇相关产品

1. 芸醇乳粉

理化性质 纯品为白色，无味，可迅速溶于水。

毒性 无毒、无污染。

作用机制与特点 芸醇乳粉是由三十烷醇和芸苔素内酯构成。芸醇乳粉采用从纯天然原料蜂蜡中提取的三十烷醇，经过反应生成 2% 三十烷醇磷酸酯钾（简称 TPK）可溶性粉剂，与 0.01% 的天然芸苔素内酯和活化促进酶等一起螯合研制而成，是新一代绿色、高效、广谱的促生长型植物生长调节剂。芸醇乳粉克服了以前三十烷醇乳剂效果不稳定的缺点，可显著提高植物酸还原酶活性。本品可通过茎、叶吸收，促进细胞伸长和分裂，提高叶绿素含量，促进光合作用，激活生物酶，还可促进蛋白质的合成，促进光合色素及光合辅助色素合成，使光合活性增强，生长速度加快，产量提高。促进花芽分化，提高坐果率，改善作物品质，具有良好的增产作用。具有增强植物抗病、抗旱、抗盐碱、抗倒伏能力，具解药害、肥效力强，促根壮苗，保花保果等特性。

适宜作物　水稻、小麦、玉米、棉花、茶叶、花生、果树、蔬菜、花卉、烟叶等。

剂型　粉剂、2.01%乳粉、1.51%乳粉。

应用技术　本品活性超强，用量小，成本低，适用于各种肥料，是冲施肥、叶面肥、生物肥、BB肥、大量元素水溶肥、杀菌剂、农药粉剂、除草剂等的增效添加剂。1.51%芸醇乳粉在改善果实品质上具有非常好的增甜、增色效果。芸醇乳粉具有促进型激素的通性，在低浓度下有促进作用，而在高浓度下有抑制作用。一般处理的浓度范围在 $0.01\sim1.0$mg/kg，对个别作物的最适浓度可高达 5mg/kg 或低于 0.01mg/kg。

（1）水稻　施用 2.01%芸醇乳粉，叶面喷施 $0.2\sim0.4$g/亩，以幼穗分化期和幼粒期叶面喷洒 $1\sim2$ 次为宜，返青快，分蘖多，灌浆满，抗衰抗旱，根系活力好，结实率和千粒重普遍提高。

（2）小麦　施用 2.01%芸醇乳粉，一般可增产 10%～15% 左右。在小麦的孕穗期、抽穗期、扬花期、灌浆期进行叶面喷施，均可观察到增产效果，其中孕穗期处理最佳。对北方麦区，则宜于扬花期再喷一次，以防"干热风"的袭扰。叶面喷施 $0.2\sim0.4$g/亩。若与 0.2%磷酸二氢钾混喷，则效果更为显著。

（3）玉米　喷 2.01%芸醇乳粉，大小头几乎一样粗，尖端玉米籽粒饱满没有突尖现象，增产 20% 左右。

（4）棉花　施用 2.01%芸醇乳粉，一般增产 10%～15%。最佳浓度为 0.1mg/kg，施用时期以盛花期叶面喷洒效果较好。用同样浓度浸泡棉花种子，效果也很好。棉花喷洒 1.51%芸醇乳粉，还可以结合杀虫剂和杀菌剂混合施用，与速效肥料（如尿素、磷酸二氢钾等）混施效果更为显著。

（5）茶叶　用 2.01%芸醇乳粉不但能提高茶叶质量，而且对茶叶品质也有良好的影响。喷药后，一般可增产 10% 左右，茶叶中的氨基酸含量也有所提高。处理的浓度范围 $0.5\sim1.0$mg/kg，喷施时期应掌握在采摘前 $5\sim6$d（一芽一叶初展期）进行叶面喷施。或与尿素混合喷施，效果更佳。

（6）花生　施用 2.01% 芸醇乳粉，一般可增产 10%～15%。处理浓度范围为 0.1～1.0mg/kg，最适浓度为 0.5mg/kg。施用时期以始花期和盛花期各喷一次为宜。浸泡也有一定效果。用 2.01% 芸醇乳浸种，可提高花生的出苗率，增加开花数。花期进行叶面喷施，可促进花生植株长高，枝叶增加，叶绿素含量和光合强度提高，促进叶片从土壤和空气中吸收氢。

（7）果树　喷施 2.01% 芸醇乳粉可增产 15%～25%，最适浓度为 0.1～0.2mg/kg，在始花期、生理落果前期和生理落果中期各喷施一次。增产主要表现在坐果率和单果重均明显增加。

（8）蔬菜　喷施 2.01% 芸醇乳粉，叶面喷施 3.0g/hm²，在幼苗期喷施一次，生长期喷施 1～2 次可提高叶绿素含量，叶面浓绿油亮，光合作用强，产量提高。

（9）花卉　喷施 2.01% 芸醇乳粉，叶面喷施 1.5～3.0g/hm²，在生长期喷施 1～2 次，可使叶面浓绿，开花数增加，花朵鲜艳，抗逆性提高，观赏期增长。

（10）烟叶　用 2.01% 芸醇乳粉，于定植后、团棵期、旺长期各喷一次，可使苗壮、叶片增厚、抗逆性提高、增产、提早采收、烤烟色泽好、等级高。

注意事项

（1）叶面喷雾：每公顷用 0.1～0.2g 兑水 225～450kg。

（2）冲施、滴灌、基施：150～250g/hm²。

（3）大量元素水溶肥、有机肥、复混肥建议用量 150～225g/hm²。

2. 促保利素（BTZT）

其他名称　三十烷醇＋芸苔素内酯＋玉米素。

理化性质　白色粉末或晶体，无味，熔点 230～240℃，可溶于水，pH5～6，不受酸碱的影响，不潮解、不水解、不分解等。

毒性　无毒，无残留，无污染。

作用机制与特点　促保利素是由郑州信联生化科技有限公司依据植物生理的自身生长机理，引进德国专利配方开发的集调节植物生长的抗逆性、促进光合性及细胞分裂素于一体的高效肥料增效剂，是由芸苔素内酯、细胞分裂素、三十烷醇复配而成的三合一的复合微乳粉，主要作用是促根、保花、利果。可增强叶绿素含量，增加叶面积，增强光合作用和同化作用；在低浓度下，可打破休眠，促进种子萌发，提高发芽率；可增加植物体内还原糖、自由氨基酸的水平，提高多酚氧化酶、淀粉磷酸化酶等酶类的活性，促进淀粉转化为糖；可改善细胞透性，提高抗逆能力；在植物受到侵害时，可提高植物自身保护机制，提高抗病性，以及具有平衡作物营养、解药害、提高药肥效力的特点。与肥料复配可提高植物对肥料的利用速度，刺激植物不再搁肥，增强植物对肥料的吸收运输能力。

适宜作物　玉米、小麦、水稻、大豆、马铃薯、大蒜、牧草等。

应用技术　叶面喷施 10～25mg/kg（苗期 0.3～0.5g）；滴灌、冲施 15～20g/亩；与液体药肥混配，效果最佳。一般喷施浓度为 0.3～0.8g/亩。

以 0.3～0.5g/亩喷施玉米幼苗，茎叶干重增加 35%；

以 0.4～0.6g/亩喷施大豆，结果籽实量增加 25%；

以 0.6～0.8g/亩喷马铃薯及萝卜，增产 50%；

以 0.5g/亩喷施牧草，产量增加 11.92%；

以 0.6g/亩在水稻孕穗期、齐穗期用促保利素各喷施 1 次，一般结实率可提高 7% 以上，千粒重增加 0.2～0.9g，产量提高 10% 左右。

三唑酮

（triadimefon）

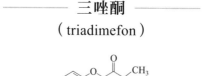

$C_{14}H_{16}ClN_3O_2$，293.75，43121-43-3

化学名称　1-(4-氯苯氧基)-3,3-二甲基-1(1H-1,2,4-三唑-1-基)-2-丁酮。

其他名称　粉锈宁，百理通，百菌酮，立菌克，植保宁，菌克灵，Amiral，Bayleton。

理化性质　纯品为无色结晶，有特殊芳香味，熔点 82.3℃，不溶于水，在水中易扩散，20℃时在水中的溶解度为 260mg/L，溶于甲苯、环己酮、三氯甲烷。溶解度（g/L，20℃）：二氯甲烷、甲苯＞200，异丙醇 50～100，己烷 5～10。商品为浅黄色粉末，在酸性和碱性介质中较稳定，在正常情况下，贮存两年以上不变质。在塘水中半衰期 6～8 天。

毒性 大鼠急性经口 LD_{50} 为 $1000 \sim 1500mg/kg$，雄小鼠为 $989mg/kg$，雌小鼠为 $1071mg/kg$；雄大鼠急性经皮 $LD_{50} > 1000mg/kg$；大鼠急性吸入 $LC_{50} > 439mg/m^3$。对皮肤、黏膜无明显刺激作用。大鼠 3 个月喂养无作用剂量为 $2000mg/kg$，狗为 $600mg/kg$。雄大鼠 2 年喂养无作用剂量为 $500mg/kg$，雌大鼠为 $50mg/kg$，狗为 $330mg/kg$。动物试验无三致作用。鲤鱼 LC_{50} 为 $7.6mg/kg$（48h），鲫鱼 $10 \sim 15mg/kg$（96h），虹鳟鱼为 $14mg/kg$（96h），金鱼 $10 \sim 50mg/kg$（96h）。鹌鹑急性经口 LD_{50} 为 $1750 \sim 2500mg/kg$，雌鸡 $5000mg/kg$，对蜜蜂、家蚕无影响。

作用机制与特点 为三唑类化合物，登记为杀菌剂，具有高效、广谱、低残留、残效期长，内吸性强的特点，具有预防、铲除、治疗和熏蒸作用，持效期较长。其杀菌作用为抑制麦角甾醇的生物合成，因而抑制或干扰菌体附着孢及吸器的发育、菌丝的生长和孢子的形成。还具有三唑类植物生长调节剂的功能，能使叶片加厚、叶面积减少，可提高植物抗逆性、光合作用和呼吸作用，延迟地上部分生长，有利于提高产量。

适宜作物 主要用于防治麦类、果树、蔬菜、瓜类、花卉等作物的病害。

剂型 5％、10％、15％、25％可湿性粉剂，10％、20％、25％乳油，25％胶悬剂。

应用技术

（1）花生 用 $300\sim500mg/kg$ 三唑酮溶液在花生盛花期喷洒叶面，可抑制花生地上部分生长，有利于光合产物向荚果输送，增加荚果重量。在花生幼苗期用 $300mg/kg$ 喷洒，可培育壮苗，提高抗干旱能力。

（2）菜豆、大麦、小麦 用三唑酮处理，可抑制其营养生长。

注意事项

（1）要按规定用药量使用，否则作物易受药害。

（2）可与碱性以及铜制剂以外的其他制剂混用。拌种可能使种子延迟 $1\sim2d$ 出苗，但不影响出苗率及后期生长。

（3）操作时注意防护，无特效解毒药，如误食，只能对症治疗，应立即催吐、洗胃。

（4）药剂置于干燥通风处。

噻苯隆

（thidiazuron）

$C_9H_8N_4OS$，220.25，51707-55-2

化学名称　1-苯基-3-(1,2,3-噻二唑-5-基)脲。

其他名称　脱叶灵，脱落宝，脱叶脲、赛苯隆、益果灵，噻唑隆，艾格福，棉叶净，Difolit，Dropp，TDS，DEF。

理化性质　纯品为无色无嗅结晶体，熔点213℃（分解）。水中溶解度（20℃）为2.3mg/L，其他溶剂中溶解度（mg/kg，20℃）：甲醇4.2，二氯甲烷0.003，甲苯0.4，丙酮6.67，乙酸乙酯1.1，己烷0.002。对热和酸性介质稳定，在碱性介质中会慢慢分解。制剂外观为浅黄色透明液体，pH6.0～8.0。能被土壤强烈吸收，$DT_{50} < 60d$（大田条件）。

毒性　大鼠急性经口$LD_{50} > 4000mg/kg$，急性经皮$LD_{50} > 1000mg/kg$。对眼睛有轻度刺激作用，对皮肤无刺激性。对鱼类高毒。对蜜蜂无毒。工作环境允许浓度小于$0.5mg/m^3$。

作用机制与特点　噻苯隆是一种高效脱叶剂，经由植株茎、叶吸收，传导到叶柄与茎之间，可促进叶柄与茎之间的分离组织自然形成而脱落。噻苯隆具有强烈促进细胞分裂活性，使棉桃早熟开裂，易于采摘，还能使棉花增产10%～20%。较高浓度下可以作为脱叶灵使用，可刺激乙烯形成，促进果胶增多和纤维素酶活性增强，从而促进成熟叶片脱落，加快棉桃吐絮；较低浓度则可以起到膨果的作用，能诱导植物细胞分裂、一些植物愈伤组织分化出芽，因而也可作坐果剂。

适宜作物　主要用作棉花落叶剂。对菜豆、大豆、花生等作物也具有明显的抑制生长的作用，在植物组织培养基上也有应用。

剂型　50%可湿性粉剂；混剂如噻苯隆＋萘乙酸，噻苯隆＋6-苄氨基嘌呤，噻苯隆＋敌草隆，噻苯隆＋硫氰酸盐（或酯）。

应用技术

（1）脱叶　棉花后期使用噻苯隆促进落叶和开桃，可提高品质且利于机械采收，提高生产效率。噻苯隆促使棉花落叶的效果，取决于许多因素及相互作用。主要是温度、湿度以及施药后的降雨量。气温高、湿度大时效果好。使用剂量与植株高矮和相对密度有关。在我国中部，每亩5000株的条件下，于9月末每亩用50％噻苯隆可湿性粉剂100g，加水50～75kg进行全株叶面处理，施药后10d可使落叶、吐絮增多，15d达到高峰，20d后有所下降。上述处理剂量有利于作物提前收获和早播冬小麦，而且对后茬作物生长无影响。噻苯隆可使棉花早熟，棉铃吐絮相对提前、集中，增加霜前棉的比例，使棉花不夹壳、不掉絮、不落花，增加纤维长度，提高衣分，有利于机械、人工采收。噻苯隆药效维持时间较长，叶片在青绿状态下就会脱落，彻底解决"枯而不落"的问题，减少叶片对机采棉的污染，提高机械化采棉作业的质量和效率。同时，对蚜虫也有较强的抑制作用。所以，噻苯隆在棉花种植上的使用越来越广泛。

（2）抑制生长

① 黄瓜　用2mg/kg噻苯隆喷洒即将开放的黄瓜雌花花托，可促进坐果，增加单果重。

② 芹菜　芹菜采收后，用1～10mg/kg噻苯隆喷洒绿叶，可使芹菜叶片较长时间保持绿色，延缓叶片衰老。

（3）增加产量、提高品质

① 葡萄　用4～6mg/kg的噻苯隆药液在花期喷洒植株，每亩药液75kg（稀释175～250倍），均匀喷雾。有增产、提质、增效、抗病等效果，尤其对酿酒葡萄增产效果明显，不足之处是成熟期推迟。

② 甜瓜　用2.5～3.3mg/kg的噻苯隆药液喷洒植株，可增产、提高坐果率。

注意事项

（1）不要在棉桃开裂60％以下时喷施，以免影响品质和产量，同时要注意降水情况，施药后2d内下雨会影响药剂效果。

（2）要根据棉花种植密度和植株的高矮灵活掌握施药剂量，一般每亩种植5000株时用药100g，种植株数少可减少用药量。

（3）贮存处远离食品、饲料和水源。施药后要认真清洗喷雾器。清洗容器和处理废旧药液时，注意不要污染水源。

（4）操作时注意防护，喷药时防止药液沾染眼睛，避免吸入药雾和粉尘。

噻节因

（dimethipin）

C$_6$H$_{10}$O$_4$S$_2$，210.3，55290-64-7

化学名称　2,3-二氢-5,6-二甲基-1,4-对二硫杂环-1,1,4,4-四氧化物。

其他名称　落长灵，哈威达，UBI-N252，Harvade，Oxydimethin，N$_2$S$_2$。

理化性质　白色结晶，熔点 162~167℃，相对密度 1.59（23℃）。微溶于水，溶解度（25℃，g/L）：水 4.6，乙腈 180，二甲苯 9，甲醇 10.7。稳定性为在 pH3、pH6 和 pH9 条件下稳定；在 20℃ 下稳定 1 年，55℃ 下为 14d，光照（25℃）≥7d。能水解。pK$_a$10.88，微酸性。

毒性　大鼠急性口服 LD$_{50}$ 为 1180mg/kg 体重，兔急性皮试 LD$_{50}$＞8000mg/kg 体重。对人眼睛有刺激，对兔眼睛刺激性严重，对兔皮肤无刺激性，对豚鼠致敏性较弱。大鼠吸入 LC$_{50}$（4h）1.2mg/L。NOEL 数据（2 年）为大鼠 2mg/kg，狗 25mg/kg，对这些动物无致癌作用。ADI 值为 0.02mg/kg。野鸭和小齿鹑饲喂 LC$_{50}$（8d）＞5000mg/kg。鱼 LC$_{50}$（96h，mg/kg）：虹鳟 52.8，翻车鱼 20.9，羊肉鲷 17.8。蜜蜂 LD$_{50}$＞100μg/只（25% 制剂），蚯蚓 LC$_{50}$（14d）＞39.4mg/kg（25% 制剂）。水蚤 LC$_{50}$（48h）为 21.3mg/kg。

作用机制与特点　局部内吸性化合物。能促进植物叶柄离层区纤维素酶的活性，诱导离层形成，引起叶片干燥而脱落。药剂不能在植物体内运输。可使棉花、苗木、香蕉树和葡萄树脱叶，还能促进早熟，并能降低收获时亚麻、油菜、水稻和向日葵种子的含水量。可作脱叶剂、干燥剂或疏果剂，高浓度时可作除草剂。

适宜作物　噻节因促进叶片脱落或干燥，促使棉花、玉米、苗木、橡胶树和葡萄树脱叶，马铃薯蔓干燥；也用于降低水稻和向日葵收获时种子中的含水量；还能促进水稻、油菜、亚麻、向日葵等成熟。

剂型　22.4% 悬浮剂，50% 可湿性粉。商品 Harvade 为含 50% 噻节因的可湿性粉剂。

应用技术

（1）棉花 棉铃 80％开裂时，在正常收获前 7～14d，用 350～700mg/kg 噻节因溶液喷洒叶面，可促进棉叶脱落，不影响子棉产量和纤维长度。如处理过早，将降低棉籽质量。

（2）水稻 收获前 14～20d，用 350～700mg/kg 噻节因溶液喷雾，可促进水稻穗头干燥与成熟，防止成熟前阴雨穗头发霉。

（3）马铃薯 收获前 14～20d，用 700～1400mg/kg 噻节因溶液喷洒茎蔓，能使地上部分迅速干燥，促进地下部块茎形成，有利于收获。

（4）干菜豆 收获前 14d，用 350～700mg/kg 噻节因溶液喷洒，可促进荚果干燥，叶片脱落，提早成熟。

（5）向日葵 收获前 14～21d，苞片呈棕色时，用 350～1400mg/kg 噻节因溶液喷雾，能促进叶片脱落，使花盘干燥，防止成熟前遇阴雨花盘发霉。

（6）苹果 幼果直径约 1.2cm 时，用 5～500mg/kg 噻节因溶液喷洒，可起疏果作用。果实长成后，收获前 10～14d，用 12.5～25mg/kg 噻节因溶液喷洒全株，可诱导果柄离层形成，叶片脱落，进入休眠，防止霜害。

（7）葡萄 收获前 10～14d，用 350～700mg/kg 噻节因溶液喷雾，能促进脱叶，使叶片中的营养物质转移到果实中，提高果实品质，也便于机械收获。

注意事项

（1）对眼睛和皮肤有刺激性，操作时不要让药液溅入眼中，最好戴防护镜，操作后要用肥皂水洗手、洗脸。

（2）喷药时药液中加展着剂可提高药效。

（3）该药是一种悬浮剂，使用前摇匀；加乙烯利可抑制棉花再生长，促进成熟和棉铃开裂。

（4）要求喷后无雨的时间为 6h。

--- **噻菌灵** ---

（thiabendazole）

$C_{10}H_7N_3S$，201.25，148-79-8

化学名称 2-(噻唑 4-基)苯并咪唑。

其他名称 特可多，涕必灵，噻苯灵，噻苯咪唑，硫苯唑，默夏多。

理化性质 灰白色或白色无味粉末。熔点 304～305℃，在室温下不挥发，加热到 310℃升华。在水中溶解度随 pH 值而改变，在 25℃、pH 为 2.0 时，约为 1%；pH 为 5～12 时低于 0.005%；本品溶于甲苯、丙酮、苯、氯仿等有机溶剂。在室温下有机溶剂中的溶解度（g/L）：丙酮 2.8，苯 0.23，氯仿 0.08，甲苯 9.3，二甲亚砜 80。在水、酸、碱性溶液中均稳定。

毒性 大鼠急性口服 LD_{50} 为 3330mg/kg；小鼠口服急性毒性 LD_{50} 为 3810mg/kg；大白兔口服急性毒性 LD_{50} 为 3850mg/kg。每天用 100mg/kg 的药量饲喂大鼠 2 年以上的慢性毒性试验中，未发现有明显的不利影响。对蜜蜂无毒，对鱼类和野生动物安全。对人的眼睛有刺激性，对皮肤也有轻微的刺激性。世界粮农组织和卫生组织 1981 年规定，噻菌灵每天允许摄入量为 0.3mg/kg。

作用机制与特点 是一种高效、广谱、国际上通用的嘧啶胺类内吸性杀菌剂，对侵袭谷物、水果和蔬菜的病原菌如交链孢、寄生霜霉、灰霉枝孢和根霉等具有良好的预防和治疗作用，对子囊菌、担子菌和半知菌真菌具有抑菌活性，用于防治多种作物真菌病害及果蔬防腐保鲜，对果蔬的贮藏病害有保护和治疗作用，低浓度下就能抑制果蔬贮存中的致病菌。用浓度为 2.5mg/kg、5mg/kg、10mg/kg 的噻菌灵可分别抑制黑色蒂腐菌、褐色蒂腐菌、青霉菌和绿霉菌的生长，对轮纹病菌（*Macrophoma kawatsukai*）、黑星菌（*Fusicladium dendriticum*）、蛇孢菌素（*Polysytalum pustulum*）、灰葡萄孢菌（*Botrytis cinerea*）、长蠕孢菌（*Helminthos porium*）、镰刀菌（*Fusarium* spp.）等亦有良好的抑制作用，但对疫霉菌（*Phytophthora* spp.）、根腐菌、根霉菌等无效。用它处理柑橘有褪绿作用，并能保持果蒂的新鲜。但连续单独使用后会产生抗性，药效会逐渐降低。

适宜作物 噻菌灵广泛用于果蔬的防腐保鲜。根据西班牙市场残留分析表明，受检样品 91% 是用噻菌灵处理过的。该药品能有效地抑制柑橘青霉病、绿霉病，苹果和梨轮纹病，白菜真菌性腐烂病和马铃薯贮藏期的一些病害，用噻菌灵处理伏令夏橙返青果，可以加快转黄。作为保鲜剂，我国规定可用于水果保鲜，最大使用量为 0.02g/kg。农业上可用于土豆、粮食和种子的防霉。

剂型 42%悬浮剂，60%可湿性粉剂，3%烟剂，水果保鲜纸，有效含量为 7g/60g 的熏蒸药片等。

应用技术

（1）甜橙　经试验，甜橙采收后第二日，在 800～1000mg/kg 的噻菌灵药液中加入 200mg/kg 2,4-滴浸果，然后用塑料薄膜单果包装放入垫纸竹箩，贮藏 132d 好果率达 95.3%，贮存 188 天好果率达 89%。对青霉病、绿霉病的防效好于多菌灵。用噻菌灵保鲜剂处理的果实风味与对照果实相差不多。果实内可溶性固形物、果汁率与入库前相比，变化不大，但有机酸有所下降。

（2）锦橙橘　采收后，用浓度为 0.2% 的噻菌灵加 200mg/kg 2,4-滴的混合液处理，单果包装，装入瓦楞纸果箱，贮存于普通库房，库温为 7～13.5℃，相对湿度为 87%～100%，贮藏 65d 后好果率达95.3%。另据研究，用 500mg/kg 的噻菌灵浸果处理伏令夏橙，置于 20℃ 防空洞内贮存 5 个月，好果率为 95%，稍高于抑霉唑处理的果实，且抗潮湿性强。其返青褪绿的效果以 10～20℃ 条件下转色最快，150d 后有 60% 以上转黄。

（3）马铃薯　处理方法有三种：一是种植前处理，即种植前用药处理贮藏的种薯块茎。二是贮前处理。三是贮后处理。用水将噻菌灵胶悬剂稀释成 2%～4% 的溶液，以液压喷雾器喷洒块茎，块茎用 1～2L/t 药液，块茎的用药量为 40g/t（有效成分）。因噻菌灵挥发性差，处理块茎时应使 100% 表面均匀蘸药，晾干后放入聚乙烯塑料薄膜袋内贮藏。噻菌灵粉剂、胶悬剂及混合剂都可用于块茎贮前喷洒。对于粉剂施药方法，英国以振动撒粉器处理块茎。马铃薯贮前用药剂处理效果较好，但也有在马铃薯贮藏后利用热雾机使用烟剂熏蒸的。

（4）白菜真菌性软腐病　白菜收获后用有效含量为 0.5～0.6g/kg 的噻菌灵药液从顶部喷洒处理，喷洒后将白菜上多余的药液沥干，并在贮藏的第一个月内增加空气流通，风干白菜的外层，在库温 0～1℃、相对湿度为 90% 的条件下，可贮存 9 个月。

（5）白菜细菌性软腐病　使用有效剂量为 33g/L 的噻菌灵烟雾剂处理白菜。

（6）豆荚　用 500mg/kg 噻菌灵药液浸泡谷壳，保鲜液与谷壳之比为 10∶1，浸泡 0.5h 后捞出滤干，带药谷壳与豆荚相间放入纸箱。在温度为 10℃、相对湿度为 80%～90% 的条件下，可保存 2 周，豆荚的好果率为 78%。

注意事项

（1）噻菌灵能刺激人的皮肤和眼睛，应避免与皮肤和眼睛接触，如有沾染要用大量清水清洗。

（2）浸果过程中，要不断搅拌药液，定时测定浓度的变化，及时加药补充，以使受药均匀，达到预期效果。

（3）采用机械喷果，预先要清洗果面，最好应用减压闪蒸，待果面水分干了后再进行喷淋处理。

（4）噻菌灵与其他苯并咪唑类药物一样，易产生抗药性，不能连续使用，应注意和其他保鲜剂交替、混合使用。

（5）噻菌灵与邻苯基酚钠混用可增加药效。

杀木膦

（fosamine-ammonium）

$C_3H_{11}N_2O_4P$, 170.11, 25954-13-6

化学名称 氨基甲酰基膦酸乙酯铵盐。

其他名称 调节膦、膦胺素、蔓草膦、安果磷、安果、膦胺。

理化性质 工业品纯度大于95%。纯品为白色结晶，熔点173～175℃，相对密度1.24，溶解度（g/kg，25℃）：水中＞2500，甲醇158，乙醇12，二甲基甲酰胺1.4，苯0.4，氯仿0.04，丙酮0.001，正己烷＜0.001。稳定性为在中性和碱性介质中稳定，在稀酸中分解，pK_a 9.25。

毒性 大鼠急性经口 LD_{50} ＞5000mg/kg，兔急性经皮 LD_{50} ＞1683mg/kg。对兔皮肤和眼睛没有刺激。对豚鼠皮肤无致敏现象。雄大鼠急性吸入 LC_{50} ＞56mg/L 空气（制剂产品）。1000mg/kg 饲料喂养大鼠90d未见异常。绿头鸭和山齿鹑急性经口 LD_{50} ＞10000mg/kg。绿头鸭和山齿鹑饲喂试验 LD_{50} 为5620mg/kg饲料。鱼毒 LC_{50}（96h）为蓝鳃翻车鱼590mg/kg，虹鳟鱼300mg/kg，黑头呆鱼＞1000mg/kg。水蚤 LC_{50}（48h）为1524mg/kg。蜜蜂 LD_{50} ＞200mg/只（局部施药）。杀木膦可被土壤微生物迅速降解，半衰期约7～10d。

作用机制与特点 低浓度的杀木膦是植物生长调节剂，主要经由茎、叶吸收，进入叶片后抑制光合作用和蛋白质的合成，进入植株的幼嫩部位抑制细胞的分裂和伸长，使植株株型矮化，抑制新梢生长。杀木膦还能增强植物体内过氧化物酶和吲哚乙酸氧化酶的活性，加快内源生长素的分解，抑制营养生长，保证生殖生长对营养的需要，从而提高坐果率和增加产量，并具有整枝、矮化、增糖、保鲜等多种生理作用。

高浓度的杀木膦（15000～60000mg/kg）是一种除草剂，因为它可抑制光合反应过程中的光合磷酸化，因而使植物因缺乏能量而死亡。可防除森林中的杂灌木和缠绕植物。

剂型 40%、41.5%水剂。

适用作物 适用于柑橘等果树控制夏梢，增加结实，用作观赏植物化学修剪及花卉保鲜等，柏树、油松、云杉、红松、樟子松等幼林地灭灌除草。防治灌木萌条，包括胡枝子、榛材山丁子、杞柳、佛头花、荚莲、连翘、醋栗、山杏、接骨木、鼠李、刺槐、山楂、山麻黄、悬钩子、柳树、楸树、野蔷薇以及蒙古柞、桦、杨、榆树的萌条和某些蕨类、水蒿等杂草。

应用技术

（1）使用方式 使用时，将药液由植物顶端由上向下喷洒，施药剂量、时间视施药对象、施药环境而定。

（2）使用技术

① 防除和控制杂草及灌木生长 杀木膦可以防除和控制多种杂草及灌木生长，以促进目的树种的生长发育。用药量 2.4～7.2kg（a.i.）/hm^2，秋季落叶前 2 个月，用 150～300kg/hm^2 的药量喷雾。有效控制时间为 2～3 年。

② 控制柑橘夏梢生长 用作植物生长调节剂，它可以控制柑橘夏梢，减少刚结果柑橘的"6 月生理落果"，在夏梢长出 0.5～1.0cm 长时，以 500～750mg/kg 喷洒 1 次就能有效地控制夏梢的发生，增产 15%以上。

③ 促进坐果，提高果实含糖量

a.葡萄 浆果开始膨大后，即成熟前 30d，用 500～1000mg/kg 的药液全株喷施 1 次。

b.番茄 在番茄旺盛生长时期用 500～1000mg/kg 药液喷洒一次，可促进坐果，增加维生素 C 含量，提高转化酶活性，增加果实含糖量。

④ 矮化、整枝 在 1～2 年生橡胶树于顶端旺盛生长时用 1000～1500mg/kg 喷洒 1 次，可促进侧枝生长，起矮化橡胶树的作用。

⑤ 增加产量 在花生下针期用 500～1000mg/kg 喷洒一次，能有效地控制花生后期无效花，减少养分消耗，增产 10%以上，使花生叶

片厚度增加，上、中部叶片尤其明显。在结荚中期喷洒浓度为 500mg/kg，喷液量为 750kg/hm²，则明显促进荚果增大，饱果数增多，百果重及百仁重均增加。

⑥ 用于延长玫瑰、月季保鲜时间。

⑦ 防除根桩萌条，用 5％水溶液处理刚砍伐的根桩截面即可。

注意事项

（1）高浓度的杀木膦是一种除草剂，当使用浓度为 1000～5000mg/kg 时，可抑制植株生长；15000～60000mg/kg 时，可抑制植物光合作用，杀灭植物。故在作为植物生长调节剂使用时，必须严格掌握剂量，以免发生药害。

（2）配药时，要用清洁水稀释药液，切勿用浑浊河水，以免降低药效。喷后药液进入植物体内一般需要 24h，如喷后 6h 内下雨须补喷，但要注意避免过量喷药。使用时，将药液由植物顶端开始自上而下喷洒。被处理的灌木一般不宜超过 1.5m，过高地面喷洒有困难。落叶前 20d 最好不要喷药，以免延长植物的休眠期。

（3）因杀木膦是铵盐，对黄铜或铜器及喷雾器零件易腐蚀，因此药械使用后应立即冲洗干净。

（4）注意安全防护，勿让药液溅到眼内，施药后用肥皂水清洗手、脸。若误服中毒，应立即送医院诊治，采用一般有机磷农药的解毒和急救方法。

（5）果树只能连续 2 年喷洒杀木膦，第三年要改用其他调节剂，以免影响树势。

（6）杀木膦可与少量的草甘膦、赤霉素、整形素或萘乙酸混用，有增效作用。但不能与酸性农药混用。

杀雄啉

（sintofen）

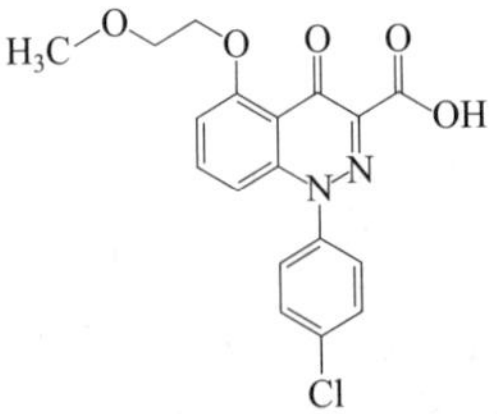

$C_{18}H_{15}ClN_2O_5$，374.78，130561-48-7

化学名称　1-(4-氯苯基)-1,4-二氢-5-(2-甲氧基乙氧基)-4-氧代-喹啉-3-羧酸。

其他名称　津奥啉，Achor，Sintofen，Croisor，SC-2052。

理化性质　原药杀雄啉为淡黄色粉末，略带气味，熔点 260～263℃；不溶于水，相对密度 0.06，轻轻拍实后相对密度为 0.14，微溶于水和大多数溶剂；溶于 1mol/kg NaOH 溶液。制剂外观为红棕色水剂，相对密度 1.1，pH 8.2～8.7。

毒性　原药大鼠急性经口 LD_{50}＞1000mg/kg，制剂大鼠经口 LD_{50}＞5000mg/kg，经皮 LD_{50}＞2000mg/kg。对兔眼睛无刺激作用，对动物皮肤无刺激作用，对动物无致畸、致突变、致癌作用。10000mg/kg 对大鼠繁殖无不良影响。在水和土壤中半衰期约 1 年。鹌鹑和野鸭急性经口 LD_{50}＞2000mg/kg，对蜜蜂接触 LD_{50}＞100μg/只。鳟鱼无作用剂量为 324mg/kg（48h）。

作用机制与特点　杀雄啉是植物生长调节剂。主要用作杀雄剂，能阻滞禾谷类作物花粉发育，使之失去受精能力而自交不实，从而可进行异花授粉，获取杂交种子。用于小麦及其他小粒谷物花粉形成前，绒毡层细胞是为小孢子发育提供营养的组织，药剂能抑制孢粉质前体化合物的形成，使单核阶段小孢子的发育受到抑制，药剂由叶片吸收，并主要向上传输，大部分存在于穗状花絮及地上部分，根部及分蘖部分很少。空气湿度大时，利于吸收。

适宜作物　主要用作小麦杀雄剂。

剂型　33%水剂。

应用技术

（1）春小麦　在幼穗长到 0.6～1cm，即处于雌、雄蕊原基分化至药隔分化期之间，为施药适期。亩用 33%水剂 140g，兑水 17～20kg，喷洒叶面，雾化均匀不得见水滴。可使雄性相对不育率达 98%以上，自然异交结实率达 65%，杂交种纯度达 97%以上，而且副作用小。

（2）冬小麦　在小麦雌、雄蕊原基形成至药隔分化期，小穗长 0.55～1cm 时，亩用 33%水剂 100～140g，兑水 17～20kg 喷植株顶部。若在减数分裂期施药，杀雄效果显著降低；在春季气温回升快、冬小麦生长迅速的地区，宜在幼穗发育期适时施药。

注意事项

（1）不同品种的小麦对杀雄啉反应不同，对敏感系在配制杂交种之前，应对母本基本型进行适用剂量的试验研究。

（2）用 33％水剂施药量在 180g/亩以上时，则会抑制株高和穗节长度，还会造成心叶和旗叶皱缩、基部失绿白化、生长缓慢、幼小分蘖死亡、抽穗困难、穗茎弯曲。

（3）应在温室避光保存。使用前如发现结晶，可加热溶解后再用，随配随用。

十一碳烯酸
（9-undecylenic acid）

$C_{11}H_{20}O_2$，184.28，112-38-9

化学名称　十一碳烯酸。

其他名称　10-十一烯酸，10-十一他丙烯酸，十一烯酸。

理化性质　本品为油状液体或晶体，熔点 24.5℃，沸点 275℃/201.3kPa（分解），25℃时相对密度为 0.9072，不溶于水，溶于乙醇、三氯甲烷和乙醚。其碱金属盐可溶。

毒性　大白鼠急性经口 LD_{50} 为 2500mg/kg，浓度＞10％时对皮肤有刺激。对人和牲畜有局部的抗菌作用。

作用机制与特点　本品可作脱叶剂、除草剂和杀线虫剂使用。

适宜作物　可作植物的除草剂、脱叶剂。

剂型　可溶性盐类的水溶液。

应用技术　0.5％～32％的十一碳烯酸盐可作脱叶剂。本品对蚊蝇有驱避作用，但超过 10％时刺激皮肤。

注意事项　本品不宜受热，需避光、低温贮存。药液对皮肤具有刺激性，操作时避免接触。中毒后无专用解毒药，应对症治疗。

水杨酸
（slicylic acid，SA）

$C_7H_6O_3$，138.12，69-72-7

化学名称 2-羟基苯甲酸。

其他名称 柳酸，沙利西酸，撒酸。

理化性质 纯品为白色针状结晶或结晶状粉末，有辛辣味，易燃，见光变暗，空气中稳定。熔点 $157 \sim 159℃$，76℃升华，微溶于冷水（1g/mL），易溶于热水（1g/15g）、乙醇（1g/2.7mL）、丙酮（1g/3mL）。水溶液呈酸性，与三氯化铁水溶液生成特殊紫色。

毒性 原药大鼠急性口服 LD_{50} 为 890mg/kg，国外大白鼠经口 LD_{50} 为 1300mg/kg。

作用机制与特点 水杨酸为植物体内含有的天然苯酚类植物生长调节剂，可被植物的叶、茎、花吸收，具有相当强的传导作用。水杨酸最早是从柳树皮中分离出来的，名叫柳酸，广泛用于防腐剂、媒染剂及分析试剂。研究发现在水稻、大豆、大麦等几十种作物的叶片、生殖器官中含有水杨酸，是植物体内一种不可缺少的生理活性物质。从其现有的生理作用来看，一是提高作物的抗逆性，二是有利于花粉的传授。可用于促进生根，增强抗性，提高产量等。

适宜作物 促进菊花插枝生根，提高甘薯、水稻、小麦等作物的抗逆能力。

剂型 99%粉剂。

应用技术

（1）提高作物的抗逆性

① 番茄 将绿熟番茄用 0.1%水杨酸溶液浸泡 $15 \sim 20min$。可加大番茄果实硬度，增强抗病力，有效保存果实新鲜度，延长货架期。

② 大豆 在大豆七叶期喷洒 20mg/kg 水杨酸溶液，能够加快主茎生长，提前开花，增加单株开花数、结荚数、百粒重和产量。

③ 甘薯 在甘薯块根膨大期，用 0.4mg/kg 水杨酸处理（加 0.1%吐温-20），可使叶绿素含量增加，减少水分蒸腾，增加产量。

④ 烟草 水杨酸与 Bion（是 acibenzolar-S-methyl 的商品名，一种植物活化剂）混用[（$5 \sim 50$）mg/kg＋（$35 \sim 70$）mg/kg]，既可提高对烟草花叶病的防治效果，又可提高对其他病害的防效作用。

（2）促进生根

① 水稻 幼苗用 $1 \sim 2$mg/kg 水杨酸处理，能促进生根，减少蒸腾，增强耐寒能力。

② 小麦 用 0.05%水杨酸溶液 75mL/m^2 喷施，可促进小麦生根，减少蒸腾，增加产量。

③ 菊花　与萘乙酸混用可促进菊花生根。方法是用菊花插枝基部蘸粉，粉剂配方如下：萘乙酸（NAA）0.2%＋水杨酸0.2%＋抗坏血酸0.2%＋硼酸0.1%＋克菌丹5%＋滑石粉92.3%＋水2%。

注意事项

（1）需密封暗包装，产品存放于阴凉、干燥处。

（2）对不同果蔬保鲜效果不同。

（3）水杨酸虽有抗逆等生理作用，但生理作用并不十分明显，应混用以提高其生理活性，提高其在农业生产上的实用性。

四甲基戊二酸

（tetramethyl glutaric aciduria）

化学名称　四甲基戊二酸。

理化性质　白色粉末，味微酸，溶于水，不溶于醇，熔点205℃。大量存在于谷类蛋白质中，动物脑中含量也较多。

毒性　急性口服LD_{50}：大鼠6300mg/kg，小鼠＞2500mg/kg。大鼠吸入无作用剂量为200～400mg/kg，小鼠经口无作用剂量为1298mg/kg。未见致突变及致肿瘤作用。

（1）植物毒性　用四甲基戊二酸促进坐果刺激生长时，水肥一定要充足，果实、蔬菜允许残留量为0.2mg/kg。

（2）生态毒性　鲤鱼LC_{50}（48h）＞100mg/kg，水蚤850mg/kg。

作用机制与特点　四甲基戊二酸是一种集营养、调节、防病为一体的高效植物生长调节剂。植物体内普遍存在着四甲基戊二酸，是促进植物生长发育的重要物质之一。四甲基戊二酸在生物体内的蛋白质代谢过程中占重要地位，参与动物、植物和微生物中的许多重要化学反应。外源四甲基戊二酸进入植物体内，具有内源四甲基戊二酸同样的生理功能。四甲基戊二酸制剂主要经由叶片、嫩枝、花、种子或果实迅速渗透到植物体内，然后传导至生长活跃的部位起作用，可促进细胞的原生质流动、加快植物发根速度、使茎伸长、叶片扩大、绿而肥厚，增加单性结实，促进果实生长，打破种子休眠，改变雌雄花比例，减少花、果的脱落。四甲基戊二酸见效快、持效期长、用量少、成本低、效率高。具备复硝酚钠、DA-6、萘乙酸的所有功能，只需复硝酚钠、DA-6、萘乙酸钠用量的50%～60%，就能达到复硝酚钠、DA-6、萘乙酸钠的所有功效，成为药、肥、杀菌剂的理想增效剂和促进剂。

（1）广谱性　四甲基戊二酸广泛适用于粮食作物、棉花作物、油料作物、瓜果蔬菜等多种作物。从播种到收获期间的任何时期均可使用。

（2）高效性　在农药、肥料中只需加一点四甲基戊二酸就可以提高药效 40% 以上，减少农药、肥料用量 20%，使药效更显神奇。

（3）提高产量、改善品质　使用四甲基戊二酸后，粮食作物籽粒饱满、千粒重增加；蔬菜作物叶片肥厚、叶色浓绿；茄果作物果肉充实、营养物质含量高、口感好。

（4）增强抗逆能力　四甲基戊二酸能促进细胞原生质流动，提高细胞活力，加速植物生长发育，增强排毒功能，提高作物抗病、抗寒、抗旱、抗盐碱、抗倒伏等抗逆能力。

（5）调节内源激素的平衡　四甲基戊二酸被植物吸收后，可以调节植物体内赤霉素、细胞分裂素、生长素、脱落酸、乙烯等内源激素的平衡，促进植物体内抗病代谢过程，提高防御酶的活性，增强抵抗能力。

适宜作物　在农、林，园艺等植物上效果均非常显著。

剂型　98% 原粉。

应用技术　四甲基戊二酸可以叶面喷施、追施、基施，使用可按量与基肥、复混肥、有机肥、追施肥配合使用。

（1）单独使用　叶面喷施量 0.1～0.2g/亩，或为 0.1～0.15mg/kg。

（2）增强植株活力，提高植株需肥欲　使用与复硝酚钠复配的多元肥料，能够充分调动和发挥植物主动吸肥吸水活力，增加根部对多元营养元素的吸收。复合肥的添加量为 12～15g/亩。

（3）与叶面肥复配使用　四甲基戊二酸钠与叶面肥复配使用，可促进植物叶片变大变厚，提高光合效率，增强叶面角质层透性，提高营养元素的渗透速率。还能给植物杀虫、抗病，起到肥料的作用，又可解除肥料间的拮抗作用，使多元肥料可同时被植物吸收同化，提高肥料利用率 30% 以上。追施和基施为 5～8g/亩；冲施肥添加量 6～8g/亩。

（4）与杀菌剂、杀虫剂复配　四甲基戊二酸与杀菌剂混用，可增强植物的免疫力，减少病原菌的侵染，明显增强杀菌剂的防效；能够增加原生质膜的透性，使杀菌剂更易杀死病原菌，增强药效；可增强杀菌剂与病原菌的亲合力，增强杀菌剂药效，添加量 0.15～0.3g/亩。

注意事项

（1）四甲基戊二酸钠应贮藏于低温干燥的地方，特别注意避免高温。

（2）贮处要与食物和饲料隔离，勿让孩童进入，使用时避免吸入药雾，避免药液与皮肤、眼睛等接触。

四环唑
（tetcyclacis）

$C_{13}H_{12}ClN_5$，273.7，77788-21-7

化学名称　（$1R$,$2R$,$6S$,$7R$,$8R$,$11S$)-5-(4-氯苯基)-3,4,5,9,10-五氮杂环[5.4.1.0$^{2.6}$.0$^{8.1}$]十二-3,9-二烯。

其他名称　Ken byo，BAS 106 W。

理化性质　本品为无色结晶，熔点190℃。溶解度（20℃，mg/kg）：水中3.7，氯仿42，乙醇2。在阳光下和浓酸中分解。

毒性　大鼠急性口服 LD_{50} 261mg/kg，大鼠急性经皮 $LD_{50} >$ 4640mg/kg。

作用机制与特点　本品抑制赤霉素的合成。

适宜作物　水稻。

剂型　可溶性粉剂（SP）10g/kg。

应用技术　从水稻抽穗前3~8d起，每周喷施1次，以出穗前10d使用效果最好。

缩水甘油酸
（OCA）

$C_3H_4O_3$，88.1，503-11-7

化学名称　缩水甘油酸。

理化性质　纯品为结晶体，熔点 36~38℃，沸点 55~60℃（66.7Pa）。有吸湿性。溶于水和乙醇。

作用机制与特点　可由植物吸收，抑制羟乙酰氧化酶的活性，从而抑制植物呼吸系统。

适宜作物 烟草，大豆。

应用技术

（1）烟草 在烟草生长期，用 $100\sim200$ mg/kg 喷洒整株，可增加烟草的产量。

（2）大豆 在大豆结荚期，用 $100\sim200$ mg/kg 喷洒整株，可增加大豆的产量。

缩株唑

$C_{16}H_{23}N_3O_2$，289.37，80553-79-3

化学名称 1-苯氧基-3-(1H-1,2,4-三唑-1-基)-4-羟基-5,5-二甲基己烷。

其他名称 BAS1100W、BAS111W、BASF111。

毒性 大鼠急性经口 LD_{50} 为 5g/kg。

作用机制与特点 本品为三唑类抑制类，可通过植物的叶或根吸收，在植物体内阻碍赤霉素生物合成中从贝壳杉烯到异贝壳杉烯酸的氧化，从而抑制赤霉素的合成。改善树冠结构，延缓叶片衰老，改进同化物分配，促进根系生长，提高作物抗低温干旱能力。秋季施用可增加油菜的耐寒性。

适宜作物 油菜。

剂型 25%悬浮液剂，国内无登记。

注意事项 本品宜贮存在阴凉场所，勿靠近食物和饲料处贮藏；避免药液接触眼睛和皮肤。发生误服，应催吐，本品无专用解毒药。

松脂二烯
（pinolene）

$C_{20}H_{34}$，274.5，34363-01-4

化学名称 2-甲基-4-(1-甲基乙基)-环己烯二聚物。

其他名称 Vapor-Gard，Miller Aide，NU FILM17。

理化性质 存在于松脂内的一种物质，沸点175～177℃。相对密度0.8246。溶于水和乙醇。

毒性 对人和动物安全。

作用机制与特点 将松脂二烯喷施在植物叶面，会很快形成一薄层黏性、展布很快的分子，因此，经常被用来与除草剂和杀菌剂混用，提高作业效果。可作为抗蒸腾剂，防止水分从叶片气孔蒸发。

适宜作物 橘子、桃、葡萄、蔬菜等。

应用技术 一般将90%松脂二烯稀释20～50倍使用。

（1）橘子 收获时，浸果或喷果，可防止果皮变干，延长贮存时间。

（2）桃 收获前2周，喷1次，可增加色泽，提高味感。

（3）葡萄 收获前，浸果或喷果1次，抗病，延长贮存时间。

（4）蔬菜或果树 移栽前，于叶面喷施，防止移栽物干枯，提高存活率。

调呋酸

（dikegulac dihydrate）

$C_{12}H_{18}O_7$，274.3，18467-77-1

理化性质 调呋酸的钠盐为无色结晶，无臭，熔点＞300℃，蒸气压＜1300nPa（25℃）。溶于水、甲醇、乙醇等，溶解度（25℃，g/L）：水中590，丙酮、环己酮、己烷＜10，氯仿63，乙醇230。K_{OW}很低，在室温下密闭容器中3年内稳定；对光稳定；在pH7～9介质中不水解。商品为每千克中含167g二凯古拉酸钠盐的液体。

毒性 调呋酸钠大鼠急性经口LD_{50}（mg/kg）：雄性31000、雌性18000，大鼠急性经皮LD_{50}＞2000mg/kg。其水溶液对豚鼠皮肤和兔眼睛无刺激性。在90d饲喂试验中，大鼠接受2000mg/（kg·d）及狗接受3000mg/（kg·d）未见不良影响。日本鹌鹑、绿头鸭和雏鸡饲喂试验LD_{50}（5年）＞50000mg/kg饲料。鱼毒LD_{50}（96h）为蓝鳃翻车鱼＞

10000mg/kg，虹鳟鱼＞5000mg/kg。对蜜蜂无毒，LD_{50} 经口和局部处理＞0.1mg/只。

作用机制与特点　调呋酸钠是内吸性植物生长调节剂，能抑制生长素、赤霉酸和细胞分裂素的活性；诱导乙烯的生物合成。能被植物吸收并运输到植物茎端，从而打破顶端优势，促进侧枝的生长。主要用于促进观赏植物、林木侧枝和花芽的形成和生长，抑制绿篱和木本观赏植物和林木的纵向生长。

适宜作物　观赏植物、林木。

剂型　悬浮剂。

应用技术

（1）树篱植物打尖　调呋酸钠可代替人工打尖，对所有树篱都有效，是优良的打尖剂。一般在春季修剪后 2～5d 进行，用 4000～5000mg/kg 溶液喷施全株，连续处理 3 年，可使树篱植物伸长缓慢，全株叶片丰满，生长旺盛。不同种类的树篱植物，使用浓度不同，常见树篱植物的使用浓度如下：松柏类 600～2000mg/kg；金银花 600～800mg/kg；香柏 800mg/kg；女贞 1000mg/kg；山楂 1500mg/kg；冬青、小蘗、老鸦嘴、丝棉木 2000mg/kg；山毛榉、火棘、玫瑰 4000mg/kg；鹅耳枥 5000mg/kg。

（2）盆栽观赏植物打尖、整形

① 对于盆栽观赏植物，使用后有打尖和整形的效果。一般施用浓度为 2000～6000mg/kg。

② 对于需要大规模生产的观赏植物，如常绿杜鹃和矮生杜鹃，一般在春季修剪后 2～5d，花分化前 4 周左右，用 4000～5000mg/kg 药液喷洒叶面，可使它们在整个生长季节，茎的伸长延缓，侧枝多发，株型紧凑。

③ 海棠、叶子花　在花芽分化前，用 600～1400mg/kg 药液喷洒全株，既能起到整形作用，又不影响开花。

注意事项

（1）不要与杀虫剂或肥料混合使用。

（2）容器使用后要用肥皂水洗净。

（3）在生长条件好、生长健壮的植物上施用，效果更好。使用时需加入表面活性剂。

（4）不需要专门的防护措施，但勿将药液喷溅到地上。

（5）注意防冻结冰。

调果酸
（3-CPA）

$C_9H_9ClO_3$，200.62，101-10-0

化学名称 间氯苯氧异丙酸，2-(3-氯苯氧基)丙酸。

其他名称 坐果安。

理化性质 纯品为无色无臭结晶粉末，原药略带酚味，熔点117.5～118.1℃，在室温下无挥发性。溶解度（22℃）：在水中为12g/L，丙酮中为790.9g/L，二甲亚砜中为2685g/L，乙醇中为710.8g/L，甲醇中为716.5g/L，异辛醇中为247.3g/L；24℃在苯中溶解度为24.2g/L，氯苯中为17.1g/L，甲苯中为17.6g/L；24.5℃在二甘醇中溶解度为390.6g/L，二甲醛胺中为2354.5g/L，二甲烷中为789.2g/L。

毒性 雄大鼠急性经口 LD_{50} 为3360mg/kg，雌大鼠急性经口 LD_{50} 为2140mg/kg，兔急性经皮 LD_{50} ＞2g/kg，野鸭和鹌鹑的 LD_{50} （8天）＞5.6g/kg 饲料。鱼毒：虹鳟 LD_{50} （96h）21mg/kg，蓝鳃 LD_{50} （96h）118mg/kg。

作用机制与特点 调果酸是应用较为专一的植物生长调节剂，主要用于抑制菠萝冠芽叶的生长，增加果实大小，同时对根或茎易生长赘芽的作物也可以起到抑制的作用。

适宜作物 菠萝、李属植物。

应用技术 使用调果酸可增加菠萝重量，在收获前15周即最后一批花凋谢、花冠长3～5cm时，以240～700g/hm² 兑水1000kg喷于冠顶，可推迟成熟期，抑制冠部，增加菠萝（凤梨）果径。还可用于某些李属植物的疏果。

注意事项

（1）要对症下药，并掌握用药时期、施药次数和用药量。

（2）要选好施药器械，禁止在蔬菜、果树、茶叶、中草药材上使用。

（3）要有适当的防护措施。如施药时应穿长衣裤，戴好口罩及手套，尽量避免农药与皮肤及口鼻接触，施药时不能吸烟、喝水和吃食物；一次施药时间不宜过长，最好在 4h 内；接触农药后要用肥皂清洗，包括衣物；药具用后清洗要避开人畜饮用水源；农药包装废弃物要妥善收集处理，不能随便乱扔。

（4）农药应封闭贮藏于背光、阴凉和干燥处，远离食品、饮料、饲料及日用品等。

（5）孕妇、哺乳期妇女及体弱有病者不宜施药。如发生农药中毒，应立即送医院抢救治疗。

调节胺
（DMC）

C$_6$H$_{14}$NOCl，151.6，23165-19-7

化学名称 4,4-二甲基吗啉鎓氯化物。

其他名称 田丰安，调节安。

理化性质 调节胺纯品为无色针状晶体，熔点 344℃（分解），易溶于水，微溶于醇，难溶于丙酮及非极性溶剂。有强烈的吸湿性，其水溶液呈中性，化学性质稳定。工业品为白色或淡黄色粉末状固体，纯度＞95％。

毒性 雄性大鼠口服 LD$_{50}$ 为 740mg/kg 体重，雌性大鼠口服 LD$_{50}$ 为 840mg/kg 体重；雄性小鼠经口 LD$_{50}$ 为 250mg/kg 体重，经皮＞2000mg/kg 体重。28d 蓄积性试验表明，雄大鼠和雌大鼠的蓄积系数均大于 5，蓄积作用很低。经 Ames 试验、微核试验和精子畸形试验证明，调节胺没有导致基因突变而改变体细胞和生殖细胞中遗传信息的作用。因而生产和应用均比较安全。由于调节胺溶于水，极易在植物体内代谢，初步测定它在棉籽中的残留＜0.1mg/kg。

作用机制与特点 是一种生长延缓剂，能够抑制植物茎、叶疯长，促进提前开花，对防止蕾铃脱落有明显效果。药剂被植物根或叶吸收后迅速传导到作用部位，使节间缩短，减弱顶芽、侧芽及腋芽的生长势，使尚未定型的叶面积减小，叶绿素增加，使已出现的生殖器官长势加强，流向这些器官的营养流增强，从而促进早熟。

适宜作物 调节胺作为一种生长延缓剂，其最大特点是药效缓和、安全幅度大、应用范围广。主要应用于旺长的棉田，调控棉花株型，防止旺长，增强光合作用，增加叶绿素含量，增强生殖器官的生长势，增加结铃和铃重。在玉米、小麦等作物上也有应用效果。

应用技术

（1）中等肥力的棉田，后劲不足，或遇干旱，生长缓慢，可在盛花期以 66.6mg/kg 浓度喷洒叶面。

（2）中等肥力的棉田，后劲较足，稳健型长相，可在初花期（开花10%～20%）以 66.6～100mg/kg 浓度喷洒。

（3）肥水足的棉田，后劲好或棉花生长中期降水量较多，旺长型长相，第 1 次调控在盛蕾期以 116.6～166.6mg/kg 浓度喷洒，第 2 次调控在初花期至盛花期，视其长势亩用 50～83.3mg/kg 浓度喷洒。

（4）棉田肥水足，后劲好，降水量多，田间种植密度较大，疯长型长相，第 1 次调控在盛蕾期以 150～183.3mg/kg 浓度喷洒，第 2 次在初花期用 50～100mg/kg 浓度喷洒，第 3 次在盛花期视其田间长势用 33.3～66.6mg/kg 浓度补喷。

注意事项

（1）棉花整个大田生长期内，每亩用药量不宜超过 9g。50～250mg/kg 为安全浓度，100～200mg/kg 为最佳用药浓度，300mg/kg 以上对棉花将产生较强的抑制作用。

（2）喷洒调节胺后，叶片叶绿素含量增加，叶色加深，应防止这种假相掩盖缺肥症状，栽培管理上应按常规方法及时施肥、浇水。

（3）易吸潮，应贮存在阴凉、通风、干燥处，不可与食物、饲料、种子混放。

（4）施药人员应做好安全防护。

调环酸钙

（prohexadione-calcium）

$(C_{10}H_{11}O_5)_2Ca$，462.42，127277-53-6

化学名称　3，5-二氧代-4-丙酰基环己烷羧酸钙。

其他名称　立丰灵，调环酸，KIM-112，KUH833，Viviful。

理化性质　钙盐为白色无味粉末，工业品为黄色粉末，熔点＞360℃，相对密度1.460。蒸气压$1.33×10^{-2}$MPa（20℃）。20℃水中溶解度为174mg/kg，甲醇1.11mg/kg，丙酮0.038mg/kg。在水溶液中稳定。

毒性　大、小鼠急性经口LD_{50}＞5000mg/kg。大鼠急性经皮LD_{50}＞2000mg/kg。对兔皮肤无刺激性，对兔眼睛有轻微刺激性。大鼠急性吸入LC_{50}（4h）＞4.21mg/L。对大鼠和兔无致突变和致畸作用。野鸭和小齿鹑急性经口LD_{50}＞2000mg/kg，野鸭和小齿鹑LD_{50}（4d）＞5200mg/kg饲料。鱼毒LD_{50}（96h，mg/kg）：虹鳟和大翻车鱼＞100，鲤鱼＞150。水蚤LC_{50}（48h）＞150mg/L。海藻EC_{50}（120h）＞100mg/kg。蜜蜂LD_{50}（经口和接触）＞100μg/只。蚯蚓LC_{50}（14d）＞1000mg/kg土壤。未观察到致突变性和致畸作用，对轮作植物无残留毒性，对环境无污染。

作用机制与特点　是赤霉素生物合成的抑制剂，可通过种子、根系和叶面吸收抑制赤霉素的合成，从而抑制作物旺长。能缩短植物的茎秆伸长、控制作物节间伸长，使茎秆粗壮，植株矮化，防止倒伏；促进生育，促进侧芽生长和发根，使茎叶保持浓绿，叶片挺立；控制开花时间，提高坐果率，促进果实成熟。还能提高植物的抗逆性，增强植株的抗病害、抗寒冷和抗旱的能力，减轻除草剂的药害，从而提高收获效率。

适宜作物　调环酸钙能显著缩短所有水稻栽培品种的茎秆高度，同时具有促进穗粒发育，提高稻谷产量的效果。低剂量的调环酸钙对水稻、大麦、小麦、日本地毯草、黑麦草等禾本科植物的生长调节，具有显著的抗倒伏及矮化性能。另外，对棉花、糖用甜菜、黄瓜、菊花、甘蓝、香石竹、大豆、柑橘、苹果等植物，具有明显的抑制生长的作用。可用于一整年的草坪管理，能用于所有的草坪区域，如高尔夫草坪、高尔夫发球台、高尔夫球道、住宅区、商业公园和运动场等场所。

剂型　5%水剂，10%、15%、25%可湿性粉剂。

应用技术

（1）提高抗倒伏能力，增加产量

① 水稻、小麦、大麦　在水稻拔节前5～10d，每亩用有效成分3g喷施叶面，倒6至倒2节间均显著缩短，表明调环酸钙被水稻吸收后，可随生长发育由下向上移动，依次抑制新生节间的伸长，药效长达30d

左右。节间缩短，株高降低，弯曲力矩减少，同时显著提高倒5至倒3节间的抗折力，从而显著降低倒伏指数，同时还可显著增加每穗粒数，达到增产的效果。

② 高粱　在拔节后27～30d，每亩用有效成分3～6g喷施叶面，既能在第1次倒伏发生前有效抑制株高，控制第1次倒伏的发生，还由于施药时间的推后使植株出现反弹的时间推后，缩短了生长出现反弹至茎节伸长结束之间的时间，从而能够更加有效地控制植株最终株高，减轻或完全控制高粱倒伏发生。

（2）改善品质、提高产量

① 苹果、梨、樱桃、李子、山楂、枇杷　在花后10d内，用125～250mg/kg喷施叶面，可显著抑制叶和枝条的营养生长，增强果实的光照，改善果实的品质，提高产量，同时对细菌火疫病以及真菌病害有很好的预防作用。

② 葡萄　葡萄花谢后，用250mg/kg喷施叶面，可抑制葡萄的营养生长，提高葡萄汁的色素和酚类化合物，改善葡萄的品质，同时具有一定的增产效果。

③ 糖用甜菜、黄瓜、番茄　每亩用有效成分1.5～3g喷施叶面，可抑制叶和茎的营养生长，增强通风透光，从而改善品质、提高产量。

④ 棉花　在棉花生长中期，每亩用有效成分3g喷施叶面，可抑制叶和枝条的营养生长，显著降低植株高度，增强通风透光，从而改善品质、提高产量。

（3）减少草坪修剪次数　对剪股颖、狗牙根、草地早熟禾、黑麦草、日本地毯草、结缕草、高茅草等，每亩用有效成分10～20g喷施叶面，在整个生长季节都可以使用，可降低新生高度50%～90%，显著减少割草次数。其中当用量达到20g/亩时可完全抑制高茅草的生长，其他草坪的最高用量可达45g/亩，而不会对草坪造成伤害。

（4）延缓衰老　对菊花、甘蓝、香石竹等观赏植物，用有效成分1.5～3g/亩喷施叶面，具有矮化植株的作用，保持叶片浓绿，减缓衰老，对叶和花无不良影响。

注意事项

（1）保存于低温、干燥处。

（2）对轮作植物无残留毒性，对环境无污染，有可能取代三唑类生长延缓剂。

—— **调节硅** ——

（silaid）

C₁₅H₁₇ClO₂Si，292.8，41289-08-1

化学名称　（2-氯乙基）甲基双（苯氧基）硅烷。

作用机制与特点　调节硅为有机硅类的一种乙烯释放剂。可经植物的叶、小枝条、果皮吸收，进入植物体内能很快形成乙烯，尤其是橄榄树。还可增加橘子果皮花青素的含量。

适宜作物　橄榄，橘子。

应用技术

（1）橄榄　在橄榄收获前 6～10d，用 1kg（a.i.）/hm^2 剂量喷果，使果实易于脱落，利于收获。

（2）橘子　收获前 10d，用 500～2000mg/kg 剂量喷施叶面，可增加果皮花青素含量，增加色泽。

—— **调嘧醇** ——

（flurprimidol）

C₁₅H₁₅F₃N₂O₂，312.3，56425-91-3

化学名称　（RS）-2-甲基-1-嘧啶-5-基-1-（4-三氟甲氧基苯基）丙-1-醇。

其他名称　EL-500。

理化性质　本品为无色结晶，熔点 93.5～97℃，沸点 264℃，相对密度 1.34（24℃）。溶解度（20℃，mg/L）：水中 114（蒸馏水）、104（pH5）、114（pH7）、102（pH9）。溶解度（20℃，g/L）：正己烷 1.26，甲苯 144，二氯甲烷 1810，甲醇 1990，丙酮 1530，乙酸乙酯 1200。稳定性为在 pH4、pH7 和 pH9（50℃）时，5d 水解率＜10%。室温下至少能稳定存在 14 个月。在水中见光分解，DT$_{50}$ 约 3h。

毒性 急性经口 LD_{50}（mg/kg）为雄大鼠914，雌大鼠709，雄小鼠602，雌小鼠702。兔急性经皮 LD_{50} >500mg/kg，大鼠急性吸入 LC_{50} >5mg/L 空气。ADI值，未在食用作物上使用。以每天200mg/kg 剂量饲养大鼠或者每天45mg/kg 剂量饲养兔均无致畸作用。Ames试验，DNA修复，大鼠原初肝细胞和其他体外生测试验均为阴性。鹌鹑和绿头鸭急性经口 LD_{50} >2000mg/kg，饲喂试验鹌鹑 LD_{50}（5d）560mg/kg 饲料，绿头鸭 LC_{50}（5d）1800mg/kg 饲料。蓝鳃翻车鱼 LD_{50}（96h）17.2mg/kg，虹鳟18.3mg/kg，水蚤 LC_{50}（48h）11.8mg/kg，海藻（Selenastrum capricornutum） EC_{50} 0.84mg/kg。蜜蜂 LD_{50}（接触，48h）>100μg/只。

作用机制与特点 调嘧醇属嘧啶醇类植物生长调节剂，赤霉素合成抑制剂。通过根、茎吸收传输到植物顶部，其最大抑制作用在性繁殖阶段。

适宜作物 改善冷季和暖季草皮的质量，减缓生长和减少观赏植物的修剪次数，抑制大豆、禾本科植物、菊科植物的生长，减少早熟禾本科草皮的生长，用于2年生火炬松、湿地松的叶面表皮部，能降低高度，而且无毒性；对水稻具有生根和抗倒伏作用。

剂型 50%可湿性粉剂，1%颗粒剂。

应用技术

（1）水稻 对水稻具有生根和抗倒伏作用，在分蘖期施药，主要通过根吸收，然后转移至水稻植株顶部，使植株高度降低，诱发分蘖，增进根的生长；在抽穗前40d施药，提高水稻的抗倒伏能力，不会延迟孕穗或影响产量。

（2）大豆、菊花 以 $0.45kg/hm^2$ 喷于土壤，可抑制大豆、菊花的生长。

（3）草坪草 以 $0.5\sim1.5kg/hm^2$ 施用，可改善冷季和暖季草坪的质量。以每公顷0.84kg调嘧醇+0.07kg伏草胺桶混施药，可减少早熟禾混合草坪的生长。

（4）观赏植物 可树干注射，减缓生长和减少观赏植物的修剪次数。

（5）火炬松和湿地松 本品用于2年生火炬松和湿地松的叶面和皮部，能降低高度，而且无毒性。当以水剂作叶面喷洒或以油剂涂于树皮时，均能使1年生的生长量降低到对照树的一半左右。

注意事项

（1）本品应贮存于干燥阴凉处。

（2）本品对眼睛和皮肤有刺激性，应注意防护。无专用解毒药，对症治疗。

脱叶膦
（degreen）

$C_{12}H_{27}OPS_3$，314.51，78-48-8

化学名称　S，S，S-三丁基三硫代磷酸酯。

其他名称　三丁膦，敌夫，DEF，B-1776，Fos-Fall，Deleaf，De。

理化性质　本品为浅黄色透明液体，有类似硫醇气味。沸点150℃（400Pa）。凝固点-25℃以下。相对密度1.057，闪点＞200℃（闭环）。水中溶解度（20℃）2.3mg/kg。溶于丙酮、乙醇、苯、二甲苯、乙烷、煤油、柴油、石脑油和甲基萘。对热和酸性介质稳定，在碱性介质中能缓慢分解。

毒性　雄大鼠急性经口 LD_{50} 为435mg/kg，急性经皮 LD_{50} 为850mg/kg，雌大鼠急性经口 LD_{50} 为234mg/kg；野鸭急性经口 LD_{50} 为500～707mg/kg，鹌鹑为142～163mg/kg。雄大鼠急性吸入 LC_{50}（4h）为4.65mg/L（气溶胶），雌大鼠为2.46mg/L（气溶胶）。对鱼毒性 LD_{50}（96h）为0.72～0.84mg/kg，虹鳟1.07～1.52mg/kg。对禽鸟毒性为鹌鹑 LD_{50} 1649mg/kg。用含25mg/kg药量的饲料分别喂雌雄性狗12周，均无不利影响，对皮肤有刺激性。对兔眼睛刺激很小，对兔表皮有中等刺激。对皮肤无致敏作用。

作用机制与特点　吸收后迅速进入植物细胞，促进合成乙烯中间产物氨基环丙烷羧酸（ACC），使之尽快生成乙烯，从而促进叶柄部纤维素酶合成和提高酶活性，诱导离层形成，使叶片很快脱落。

适宜作物　为脱叶剂，适用于棉花、苹果等作物叶片脱落，以便于机械收获。

剂型　45％、67％、70％、75％乳油，7.5％粉剂。

应用技术

（1）棉花　50％～60％棉铃开裂时，以有效成分 1.25～2.9kg/hm^2 加水 750g，喷施叶面，5～7d 后脱叶率达 90％以上，且能使棉铃吐絮时间提前。如要使下部叶片脱落，则用药 1～1.5kg/hm^2，加水 750mL 喷下部叶片。

（2）苹果　苹果采收前 30d，用 750～1000mg/kg 药液喷洒 1 次，可有效促进落叶。

（3）橡胶　越冬前用 2000～3000mg/kg 药液喷洒 1 次，可使橡胶树叶片提早脱落，翌年提早长出叶片，达到对白粉病的避病作用。

（4）绣球花　在催化前的低温处理期，用 1％～2％脱叶膦乳剂喷雾处理，可诱导脱叶而不伤害花朵，防止低温处理期间因真菌感染叶片导致花畸变。

（5）可用于大豆、马铃薯和有些花卉脱叶。

注意事项

（1）使用本品时注意保护脸、手等部位，如中毒，可采取有机磷中毒救治办法，硫酸阿托品是有效解救药。

（2）贮存于干燥、低温处，勿近热源；勿与食物和饲料混放。

（3）残余药液勿倒入河塘。

武夷菌素
（wuyiencin）

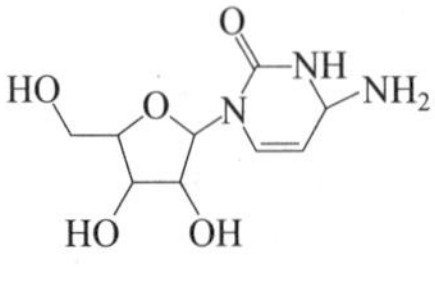

C$_9$H$_{12}$N$_3$O$_5$，242.2，249621-14-5

理化性质　微黄色粉末，熔点 265℃，极易溶于水，微溶于甲醇，不溶于丙酮、氯仿、吡啶等有机溶剂。

毒性　急性毒性试验，大鼠 LD$_{50}$＞10g/kg 体重，属于相对无毒；蓄积性毒性试验，蓄积系数＞5，无明显蓄积毒性。武夷菌素喂养大鼠 90d，对大鼠生长、肝肾功能、血相以及主要脏器镜检，试验组与对照组无明显差异，武夷菌素对大鼠最大无作用剂量为 5g/kg，无致畸、致突变效应。

作用机制与特点 能调整作物健康、合理的株型，合理的根冠比，适当的叶面系数，适合的坐果量，对于群体还可合理均匀地调整群体数量，在群体中长势特别强的和特别弱的植株比较少，使整个植物群体正态分布趋于平均数；能对植物进行抗性诱导，在病原物侵染的情况下，植物可以感受病原信号，并传递这些信号，启动相应的防卫机制，这一启动过程包括自由基爆发、激素水平的改变、防御蛋白和保护酶转录和表达的增强、次生物质的合成、屏障物质和杀灭、驱除病虫害物质的大量合成，从而达到健康操控的目的；能抑制病原菌蛋白质的合成，并抑制病原菌菌体菌丝生长、孢子形成、萌发，影响菌体细胞膜渗透性。

适宜作物 山楂、苹果、桃、梨、枇杷、葡萄、猕猴桃、龙眼、荔枝等果树，芦苇笋、花卉、茶树、黄瓜、草莓、西瓜，大豆、水稻、玉米、小麦等作物。

剂型 1%武夷菌素水剂。

应用技术 施用武夷菌素可根据不同作物、不同发病部位而采用不同的方法和不同浓度。

（1）对叶、茎部病害，常采用 600～800 倍药液喷雾，蔬菜病害一般喷 2～3 次，间隔 7～10d。

（2）对种传病害，常进行种子消毒，一般用 100 倍药液浸种 1～24h，对苗床、营养钵，可采用 800～1000 倍药液进行土壤消毒。

（3）对土传病害，以灌根为好。

（4）对果树茎部病害，可对患部进行涂抹。长期实验表明，从苗期开始连续喷武夷菌素 3～4 次，该作物发病率将大大降低。

注意事项

（1）与植物生长调节剂、粉锈宁、多菌灵等各种杀菌剂混用能提高药效，与杀虫剂混用先试验，切忌与强酸、强碱性农药混用。

（2）喷施的时间以晴天为宜，不要在大雨前后或露水未干以及阳光强烈的中午喷施。

（3）施用该药以预防为主，应适当提高用药，施药力求均匀、周到，以增加施用效果。

（4）贮存地点应选择在通风、干燥、阳光不直接照射的地方，低温贮存，可延长存贮期。

烯腺嘌呤

（enadenine）

C_{10}H_{13}N_5O，219.24，1637-39-4

化学名称　6-(4-羟基-3-甲基-丁-2-烯基)-氨基嘌呤。

其他名称　羟烯腺嘌呤、玉米素、异戊烯酰嘌呤、富滋、玉米因子、ZT。

理化性质　纯品为白色结晶，含量 98%，熔点 209.5～213℃，溶于甲醇、乙醇，易溶于盐酸，不溶于水和丙酮。在 0～100℃时热稳定性良好。难溶于水，溶于醇。

毒性　大白鼠急性经口 LD_{50}>10000mg/kg，对兔皮肤有轻微刺激作用，但可很快恢复。无吸入毒性。动物试验表明无亚慢性、慢性、致畸、致癌、致突变作用和迟发性神经毒性。生物降解快，在土壤、水体中半衰期只有几天。

作用机制与特点　玉米素是从甜玉米灌浆期的籽粒中提取并结晶出的第 1 个天然细胞分裂素。已能人工合成。能刺激植物细胞分裂，促进叶绿素形成，促进光合作用和蛋白质合成，减慢呼吸作用，保持细胞活力，延缓植物衰老，从而使有机体迅速增长，促使作物早熟丰产，提高植物抗病、抗衰、抗寒能力。生理活性远高于糠氨基嘌呤。在植物体内移动度差，一般随蒸腾流在木质部运输。极低浓度（0.05nmol/kg）就能诱导烟草和胡萝卜离层组织的细胞分裂，与生长素配合可促进不分化细胞的生长与分化。

天然存在的细胞分裂素有玉米素、玉米素核苷和异戊烯基腺苷等，玉米素是植物中分布最普遍的。人工合成的细胞分裂素有 6-苄氨基嘌呤（6-BA）等。细胞分裂素有诱导芽分化、抑制衰老和脱落、促进细胞分裂和扩大、促进生长、解除顶端优势、促进雌花分化、促进叶绿素生物合成、解除某些需光种子的休眠，以及贮藏保鲜等作用。其作用机理是保护 tRNA 中反密码子临近部位的异戊烯基腺苷（iPA），使之免遭破坏，而维持其蛋白质合成的正常机能。

适宜作物　主要用于调节水稻、玉米、西葫芦、番茄、马铃薯、杏、苹果、梨、葡萄等作物的生长。

剂型 0.01％水剂。

应用技术

（1）促进农作物生长

① 水稻 分别于秧苗移栽前、孕穗期用 0.01％水剂 600 倍液浸根、用 0.01％水剂 50～66mg/亩，加水 30kg 喷雾处理，可增产。

② 玉米 以种子：玉米素（25mg/kg）＝1∶1 的比例，浸种 24h；再用 0.04mg/kg 的浓度于穗叶分化期、雌穗分化期、抽雄期喷施 3 次，可使玉米拔节、抽雄、扬花及成熟期提前，减少秃穗，使粒数、千粒重增加。

③ 棉花 移栽时用 0.01％水剂 12500 倍液蘸根，再于盛蕾期、初花期、结铃期，用 0.01％水剂 80～100mg/亩，加水 40～50mL 喷洒 3 次。

④ 苹果 盛花期后 4d，用 100～500mg/kg 玉米素溶液喷洒。

⑤ 葡萄 6-BA、玉米素对葡萄果实中糖分积累和转化酶活性有影响。经处理的果实在发育过程中蔗糖、葡萄糖、果糖、总糖含量及转化酶活性变化与对照基本上一致，采收时各糖分含量均不同程度高于对照，以 30mg/kg 6-BA 处理的最为显著，200 倍玉米素稀释液处理的次之。6-BA、玉米素处理均明显提高了果实发育前期蔗糖相对含量和转化酶活性，并且维持了葡萄糖、果糖在果实发育中后期的稳步积累。6-BA、玉米素可能主要通过影响果实发育过程中的转化酶活性来影响果实糖分积累。

⑥ 番茄 用 0.04～0.06mg/kg 药液喷施 5 次，间隔 10d，可保花保果、增产。

⑦ 茄子 用 0.04～0.06mg/kg 药液喷施 6 次，间隔 10d，可保花保果、增产。

⑧ 马铃薯 对二茬种用的马铃薯块在 100mg/kg 玉米素溶液中浸蘸，能终止马铃薯休眠，使薯块在 2～3d 内萌发；在结薯前 2～3 周，每亩用 0.01％玉米素水剂 80～100mg，加水 30kg 喷雾，2 周后再用相同浓度的药液喷施 1 次。

⑨ 甘蓝 在甘蓝莲座期，用 0.0008％玉米素水剂喷雾处理，可以提高甘蓝单株鲜重，增加产量。

⑩ 大白菜 用 0.04～0.06mg/kg 药液喷施 3 次，间隔 10d，可增产。

⑪ 西瓜　开花期用 0.04mg/kg 药液喷施，共喷 3 次，间隔期 10d，可使西瓜藤早期生长健壮，中后期不衰，增加含糖量和产量。

⑫ 西葫芦　原药可用适量 95% 酒精或高度白酒溶化，然后再加水配制。制剂可直接加水配制成适宜浓度的水溶液使用。据试验，在西葫芦上的施用浓度一般为 4～6mg/kg，以 5mg/kg 为最佳。在西葫芦开花前 1～3d 施用最好。用毛笔蘸取配好的药液涂抹或用喷水壶喷在幼瓜的两侧即可，对于已开花的幼瓜可采取点花柱头或喷花的方式进行处理即可坐瓜。使用后对西葫芦无污染，符合生产无公害蔬菜、有机蔬菜技术要求；西葫芦坐瓜率高、瓜条生长快、产量高。据试验，5mg/kg 玉米素处理较 60～70mg/kg 2,4-滴钠盐处理，施药后 2d、6d、10d 瓜体积分别增大 126.9%、84.1%、82.7%，具有明显的增产效果。并且坐瓜率与 2,4-滴钠盐相当，均在 96% 以上，显著提高瓜的外观质量，安全性高；2,4-滴钠盐连续处理或操作不当药液接触到瓜秧，特别是接触到生长点，容易诱发药害，造成嫩叶类似病毒病的蕨叶症状，严重影响西葫芦的产量和品质。而用玉米素处理则可避免药害的发生，能显著提高产量和品质。连续处理 30d，玉米素药害株率为零，而 2,4-滴钠盐处理药害株率为 19%。受气温影响小，玉米素的使用基本不受气温的干扰，而 2,4-滴钠盐的使用必须根据气温的高低来决定使用的浓度，否则就会严重影响瓜的产量和品质。

⑬ 茶叶　用 0.04～0.06mg/kg 药液喷施 3 次，间隔期 7d，可增加咖啡碱、茶多酚含量。

⑭ 人参　用 0.03～0.04mg/kg 药液喷施 3 次，间隔期 10d，可抗病、增产。

（2）组织培养　极低的浓度（0.05nmol/kg）就能诱导烟草和胡萝卜形成层离体组织的细胞分裂，与生长素配合可促进不分化细胞的生长与分化，活性比糠氨基嘌呤高，而低于 6-苄氨基嘌呤。由于价格高，大多用糠氨基嘌呤或 6-苄氨基嘌呤代替。

注意事项

（1）本品应密封贮存于阴凉干燥处。

（2）用过的容器应妥善处理，不得污染水源、食物和饲料。操作时避免溅到皮肤和眼睛上。

（3）和其他生长促进型激素混用可提高药效。

（4）使用不能过量，已稀释的药液不能保存。

烯效唑

（uniconazole）

C₁₅H₁₈ClN₃O，291.78，83657-17-4

化学名称　（*E*）-（*RS*）-1-(4-氯苯基)-4,4-二甲基-2-(1*H*-1,2,4-三唑-1-基)-1-戊烯-3-醇。

其他名称　高效唑，特效唑，优康唑，S-3307，Sumgaic，Prunit，Sumiseven。

理化性质　纯品为无色结晶，20℃蒸气压8.9MPa，熔点159～160℃，微溶于水，易溶于丙酮、乙酸乙酯、氯仿和二甲基甲酰胺等常用有机溶剂，21℃溶解度（g/L）：水0.014，丙酮74，乙醇92，二甲苯10，β-羟基乙醚141，环己酮173，乙酸乙酯58，乙腈19，氯仿185，二甲亚砜348，二甲基甲酰胺317，甲基异丁基酮52。有四种异构体，分子在40℃下稳定，在多种溶剂中及酸、中性、碱水液中不分解。但在260～270nm短光波下易分解。

毒性　烯效唑原药急性LD₅₀（mg/kg）：大鼠经口2020（雄）、1790（雌），经皮＞2000。小白鼠急性口服LD₅₀为4000mg/kg（雄）、2850mg/kg（雌）。亚急性毒性，大白鼠混入饲料最大无作用剂量2.30mg/kg（雄）、2.48mg/kg（雌）。无致突变、致畸、致癌作用。对兔眼有短期轻微反应，但对皮肤无刺激作用，荷兰猪皮肤（变态反应）为阴性。鱼毒为鲤鱼LC₅₀（48h）6.36mg/kg，蚤（鱼虫）LC₅₀（3h）＞10mg/kg。

作用机制与特点　烯效唑是三唑类广谱植物生长调节剂，是赤霉素合成抑制剂，并且有一定杀菌作用。对草本或木本单子叶或双子叶植物均有强烈的抑制生长作用，主要抑制节间细胞的伸长。烯效唑可经由植物的根、茎、叶、种子吸收，被植物的根吸收，可在体内进行传导，茎叶喷雾时，可向上内吸传导，但没有向下传导的作用。作用机理与多效唑相同，具有控制营养生长、抑制细胞伸长、缩短节间、矮化植株、促进侧芽生长和花芽形成，增加抗逆性的作用。其活性是多效唑的6～10倍，使用浓度一般比多效唑低，在土壤中的残留量仅为多效唑的1/10，因此对后茬作物影响小。

适宜作物 可用于大田作物水稻、小麦，增加分蘖，控制株高，提高抗倒伏力；用于果树和灌木，减少营养生长；用于观赏植物降低高度，促进花芽形成，增加开花。

剂型 主要有单剂5%可湿性粉剂，5%、10%乳油，0.08%颗粒剂。

应用技术 可用喷雾、土壤处理、种芽浸渍等方法施药。

观赏植物以10～200mg/kg喷雾，以0.1～0.2mg/盆浇灌，或于种植前以10～100mg/kg浸根（球茎、鳞茎）数小时。对于水稻，以10～100mg/kg喷雾，以10～50mg/kg进行土壤处理。小麦、大麦以10～100mg/kg溶液喷雾。草坪以0.1～1.0kg/hm²进行喷雾或浇灌。施药方法有根施、喷施及种芽浸渍等。具体应用如下。

（1）增加分蘖、控制株高、增加抗倒伏力

① 水稻 经烯效唑处理的水稻，具有控制促蘖效应和增穗增产效果。早稻浸种浓度以500～1000倍液为宜；晚稻的常规粳稻、糯稻等杂交稻浸种以833～1000倍液为宜，种子量和药液量比为1：（1～1.2）。浸种36～48h，或间歇浸种，整个浸种过程中要搅拌两次，以便使种子受药均匀。

② 小麦 用烯效唑拌（闷）种，可使分蘖提早，年前分蘖增多（单株增蘖0.5～1个），成穗率提高。一般按每公顷播种量150kg计算，用5%烯效唑可湿性粉剂4.5g，加水22.5kg，用喷雾器喷到麦粒上，边喷雾边搅拌，手感潮湿而无水流，经稍摊晾后直接播种。或于容器内堆闷3h后播种，如播种前遇雨，未能及时播种，则摊晾伺机播种，无不良影响，但不能耽误过久。播种后注意浅覆土。也可在小麦拔节前10～15d，或抽穗前10～15d，每公顷用5%烯效唑可湿性粉剂400～600g，加水400～600kg均匀喷雾。

③ 大豆 于大豆始花期，用50mg/kg的药液30～50kg/亩均匀喷雾，对降低大豆花期株高、抗倒伏、增加结荚数和提高产量有一定效果。种子或根部吸收烯效唑后可往植株的地上部运输，土壤残留低，安全。还可用烯效唑溶液直接拌种、闷种或混入种衣剂中进行种子包衣，均能使大豆幼苗矮化，增加茎粗、叶绿素含量、分枝数、开花株数、结荚数、粒数和粒重。使用剂量为0.2～1.2g（有效成分）/亩，拌种浓度不超过1200mg/kg。

用10mg/kg烯效唑拌种或在子叶张开时喷苗，能明显降低苗高，增加茎粗、根长和须根数，使根冠比大幅度提高。但在移栽后，株高、叶片数、成活率和茎粗增加，根冠比仍然超过对照。

④ 油菜　3叶期，亩用5%可湿性粉剂20～40g，兑水50kg喷雾，可使油菜叶色深绿、叶片增厚、根粗、根多、茎秆粗壮、矮化、多结荚、增产。

⑤ 花生　初花期，喷5%可湿性粉剂1000倍液，可矮化植株，多结果。

⑥ 甘薯和马铃薯　在初花期即薯块膨大时，常规喷5%可湿性粉剂1000～1600倍液，可控制地上部旺长，促进薯块膨大。

⑦ 棉花　用20～50mg/kg的药液于初花期喷施，可矮化植株，增加产量。

⑧ 元胡　用20mg/kg的药液于营养生长旺盛期喷施，可促进地下部分膨大，增加产量。

⑨ 油茶　油茶成年树的开花结果主要靠春梢，发育健壮的春梢易发育成结果枝。因此，控制春梢生长对花序及果实形成有直接的影响。据试验，当油茶的春梢长到一定时期（4月20日前后），喷洒500mg/kg烯效唑溶液，可以协调营养生长与生殖生长，减少来年春梢长度29.1%，增加春梢数44.5%，使叶片数、叶片厚度、总叶绿素、可溶性糖及蛋白质含量、坐果率明显增加，落果率降低，单果鲜重增加26.4%，单株产量增加98.7%。

（2）控制株形、促进花芽分化和开花　以10～200mg/kg的药液喷雾，以0.1～0.2mg/kg药液盆灌，或在种植前以10～100mg/kg药液浸根（球茎、鳞茎等）数小时，可控制株型，促进花芽分化和开花。

注意事项

（1）一般情况下，使用烯效唑不易产生药害。要根据作物品种控制用药浓度，以免浓度过高使作物长过头，相反浓度过低达不到理想效果。若用药量过高，作用受抑制过度时，可增施氮肥或用赤霉素解救。

（2）不同品种的水稻因其内源赤霉素、吲哚乙酸水平不同，生长势也不相同。生长势较强的品种用药量要偏高，而生长势弱的品种用药量要少。烯效唑浸种降低发芽势，随剂量增加更明显，浸种种子发芽推迟8～12h。另外温度高时，用药量要大，温度低时则要少用。

（3）使用时按一般农药标准进行安全防护。

（4）本品应贮存于阴凉干燥处，注意防潮、防晒。不得与食物、种子、饲料混放。

（5）一般地，由于烯效唑在土壤中的半衰期短，且使用浓度一般只有多效唑的 1/10，对土壤和环境比较安全，所以应用范围正在扩大。作为坐果剂使用时，有时造成果多、果变形的问题，因此要注意与其他试剂混合施用，如在农作物上使用时，注意与生根剂、钾盐混用，尽量减少用量，减轻对环境的影响；在果树上应用时，尽量与糠氨基嘌呤等科学地混用或制成混剂使用，经试验示范后再加以推广。

香菇多糖
（lentinan）

其他名称　LNT。

理化性质　从香菇子实体中分离提取的一种新型的天然功能性多糖。

毒性　低毒，对人、畜及环境安全，适于绿色无公害基地使用。

作用机制与特点　香菇多糖为植物免疫诱抗剂类生物农药，是一种广谱性的治疗植物病毒病的生物制剂，是由蘑菇培养基中提取的抑制病毒病 RNA 复制的高效治疗病毒病的生物农药，具有刺激植物免疫系统反应、增强植物抗病毒病能力和调节植物生长的功能，在植物表面有良好的湿润和渗透性，能迅速被植物吸收、降解，起到抑制病毒 RNA 复制的作用，对番茄花叶病毒病、烟草花叶病毒病、黄瓜花叶病毒病、大豆花叶病毒病、玉米花叶病毒病、玉米粗缩病、芜菁花叶病毒病、辣椒病毒病、马铃薯病毒病以及其他作物的病毒病等均有良好的防治效果。香菇多糖作为一种天然功能性多糖，绿色环保，对病害防治具有良好的应用前景。

适宜作物　番茄、辣椒、烟草、马铃薯、茶树。

剂型　2%香菇多糖水剂。

应用技术　叶面喷雾，稀释 1000～1500 倍液，用药量 10.5～13.5g/hm²。

注意事项

（1）喷药后 24h 遇雨及时补喷。

（2）如有沉淀物，使用时摇匀，不影响药效。

（3）避免与酸性物质、碱性物质及其他物质混用。配制时必须用清水，现配现用，配好的药剂不可贮存。

（4）使用本品应采取安全防护措施，应穿戴防护服、手套、口罩等防护用具，避免口鼻吸入，使用后及时清洗暴露部位皮肤。

（5）切勿使药剂污染水源。

（6）过敏者禁用，使用中有任何不良反应请及时就医。

（7）用过的容器应妥善处理，不可作他用，也不可随意丢弃。

（8）孕妇及哺乳期妇女禁止接触本品。

5-硝基愈创木酚钠

（5-nitroguaiacolate sodium）

$C_7H_6NO_4Na$，191.12，67233-85-6

化学名称　2-甲氧基-5-硝基苯酚钠。

其他名称　PMN、5-硝基邻甲氧基苯酚钠。

理化性质　枣红色片状结晶，熔点105～106℃，游离酸状态下易溶于水，可溶于乙醇、甲醇、丙酮等有机溶剂。常规下贮存稳定。

作用机制与特点　5-硝基愈创木酚钠是一种强力细胞赋活剂，在动植物体表现出极高的活性，可用于调节植物生长，具有较强的渗透作用，它能迅速进入植物体内，促进细胞原生质流动，加快植物生根发芽，促进生长、生殖和结果，帮助受精结实。5-硝基愈创木酚钠是复合硝基酚钠的最关键部分，其价值最高，作用最强，调节能力最好。可提高叶片的光合速率，促进干物质的形成；迅速将光合产物运送到果实中去；促进根系的发育，并能显著提高其对氮、磷、钾等大量元素和锌、铁、铜等微量元素或营养成分的吸收和运输；促进硝酸还原酶的活性，提高硝态氮的转化率，加速氨基酸、蛋白质的合成；提高农作物的花粉发芽率和花粉管的伸长速度，并提高坐果结实率；降低细胞膜透性，延长细胞寿命，防止作物早衰。5-硝基愈创木酚钠是复硝酚钠中活性最高的单体，它及其复配制剂复硝酚钠（与邻硝、对硝等复配），已被联合国粮农组织（FAO）指定推荐为绿色食品工程植物生长调节剂。

适宜作物　广泛适用于粮食作物、经济作物、油料作物、花卉、森林、草本等。

剂型　98％原粉。

应用技术　该产品及其复配产品复硝酚钠制剂已在我国和其他国家

及地区大量、广泛使用。

（1）在与肥料、杀虫剂、杀菌剂、种衣剂的复配方面具有极为明显的增效作用；可用于浸种、浇灌、花蕾撒布和叶面喷施。

（2）用于畜牧、渔业：与饲料复配使用，可迅速进入动物体内，促进动物的食欲，促进动物对营养的吸收，加快动物生长发育，能够明显提高肉、蛋、奶、皮、毛的产量和质量，且能增强动物的免疫能力，预防多种疾病。

（3）用于医药：可用于生发剂和美容剂，能促进生发、美发。促使伤口愈合，促进老皮肤细胞的脱落和新皮肤细胞的形成，具有很好的生发美容功能。

烟酰胺

（nicotinamide）

$C_6H_6N_2O$，122.1，98-92-0

化学名称　吡啶-3-甲酰胺。

其他名称　Vitamin B_3，维生素 B_3，维生素 PP，VPP，尼克酰胺，烟碱酰胺，3-吡啶甲酰胺。

理化性质　白色粉状或针状结晶体，无臭或几乎无臭，微有苦味，熔点 129～131℃。在室温下，水中溶解度为 100%，也溶于乙醇和甘油，但不溶于乙醚，在碳酸钠试液或氢氧化钠试液中易溶。

毒性　本品对人和动物安全。急性经口 LD_{50}（mg/kg）为大鼠 3500，小鼠 2900。大鼠急性经皮 LD_{50} 为 1700mg/kg。

作用机制与特点　烟酰胺广泛存在于酵母、稻麸和动物肝脏内。可经由植物的根、茎、叶吸收。提高植物体内辅酶 I 活性，促进生长和根的形成。

适宜作物　棉花等。

应用技术

（1）促进移栽植物生根　移栽前，每 5kg 土混 5～10g 烟酰胺可促进根的形成，提高移栽苗成活率。

（2）棉花　用 0.001%～0.01% 药液处理，可促进低温下棉花的生长。

注意事项

（1）烟酰胺低剂量下促进植物生长，但高剂量时抑制植物生长。不同作物的施用剂量不同，应用前应做试验，以确定适宜的剂量。

（2）作为生根剂时，最好和其他生根剂混用。

乙二醇缩糠醛
（furalane）

$C_7H_8O_3$

化学名称 2-(2-呋喃基)-1,3-二氧五环。

其他名称 润禾宝。

理化性质 原药为浅黄色均相透明液体，无可见的悬浮物和沉淀。本品易溶于丙酮、甲醇、苯、乙酸乙酯、四氢呋喃、二氧六环、二甲基甲酰胺、二甲基亚砜等有机溶剂，微溶于石油醚和水；在光照下接触空气不稳定，在强酸条件下不稳定，弱酸性、中性及碱性条件下稳定。

毒性 大鼠急性口服 LD_{50} 为 562mg/kg，无性别差异；大鼠急性经皮 $LD_{50}>2150$mg/kg；对家兔眼睛和皮肤无刺激性。低毒。

作用机制与特点 乙二醇缩糠醛是从植物的秸秆中分离精制而成的植物生长调节剂，能促进植物的抗旱和抗盐能力。其作用机制是在光照条件下表现出很强的还原能力。叶面喷药后，能够吸收作物叶面的氧自由基，使植物叶面细胞质膜免受侵害，在氧自由基催化下发生聚合反应，生成单分子薄膜，封闭一部分叶面气孔，减少植物水分的蒸发，增强作物的保水能力，起到抗旱作用。作物在遭受干旱胁迫时，使用该药后，可提高作物幼苗的超氧化物歧化酶、过氧化氢酶和过氧化物酶的活性，并能持续较高水平，有效地消除自由基。还可促进植物根系生长，尤其次生根的数量明显增加，提高作物在逆境条件下的成活力。

适宜作物 小麦。

剂型 20%乳油。

应用技术 20%乳油能增强小麦对逆境（干旱、盐碱）的抵抗能力，促进小麦生长，提高小麦产量。使用有效成分浓度为 50～100mg/kg，于小麦播种前浸种 10～12h，晾干后再播种。在小麦生长期喷药 4次，即在小麦返青、拔节、开花和灌浆期各喷 1 次药。能有效调节小麦生长，增加产量，对小麦品质无不良影响。未见药害发生。

乙二膦酸
（EDPA）

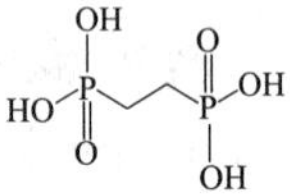

C₂H₈P₂O₆，190.03，6145-31-9

化学名称　1,2-次乙基二膦酸。

理化性质　纯品为白色结晶，熔点220～223℃，吸水性很强，易溶于水、乙醇，难溶于苯、甲苯，不溶于石油醚。其工业产品为淡黄色透明液体，呈强酸性，在酸性介质中稳定，在碱性介质中易分解。

作用机制与特点　乙二膦酸为一种乙烯释放剂。其水溶液为酸性，被植物吸收后，由于酸度下降而逐渐分解成乙烯和磷酸。通过乙烯对植物生育起着多方面的调节作用，如促进果实成熟、种子萌发，打破顶端优势，加速成熟和叶片脱落。磷酸又是植物所需的营养成分。与乙烯利不同之处是乙二膦酸分解后不产生盐酸，故使用安全。

适宜作物　棉花，苹果，梨，桃。

应用技术

（1）棉花　在棉荚张开时，施用1000～2000g/kg乙二膦酸，可促进棉荚早张开，避免霜冻后开花。

（2）桃　在收获前15～30d，施用1000～2000g/kg乙二膦酸，可促进桃提早成熟，增加色泽。

（3）苹果、梨　在收获前15～30d，施用1000～2000g/kg乙二膦酸，可增加甜度，使其提早成熟，增加色泽。

注意事项

（1）切勿曝晒和靠近热源。贮存在冷凉条件下。

（2）对金属有一定腐蚀作用，喷雾器使用后用清水冲洗。

（3）不可与碱性药物混用，以免分解而降低药效。

（4）药液随用随配，稀释药液不宜久放。使用时加少量洗衣粉，可增加黏着力，提高药效。

（5）虽然乙二膦酸比乙烯利作用温和，但要严格控制对各种作物的用量，且要喷洒均匀。

乙二肟

（glyoxime）

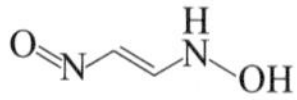

O=N—CH=CH—N(H)—OH

C₂H₄N₂O₂，88.07，557-30-2

化学名称　乙二醛二肟。

其他名称　Pik-off，CGA-22911，glyoxal dioxime。

理化性质　白色结晶，无臭，熔点 178℃（升华）。微溶于水，水溶液呈弱酸性，溶于热水、乙醇和乙醚。在常温下较稳定，可保存 5 年以上，在高温（50～70℃）下易降解，不能与其他化合物混合使用。

毒性　大白鼠急性经口 LD_{50} 为 180mg/kg。

作用机制与特点　乙二肟为乙烯促进剂，也是柑橘果实离层剂。在果实和叶片间有良好的选择性，柑橘外果皮吸收药剂后，诱导内源乙烯产生，使果实基部形成离层，促进果柄离层形成，加速果实脱落。乙烯会很快传导到中果皮内，但不进入果汁，并不降低芳香味。

适宜作物　用作柑橘和凤梨的脱落剂。

剂型　8% 可溶性液剂。

应用技术　在柑橘成熟采收前 4～6d 喷洒，将药剂稀释到 15kg 水中即可，每公顷用药量 300～450g。气温在 18℃ 左右时使用，不会影响未成熟的果实和树叶。

注意事项

（1）干燥时易爆，高度易燃，故应远离火源。

（2）操作时应穿戴防护服、手套和护目镜或面具。

乙烯硅

（etacelasil）

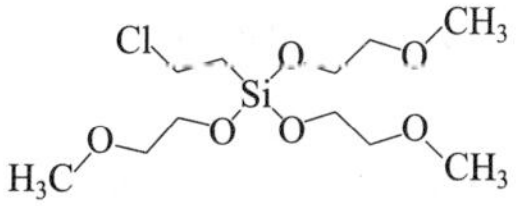

C₁₁H₂₅ClO₆Si，361.9，37894-46-5

化学名称　2-氯乙基-三(2′-甲氧基-乙氧基)硅烷。

其他名称　Alsol、GAA-13586、橄榄离层剂 2-chloroethyltris（2-

methoxyethoxy）silane。

理化性质　无色液体，沸点 85℃（0.13Pa），溶于水，比较稳定，在密闭容器内可保存 1 年以上，在潮湿环境下，会缓慢降解。蒸气压 27MPa（20℃），密度 $1.10g/cm^3$（20℃）。溶解性（20℃）：水中 25g/L，可与苯、二氯甲烷、乙烷、甲醇、正辛醇互溶。水解 DT_{50}（min，20℃）：50（pH5），160（pH6），43（pH7），23（pH8）。

毒性　大白鼠急性经口 LD_{50} 为 2066mg/kg，大白鼠急性经皮 LD_{50}＞3100mg/kg，对兔皮肤有轻微刺激，对兔眼睛无刺激。大鼠急性吸入 LC_{50}（4h）＞3.7mg/L 空气。90d 饲喂试验无作用剂量为大鼠 20mg/（kg·d），狗 10mg/（kg·d）。鱼毒 LC_{50}（96h）：虹鳟鱼、鲫鱼、蓝鳃翻车鱼＞100mg/kg。对鸟无毒。

作用机制与特点　植物吸收后在体内释放，几小时内迅速降解，在植物体内不会传导，只限于喷洒部位。用于果实收获时促进落果。乙烯硅释放乙烯速度比乙烯利快。

适宜作物　在欧洲，用作橄榄化学脱落剂，有利于机械采收（有机械振动可使 90％以上的橄榄脱落）。

应用技术　本品通过释放乙烯而促使落果，用作油橄榄的脱落剂。根据油橄榄的品种不同，在收获前 6～10d，温度在 15～25℃、相对湿度较高时，用 1000～2000mg/kg 的药液喷雾，使枝叶和果全部被药液湿透。药液中加表面活性剂可提高脱落效果。

注意事项

（1）采取一般防护，避免吸入药雾，避免药液沾染皮肤和眼睛。

（2）贮藏时与食物、饲料隔离，勿让儿童接近。本品中毒无专用解毒药，出现中毒症状，应对症治疗。

（3）气候状况不良时，注意不要过量喷药，也不要加表面活性剂。

—— **乙烯利** ——

（ethephon）

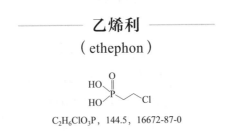

$C_2H_6ClO_3P$，144.5，16672-87-0

化学名称　2-氯乙基膦酸。

其他名称　乙烯灵，乙烯磷，一试灵，CEPA，Ethrel。

理化性质　纯品为长针状无色结晶，熔点 74～75℃，极易吸潮，易溶于水、乙醇、乙醚、丙酮、甲醇，微溶于苯和二氯乙烷，不溶于石油醚。制剂为棕黄色黏稠强酸性液体，pH＝1 左右。在常温、pH 值 3 以下比较稳定，几乎不放出乙烯，在 pH＝4 以上会分解出乙烯，乙烯释放速度随温度和 pH 值升高而加快。乙烯利在碱性沸水浴中 40min 会全部分解，放出乙烯和氯化物及磷酸盐。

毒性　原药大鼠急性经口 LD_{50} 为 4299mg/kg，兔急性经皮 LD_{50} 为 5730mg/kg。小白鼠急性经皮 LD_{50} 为 6810mg/kg 体重。对人皮肤、黏膜、眼睛有刺激性，无致突变、致畸和致癌作用。乙烯利与酯类有亲和性，故可抑制胆碱酯酶的活力。一定浓度的乙烯利可能导致头脑、肾损害，甚至诱发癌变。长期食用乙烯利催熟的蔬菜，体内会积累衰老素，影响身体健康。对鱼低毒，对蜜蜂低毒，对蚯蚓无毒。

作用机制与特点　是促进植物成熟的生长调节剂，易被植物吸收，进入植物的茎、叶、花、果实等细胞中，并在植物细胞液微酸性条件下分解释放出乙烯，与内源激素乙烯所起的生理功能相同。几乎参与植物的每一个生理过程，具有促进果实成熟，叶片、果实脱落，促进雌花发育，诱导雄性不育，打破种子休眠，减少顶端优势，增加有效分蘖，使植株矮壮等作用。属于低毒植物生长调节剂。

适宜作物　乙烯利主要应用于棉花、水稻、玉米、高粱、大麦、番茄、西瓜、黄瓜、苹果、梨、柑橘、山楂等作物催熟；也用于水稻，控制秧苗徒长，增加分蘖；增加橡胶乳产量和小麦、大豆等的产量。

剂型　85％原药，60％原油，40％水剂，40％醇剂。

应用技术

（1）催熟

① 玉米　心叶末期每亩用 40％乙烯利 50g 兑水 15kg 喷施，可矮化植株，抗倒伏，增产，成熟期提前 3～5d。

② 棉花　棉花属无限生长习性，但是受气候条件制约，特别是随着夏播棉的发展，部分晚期棉铃不能自然成熟，甚至不能开裂吐絮。乙烯利直接增加棉花的乙烯生成，从而引起叶片脱落和棉铃开裂，但一般情况下，乙烯利的催熟效果优于脱叶效果。用乙烯利催熟棉花，大多数需要催熟的棉铃达到铃期的 70％～80％，药液浓度一般在 500～800mg/kg。目前我国使用较多的是 40％乙烯利水剂，每亩用 100～150g，兑水量可根据使用的喷雾方法调整，手动喷雾时用水 20～30kg，

机动喷雾时可用水 15～20kg。用乙烯利催熟处理后，早熟棉花 10 月上中旬吐絮率可达 92.9%～98.2%，比对照增加 11.6%；同时中熟棉花吐絮率达 79.2%～81.1%，比对照增加 24.2%～34.4%，中熟品种的催熟效果更显著。

③ 梨　用 200～400mg/kg 的乙烯利药液喷洒植株可疏花疏果；用 25～250mg/kg 的乙烯利药液喷洒可催熟，改善果实品质。

④ 樱桃、枣树　用 200～300mg/kg 的乙烯利药液浸果可催熟。

⑤ 山楂　在果实正常采收前 1 周，用 40% 乙烯利水剂 800～1000 倍稀释液喷雾全株，可促使山楂果脱落，脱落率可达 90%～100%，采收省工可提高好果率。

⑥ 李子　用 50～100mg/kg 的乙烯利药液喷洒植株，可催熟，改善果实品质。

⑦ 葡萄　在果实膨大期，喷 40% 乙烯利水剂 888～1333 倍液，每隔 10d 喷施一次，连续喷 2 次，果实可提前 10d 左右成熟。

⑧ 果梅　用 250～350mg/kg 的乙烯利药液喷洒植株，可催熟。

⑨ 柿子　用 300～800mg/kg 的乙烯利药液喷洒植株或浸果，可催熟，脱涩。

⑩ 杏　用 500～700mg/kg 的乙烯利药液喷洒植株，可促进果实脱落。

⑪ 菠萝　用 25～75mg/kg 的乙烯利药液注射叶腋，可催芽；每株灌入 30～50g 250～500mg/kg 的乙烯利药液，可控制开花结果；果实成熟度达七成以上时使用，可催熟。

⑫ 香蕉　用 800～1000mg/kg 的乙烯利药液浸果，可催熟并改善香蕉的风味及适口性。

⑬ 烟草　乙烯利催熟烟叶可以在生长后期进行茎叶处理或采后处理烟片。茎叶处理：一般采用全株喷洒的方法。对于早、中烟，在夏季晴天喷施 500～700mg/kg 乙烯利，每亩用 40% 乙烯利水剂 62.5～87.5g，加水 50～100kg，3～4d 后烟株自下向上约 2～4 台叶（每台 2 片）即能由绿转黄，和自然成熟一样；对晚烟，浓度要增加到 1000～2000mg/kg，5～6d 后浅绿色的叶片转黄。也可以用 15% 乙烯利溶液涂于叶基部茎的周围，或者把茎表皮纵向拨开约 1.5cm×4.0cm，然后抹上乙烯利原液，3～5d，抹药部位以上的烟叶即可褪色促黄，乙烯利在烟草上药效持续期为 8～12d。也可在烟草生长季节，针对下部叶片和上部叶片使用两次。有研究表明对达到生理成熟的上部烟叶，高温快烤

前提前 2d 喷施浓度为 200mg/kg 的乙烯利溶液能使烤后烟叶成熟度提高，化学成分含量的适宜性和协调性得到改善。乙烯利处理的高温快烤可提高上等烟和上、中等烟比例，较未使用乙烯利处理的提高 15.66%。

⑭ 番茄　番茄在采收前期应用乙烯利处理，不仅可促进早熟、增加早期产量，而且对后期番茄的成熟也十分有利。对于贮藏加工番茄品种，为了便于集中加工，都可应用乙烯利加工处理，其茄红素、糖、酸等的含量与正常成熟的果实相似。使用方法如下：

a. 涂抹法　当番茄的果实由青熟期即将进入催色期时，可将小毛巾或纱手套等用 4000mg/kg 的乙烯利溶液浸湿后，在番茄果实上揩一下或摸一下。经处理的果实可提早 6～8d 成熟，且果实光泽鲜亮。

b. 浸果法　也可将进入催色期的番茄采摘下来再催熟，可采用 2000mg/kg 的乙烯利溶液对果实进行喷施 1min 或喷洒，再将番茄置于温暖处（22～25℃）或室内催熟，但用这种方法催熟的果实不如在植株上催熟的果实鲜艳。

c. 大田喷果法　对于一次性采收的大田番茄，可在生长后期，即大部分果实已转红色但尚有一部分青果不能用作加工，全株喷施 1000mg/kg 乙烯利溶液，这可使青果加快成熟。对于晚季栽培的秋番茄或高山番茄，在生长后期气温逐渐下降，为防霜冻可用乙烯利喷洒植株或果实，促进果实提早成熟。

但须注意，应用乙烯利促进番茄早熟，要严格掌握乙烯利的浓度；在番茄的正常生长季节，不能用乙烯利喷施植株，因为植株经乙烯利，特别是较高浓度的乙烯利处理后，会抑制植株的生长发育，并使枝叶迅速转黄，严重影响产量。我国和澳大利亚均规定乙烯利作为农药使用时，在番茄中的最大残留限量为 2mg/kg。

⑮ 西瓜　用 100～300mg/kg 喷洒已经长足的西瓜，可以提早 5～7d 成熟。

但要注意，乙烯利催熟瓜果时，某些瓜果风味欠佳，如西瓜等，除施足底肥外，还应配合使用有关增甜剂，才能达到既早熟风味又好的效果。或者与某些生长抑制剂混用，结合高效水肥条件则更理想。

⑯ 平菇　用 500mg/kg 的乙烯利药液喷洒 3 次，可促进现蕾，早出菇，增产。

⑰ 金针菇　用 500mg/kg 的乙烯利药液喷洒，可促进早出菇，出齐菇。

（2）调节生长，增加产量，改善品质

① 水稻　连作晚稻秧苗生长期，由于播种量较大，气温高，生长速度快，植株普遍细长，适时喷施乙烯利溶液后，能在植物体内释放出乙烯，引起水稻幼苗矮化。在水稻秧田期使用乙烯利处理后，能起到提高秧苗素质，控制秧苗高度等生理作用。主要表现在如下方面：a.提高秧苗素质，使秧苗出叶速度加快，叶色深绿，单叶光合效率明显高于对照。移栽前和移栽后，根系吸收能力强，单株发根能力强，根量多，返青快。b.控制后季稻秧苗的高度，秧苗高度比对照下降 25% 左右。c.减轻拔秧力度。d.促进栽秧后早发。e.提早抽穗。f.增加产量，增产率达 5%～10%。用 40% 乙烯利 800～1600 倍液喷雾，每亩喷 50kg，在秧苗四叶期、六叶期各喷 1 次。需要注意的是，乙烯利促进秧苗发育，常发生"早穗"，只有掌握在拔秧前 15d 左右使用才能免除这一副作用。

② 玉米　在玉米拔节初期，一般品种在有 6～10 片展开叶时，用乙烯利 60～90g 兑水 450kg 进行叶面喷雾，能有效降低下部节间长度，降低株高，防止倒伏；生产上将乙烯利和胺鲜酯、羟烯腺嘌呤、芸苔素内酯等促进型植物生长调节剂进行复配使用。30% 胺鲜酯·乙烯利水剂（福建浩伦生物工程技术有限公司首家登记）在生产上推广应用有较好的表现，除了保留乙烯利降低株高，防止倒伏作用的同时，加入的胺鲜酯组分促进了源器官光合产物的制造能力，表现出穗粒数增加，千粒重提高，降低了"秃尖"长度，大幅度提高了玉米产量，同时增强了玉米植物对大风、干旱等不良环境的抵抗能力。

③ 大麦　乙烯利在大麦抽穗初期施用，可使大麦株高降低，成熟期提前，千粒重略有增加，具有一定的增产效果，而对大麦穗长、每穗实粒数无明显影响。乙烯利对大麦生长发育无明显不良影响，安全性较好。应用乙烯利可防止大麦倒伏，每亩用乙烯利 20～24g 进行叶面喷雾为宜，掌握在大麦破口抽穗期施药。

④ 高粱　用 250mg/kg 的乙烯利药液喷洒叶面，可矮化植株，抗倒伏，增产。

⑤ 大豆　乙烯利被植物吸收后，在体内释放乙烯，引起生理变化，促进果实成熟，使大豆植株矮壮，提高产量。于大豆 9～12 片叶时，用 40% 水剂配成 0.3～0.5g/kg 的乙烯利溶液，每亩喷稀释液 30～40kg。

⑥ 花生　易出现开花多，结荚少，秕果多，饱果少等现象，所以要设法控制后期花，使之少开花或不开花，以减少养分消耗，为多结

荚、结饱荚创造条件。据王永露等（2011）的试验结果表明，对初花期花生叶面喷施 6 种浓度的 40％乙烯利水剂，可使植株矮化，抑制花生地上部分的生长，使主茎和分枝长比对照缩短，但分枝数较多；提高单位叶面积鲜重、干重及植株鲜重、干重；提高植株的单株结荚数、饱果率和产量。其中以浓度为 200mg/kg 的处理效果最好，花生的经济性状和产量最高，适宜在生产中推广。另据葛建军等（2008）报道，不同浓度的乙烯利能够明显提高花生功能叶叶绿素含量和光合速率，有利于功能叶光合产物的合成和累积以及籽粒产量和品质的提高；有利于花生功能叶中的氮素向籽粒库转运，不同浓度处理的功能叶中全氮、蛋白氮含量的减少量均高于对照；且能够明显提高花生结荚前期功能叶硝酸还原酶、谷氨酰胺合成酶和转化酶活性，及结荚中、后期功能叶中蛋白水解酶活性；能明显提高花生籽粒全氮、蛋白氮的含量，且以 150mg/kg 浓度最合理。

⑦ 橡胶树　用乙烯利处理橡胶树时，以 15 年生长以上的实生树为宜。方法是先将橡胶割线下部刮去 4 厘米的死皮，然后涂药液，浓度为 30％以下，涂药后 20h 胶乳分泌量急剧上升，药效期可达 1.5～3 个月，药效消失后可再涂。应采用半树围隔日割胶，每月割次应控制在 15 刀以下，过多时将会影响产胶潜力。

⑧ 漆树、安息香树、松树、印度紫檀等　经乙烯利处理后，可促进分泌乳液和油脂。

（3）调节花期、提高两性花比例

① 小麦　用 40％乙烯利水剂 200～400 倍液于抽穗初期到末期使用，可使雄性不育。

② 水稻　用 1％～2％乙烯利溶液在花粉母细胞减数分裂时喷洒，可使花粉母细胞发育不全。

③ 棉花　用 1000～2000mg/kg 的乙烯利溶液喷洒植株，可使雄蕊发育不全。

④ 花生　用 2000mg/kg 的乙烯利溶液在开花后 25d 喷洒植株，可控制开花。

⑤ 杏树　用 50～200mg/kg 的乙烯利溶液喷洒植株，可延迟开花，增产。

⑥ 芒果　用 100～200mg/kg 的乙烯利溶液喷洒植株，可促进开花。

⑦ 黄瓜　用 200～300mg/kg 的药液在苗龄一心一叶时各喷一次

药，有增产效果，使雌花增多，节间变短，坐瓜率提高。

⑧ 西葫芦　用150～200mg/kg的乙烯利药液于3叶期喷洒植株，以后每隔10～15d喷洒1次，共喷洒3次，可使雌花数增加，增加早期产量15%～20%，提早7～10d成熟。

⑨ 甜瓜　用100mg/kg的乙烯利溶液喷洒植株，可提高两性花比例。

⑩ 甜菜　用4000～8000mg/kg的乙烯利溶液喷洒植株，可杀雄，但也有使甜菜不易抽穗的副作用。

⑪ 牡丹　用500mg/kg的乙烯利溶液喷洒植株，可促进开花。

⑫ 菊花　用200mg/kg的乙烯利溶液喷洒植株，可抑制花芽形成，推迟花期。

⑬ 水仙　用1000～2000mg/kg的乙烯利溶液浇灌，可促进开花。

⑭ 叶子花　用75mg/kg的乙烯利溶液喷洒植株，可促进开花。

（4）增加分枝、促进生长

① 玫瑰、杜鹃花、天竺葵　插枝生根后，用500mg/kg的乙烯利溶液喷洒苗基部，间隔2周再喷1次，可促进侧枝生长。

② 香石竹　用500mg/kg的乙烯利溶液喷洒4次，可增加分枝，促进生长。

（5）提高抗逆性

① 马铃薯　在马铃薯移植5周后，叶面喷洒200～600mg/kg的乙烯利溶液，可控制马铃薯巧克力斑点病。

② 茶树　10月下旬至11月上旬，每亩用40%乙烯利水剂125g，兑水150kg喷洒花蕾，可促使落花落蕾，节省茶树养料，有利于翌年春茶增产及增强茶树抗寒性。

注意事项

（1）乙烯利原液稳定，但经稀释后的乙烯利水溶液稳定性变差。生产上使用时应随配随用，放置过久会降低使用效果。

（2）乙烯利活性强，不可随意使用，否则将产生药害。较轻药害表现为植株顶部出现萎蔫，植株下部叶片及花、幼果逐渐变黄、脱落，残果提前成熟；较重药害为整株叶片迅速变黄、脱落，果实迅速成熟脱落，导致整株死亡。乙烯利用量过大或使用时间不当均可产生药害，但其药害不对下茬作物产生影响。缺少使用经验的地方要先试验，然后再加大面积使用。

（3）使用乙烯利要配合其他农业技术措施，尤其要施足基肥和增加追肥。遇干旱、肥力不足、作物生长矮小时，应降低使用浓度，并作小区试验；雨水过多，肥力过剩，气温偏低，作物不能正常成熟时，应增加使用剂量。

（4）乙烯利宜在晴天使用，至少在用后4～5h内无雨，否则药效减弱，需补充用药。施用本品的气温最好在16～32℃，当温度低于20℃时要适当加大使用浓度。作为使用乙烯利后要及时收获，以免果实过熟。

（5）配制乙烯利溶液的酸度在pH值4以下时可直接使用，若酸度在pH值4以上时，则需要加酸使药液调至pH值等于4。

（6）使用乙烯利时温度宜在20℃以上。温度过低，乙烯利分解缓慢，使用效果降低。

（7）乙烯利虽是低毒制剂，但对人的皮肤、眼睛有刺激作用。0.5%乙烯利能刺激眼睛，20%乙烯利能刺激皮肤，故使用时应尽量避免与皮肤接触，特别注意不要将药液溅入眼内。如不慎使皮肤接触原液或溅入眼内，应迅速用水和肥皂冲洗，必要时请医生治疗。

（8）乙烯利具有强酸性，原液与金属容器会发生反应放出氢气，腐蚀金属容器、皮肤及衣物，因此应戴手套和眼镜作业，作业完毕后应立即充分清洗喷雾器械。当遇碱时会放出可燃易爆气体乙烯，在清洗、检查或选用贮存容器时，务必注意这些性能，以免发生危险。贮存过程中勿与碱金属的盐类接触。

——— 乙氧喹啉 ———
（ethoxyquin）

$C_{14}H_{19}NO$，217.31，91-53-2

化学名称　1,2-二氢-2,2,4-三甲基喹啉-6-基乙醚。

其他名称　抗氧喹，虎皮灵，山道喹，乙氧喹，珊多喹，衣索金，乙抑菌，Nix-scald，Santoquin，Stopscald。

理化性质　纯品为黏稠黄色液体，沸点123～125℃（267Pa），相对密度1.029～1.031（25℃），不溶于水，溶于苯、汽油、醇、醚、四氯化碳、丙酮和二氯乙烷。稳定性：暴露在空气中，颜色变深，但不影响活性。

毒性 大鼠急性经口 LD_{50} 1920mg/kg，小鼠 1730mg/kg。对兔和豚鼠进行皮肤测验，发现其发疹和产生红斑，但都是暂时的。NOEL 数据：大鼠 6.25mg/(kg·d)，狗 7.5mg/(kg·d)。ADI 值为 0.005mg/kg 体重。以 900mg/kg 饲料饲养鲑鱼 2 个月未见异常反应，本品在鲑鱼体内的半衰期为 4～6d，9d 后未见残留。由于本品不直接接触作物，因此对蜜蜂无害。

作用机制与特点 乙氧喹啉可作为抗氧化剂，延长水果的保存时间，作为植物生长调节剂用于防治苹果、梨表皮的一般灼伤病和斑点。在收获前喷施，或在收获后浸果，或将药液浸渍包果实的纸，以预防苹果和梨在贮存期间出现的灼伤病和斑点。浸泡果实药液浓度为 2.7g/L；浸渍包装纸浓度为 1.3g/L。果实浸泡温度以 15～25℃ 为宜，浸泡约 30s。处理后的果实待药液阴干后贮存，剩余药品仍放入原包装中，密封贮存，120d 内无变化。

适宜作物 苹果、梨等。

应用技术

(1) 苹果 收获后，用 0.2%～0.4% 药液浸泡 10～15s，放入袋中保存，可保存 8～9 个月仍保持新鲜。

(2) 梨 收获后，放在用 0.2%～0.4% 药液浸泡过的纸袋（20cm×20cm）中，把纸袋放入盒子中冷藏，可保存 7 个月。

注意事项

(1) 苹果收获后立即处理。

(2) 保存在阴凉干燥处。药品变浑浊后不再使用。

(3) 处理时带橡胶手套。乙氧喹啉药液如溅到皮肤或眼睛，要立刻用水和肥皂水冲洗。本品中毒无专用解毒药，应对症治疗。

--- **异噻菌胺** ---

（isotianil）

$C_{11}H_5Cl_2N_3OS$，298.15，224049-04-1

理化性质　纯品为白色粉末；熔点 191～193℃。水中溶解度为 0.5mg/kg（20℃，pH 7.0）。

作用机制及特点　异噻菌胺是防治稻瘟病的异噻唑类杀菌剂，能激发水稻的天然防御机制，但其特点是不会对病原菌直接产生抗菌作用，而是通过激发水稻自身对稻瘟病的天然防御机制，达到抵抗稻瘟病的目的，故也称激活剂。同时还具有一定杀虫活性，不易产生抗性，对环境友好，是具有发展前景的一种农药。

毒性　异噻菌胺原药，低毒；24.1％肟菌·异噻菌胺种子处理悬浮剂（肟菌酯 6.9％＋异噻菌胺 17.2％），低毒。

适宜作物　水稻。

剂型　96％原药。

应用技术　24.1％肟菌·异噻菌胺种子处理悬浮剂中的肟菌酯是甲氧基丙烯酸酯类杀菌剂，具有良好的保护、治疗和渗透活性，二者混配对水稻恶苗病、苗瘟和叶瘟有较高防效和较长持效期。该产品用 15～25mL/kg 种子剂量下拌种，防治水稻稻瘟病和恶苗病。

注意事项

（1）机械化处理种子时，根据要求调整浆状药液与种子比例，按推荐制剂用药量加适量水，混匀后进行种子处理。

（2）人工处理种子时，根据种子量确定制剂用量，加适量水混匀调成浆状药液，按每千克种子用浆状药液量 15～30g，搅拌种子使其均匀着药，于通风阴凉处晾干。

异戊烯腺嘌呤

（ZIP）

$C_{10}H_{13}N_5$，203.24，2365-40-4

化学名称　N-6-（2-Isopentenyl）adenosin。

其他名称　546 细胞分裂素、羟烯腺嘌呤·烯腺嘌呤、DMAA、IPA、2iPA。

理化性质　有效成分为玉米素和异戊烯基腺嘌呤。白色结晶，熔点 216.4～217.5℃，溶于甲醇、乙醇，不溶于丙酮和水。

毒性　原药小鼠经口 $LD_{50}>10g/kg$，大鼠 90d 饲喂试验无作用剂量 5000mg/kg，Ames 试验、小鼠骨髓嗜多染红细胞微核试验、精子畸变试验均为阴性。

作用机制及特点　该调节剂是一种新型高效细胞分裂素，为链霉素通过深层发酵而制成的腺嘌呤细胞分裂素植物生长调节剂。能促进细胞的分裂和分化，诱导芽的形成和促进芽的生长，有促进细胞扩大，提高坐果率，延缓叶片衰老的功效，可促进器官形成，促进花芽分化，并能诱异单性结实。在低浓度下还能促进作物生根。广泛适用于果树和蔬菜上，一般可增产 12%～40%。另外，还可延缓叶绿素和蛋白质的降解速度，防止离体叶片衰老，保绿，是农业生产中不可或缺的保鲜剂。

适宜作物　广泛适用于水稻、小麦、大豆、番茄、西瓜、柑橘、烟草、茶树等各种大田作物、蔬菜、果树、花卉以及草坪草等。

剂型　0.0001%可湿性粉剂、0.004%可湿性粉剂。

应用技术　将 0.0001%异戊烯腺嘌呤可湿性粉剂兑水稀释后喷雾或浸种。

（1）番茄　从 4 叶期起，用 0.0001%异戊烯腺嘌呤可湿性粉剂 400～500 倍液喷洒植株，7～10d 喷 1 次，连喷 3 次。

（2）茄子　在定植后 1 个月起，用 0.0001%异戊烯腺嘌呤可湿性粉剂 600 倍液喷洒植株，7～10d 喷 1 次，连喷 2～3 次。

（3）马铃薯　用 0.0001%异戊烯腺嘌呤可湿性粉剂 100 倍液浸泡种薯块 12h 后，晾干播种；在生长期间，用 600 倍液喷洒植株，7～10d 喷 1 次，连喷 2～3 次。

（4）大白菜　用 0.0001%异戊烯腺嘌呤可湿性粉剂 50 倍液浸泡种子 8～12h 后，晾干播种；定苗后，用 400～500 倍液喷洒，7～10d 喷 1 次，连喷 2～3 次。

（5）西瓜　开花始期用 0.0001%异戊烯腺嘌呤可湿性粉剂 600 倍液进行茎叶喷雾，每亩喷液量 20～30kg，每隔 10d 处理一次，重复三次，可使西瓜藤势早期健壮，中后期不衰，使枯萎、炭疽病等病害减轻，而且使产量和含糖量增加。

（6）玉米　以玉米种子∶水∶植物细胞分裂素三者的比例为 1∶1∶0.1，浸种 24h，并于穗位叶分化、雌穗分化末期、抽雄始期，再用 0.0001%异戊烯腺嘌呤可湿性粉剂 600 倍药液均匀喷洒三次，每亩喷药量 30～50kg。可使玉米拔节、抽雄、扬花及成熟提前，而且穗节位和穗长提高，穗秃尖减少，粒数增加，千粒重增加。

注意事项 应密封贮藏于阴凉处，用过的容器应妥善处理，不得污染水源、食物和饲料。

抑芽醚

（naphthalene）

$C_{12}H_{12}O$，172.22，5903-23-1

化学名称 1-萘甲基甲醚。

理化性质 无色液体，沸点106～107℃（400Pa）。无色无臭液体，相对密度 d_4^{20} 1.0830。性质较稳定，不易皂化。由萘氯甲基化后与甲醇在碱性条件下反应生成。

作用机制与特点 是一种植物生长调节剂，能抑制马铃薯在贮藏期发芽。

应用技术 主要用于抑制马铃薯发芽，用量为1kg马铃薯用6％粉剂2g，处理过的马铃薯仍可作种薯用。

注意事项

（1）药品贮于干燥通风库房，勿让儿童进入，勿与食物、饲料共贮。

（2）使用时须戴面具和穿着工作服，慎勿吸入药雾。无专用解毒药，出现中毒可对症治疗。

抑芽唑

（triapenthenol）

$C_{15}H_{25}N_3O$，263.38，76608-88-3

化学名称 （E）-（RS）-1-环己基-4,4 二甲基-2-（1H-1,2,4 三唑-1-基）1-戊烯-3-醇。

其他名称 抑高唑。

理化性质 无色晶体，熔点 135.5℃，20℃时溶解度为：二甲基甲酰胺 468g/L，甲醇 433g/L，二氯甲烷＞200g/L，异丙醇 100～200g/L，丙酮 150g/L，甲苯 20～50g/L，己烷 5～10g/L，水 68mg/L。

毒性 大白鼠急性经口 LD_{50}＞5000mg/kg，小鼠急性经口 LD_{50} 为 4000mg/kg，大鼠急性经皮 LD_{50}＞5000mg/kg。大鼠慢性无作用剂量为每天 100mg/kg。对鸟类低毒，日本鹌鹑急性经口 LD_{50}＞5000mg/kg。对鱼低毒，鲤鱼 LD_{50}（96h）为 18mg/kg，鳟鱼为 37mg/kg（96h）。对蜜蜂无毒。

作用机制与特点 本剂为唑类植物生长调节剂，是赤霉素生物合成抑制剂，主要抑制茎秆生长，并能提高作物产量。在正常剂量下，不抑制根部生长，无论通过叶或根吸收，都能达到抑制双子叶作物生长的目的。对单子叶植物，必须通过根吸收，叶面处理不能产生抑制作用。还可使大麦的耗水量降低，单位叶面积蒸发量减少。使油菜植株鲜重/干重比值增加，每株植物的总氮量没有变化，但以干重计时则氮含量增加。如施药时间与感染时间一致时，具有杀菌作用。

适宜作物 主要用于油菜、豆科作物、水稻、小麦等作物抗倒伏。

剂型 70％可湿性粉剂，70％颗粒剂。

应用技术

（1）水稻 在水稻抽穗前 12～15d 用药，每公顷用 70％可湿性粉剂 500～720g，兑水 750kg，均匀喷雾，可防止水稻倒伏。

（2）油菜 油菜现蕾前施药，每公顷用 70％可湿性粉剂 720g，兑水 750kg，均匀喷雾，控制油菜株型，可防止油菜倒伏，增荚。

（3）大豆 始花期施药，用 70％可湿性粉剂 500～1428g/hm²，兑水 750kg，对茎、叶均匀喷雾，可降低植株高度，增荚、增粒。

注意事项

（1）抑芽唑控长，防止倒伏，适用于水肥条件好的作物，健壮植物上效果明显。

（2）应先进行试验，取得经验后再推广应用。

（3）注意防护，避免药液接触皮肤和眼睛。误服时饮温开水催吐，送医院治疗。

（4）药品保存在阴凉、干燥、通风处。

（5）2019 年 1 月 1 日起，欧盟正式禁止使用抑芽唑的农产品在境内销售，请注意使用情况。

茵多酸
（endothal）

$C_8H_{10}O_5$，186.2，145-73-3

化学名称　3,6-环氧-1,2-环己二酸。

其他名称　Aquathol、Accelerate、Hydout，Ripenthol。

理化性质　纯品是无色无嗅结晶（一水合物），熔点144℃。相对密度1.431（20℃）。溶解性（20℃）：水中10%，丙酮7%，甲醇28%，异丙醇1.7%。在酸和弱碱溶液中稳定，光照下稳定。不易燃，无腐蚀性。

毒性　大鼠急性经口 LD_{50}：38～54mg/kg（酸），206mg/kg（66.7%铵盐剂型），兔急性经皮 $LD_{50} > 2000mg/kg$（酸）。NOEL数据（2年）大鼠1000mg/kg饲料不致病。绿头鸭急性经口 LD_{50} 为111mg/kg。山齿鹑和绿头鸭饲喂实验 LC_{50}（8d）>5000mg/kg饲料。蓝鳃翻车鱼 LC_{50} 为77mg/kg。水蚤 LC_{50}（48h）为92mg/kg。对蜜蜂无毒。

作用机制与特点　茵多酸可通过植物叶、根吸收，通过木质部向上传导，可用作选择性除草剂。作为植物生长调节剂，主要用作脱叶剂，加速叶片脱落。

适宜作物　可作为棉花、马铃薯、苹果等作物的脱叶剂，也可作为甘蔗的增糖剂。

应用技术　1～12kg/hm² 剂量可加速棉花、马铃薯、苜蓿和苹果等作物的成熟，加速叶片脱落，还可增加甘蔗的含糖量。

注意事项　操作过程中注意防护。贮存于低温、阴凉、干燥处。

吲哚丁酸
（indole butyric acid）

$C_{12}H_{13}NO_2$，203.23，133-32-4

化学名称 吲哚-3-丁酸,4-(吲哚-3-基)丁酸。

其他名称 Hormodin, Seradix, Chryzopon, Rootone F。

理化性质 纯品吲哚丁酸为白色或微黄色晶粉,稍有异臭,熔点 $124\sim125℃$。工业品为白色、粉红色或淡黄色结晶,熔点 $121\sim124℃$。溶于丙酮、乙醚和乙醇等有机溶剂,难溶于水,20℃水中溶解度为 $0.25mg/kg$;苯$>1000mg/kg$,丙酮、乙醇、乙醚 $30\sim100mg/kg$,氯仿为 $10\sim100mg/kg$。对酸稳定,在碱中成盐。在光照下会慢慢分解,在暗中贮存分子结构稳定。

毒性 小白鼠急性经口 LD_{50} 为 1000mg/kg,急性经皮 LD_{50} 为 1760mg/kg;大鼠急性经口 LD_{50} 为 5000mg/kg。小鼠腹腔内注射 LD_{50} 为 150mg/kg。鲤鱼耐药中浓度为 180mg/kg。按照规定剂量使用,对蜜蜂无毒,对鱼类低毒,对人、畜低毒。在土中迅速降解。

作用机制与特点 吲哚丁酸是 1935 年发现合成的生长素,作用机制与吲哚乙酸相似。具有生长素活性,植物吸收后不易在体内输送,往往停留在处理的部位。因此主要用于插条生根。对植物插条可诱导根原体的形成,促进细胞分裂,有利于新根生长和维管束系统的分化,促进插条不定根的形成,促进植株发根的效果大于吲哚乙酸。吲哚丁酸能诱导插条生出细而疏、分叉多的根系。而萘乙酸能诱导出粗大、肉质的多分枝根系。因此,吲哚丁酸与萘乙酸混合使用,生根效果更好。

吲哚乙酸容易被植物内的吲哚乙酸氧化酶所分解,同时也容易被强光破坏,而吲哚丁酸不易被氧化酶分解。与萘乙酸相比,萘乙酸浓度稍高容易伤害枝条,而吲哚丁酸较安全。与 2,4-滴等苯氧化合物相比,2,4-滴这类化合物在植物体内容易传导,促进某些品种生根的浓度,往往会抑制枝条生长,浓度稍高还会造成对枝条的伤害,而吲哚丁酸不易传导,仅停留在处理部位,因此使用较安全。

很多果树、林木、花卉等插条,用吲哚丁酸处理,能有效地促进处理部位形成层细胞分裂而长出根系,从而提高扦插成活率。

适宜作物 可用于大田作物、蔬菜、果树、林木、花卉等。主要用于木本植物插条生根。

剂型 原粉,1%、3%、4%、5%、6%粉剂或可湿性粉剂。商品 Rootone 系吲哚丁酸与萘乙酸和萘乙酰胺的复配剂型。

应用技术 常用于木本和草本植物的浸根移栽,硬枝扦插,能加速根的生长,提高植物生根百分率,也可用于植物种子浸种和拌种,提高发芽率和成活率。移栽浸根时,草本植物使用浓度为 $10\sim20mg/kg$,

木本植物 50mg/kg；扦插时浸渍浓度为 50～100mg/kg；浸种、拌种浓度为木本植物 100mg/kg、草本植物 10～20mg/kg。

使用技术

（1）浸渍法　易生根的植物种类使用较低的浓度，不易生根的植物种类使用浓度略高。一般用 50～200mg/kg 浸渍插条基部约 8～24h。浓度较高时，浸泡时间短。

快浸法：浓度为 500～1000mg/kg 时，浸泡时间为 5～7s。

（2）蘸粉法　将适量的本品用适量的乙醇溶液溶解，再将滑石粉或黏土泡在药液中，酒精挥发后得到粉剂，药量为 0.1％～0.3％。然后润湿插条基部，再蘸粉或喷粉。

① 苹果、梨树、李　用 20～150mg/kg 吲哚丁酸钾盐水溶液处理梨、李和苹果的插条，都有一定的促进生根的效果。用 2500～5000mg/kg 吲哚丁酸 50％乙醇溶液快蘸李树硬材插条，促进生根。用 8000mg/kg 吲哚丁酸粉剂蘸梨树插条，能促进生根。苹果、梨嫁接前，将接穗在 200～400mg/kg 吲哚丁酸钠盐溶液中速蘸一下，可提高成活率，但对芽的生长有抑制效应，且浓度越高，抑制效应越大，可以促进其加粗生长。

② 柑橘、四季柚、香橙、枳橙等　先剪取向阳处呈绿色、芽眼饱满的未完全木质化的枝条，上端用蜡封住切口，防止水分蒸发，下端削成斜面，浸于 0.01％～0.02％吲哚丁酸水溶液中 12～24h，或用 0.5％吲哚丁酸液浸 10s，待乙醇挥发后置于无阳光直射处扦插，并加强苗床管理，做到干湿适宜。

③ 猕猴桃　硬枝插条，在 2 月底至 3 月中旬，选择长 10～15cm、直径 0.4～0.8cm 的一年生中、下段作插条，插条的上端用蜡封口，下端基部浸蘸药液。将硬枝插条基部在 0.5％吲哚丁酸溶液中浸蘸 3～5s，再在经消毒处理的沙土苗床中培育。苗床土壤温度控制在 19～20℃，相对湿度 95％左右。绿枝插条，选择中、下部当年生半木质化嫩枝，留 1～2 叶片，用 0.02％～0.05％吲哚丁酸浸渍 3h 再扦插入沙土苗床中。苗床温度可控制在 25℃左右。

④ 葡萄　选择葡萄优良品种，剪取一年生充分成熟、生长健壮、芽眼饱满的无病虫枝条，葡萄硬枝基端用 0.005％吲哚丁酸液浸 8h；葡萄绿枝基端用 0.1％吲哚丁酸液浸 5s，待枝条吸收药液后埋在潮湿的沙土中。处理时要注意控制浓度和浸泡时间，沙土要保持干湿适宜，防止过干过湿影响促根。

⑤ 山楂　选用品质优良、大小适中、生长健壮未展幼芽的无病山楂插条，用0.005％吲哚丁酸溶液浸泡插条基部3h，浸后埋于湿度适中的土壤中促根。

⑥ 桃树　用20～100mg/kg吲哚丁酸溶液浸泡桃树插条24h，然后用自来水洗去插条上的药液，置于沙床中培育，保持pH7.5，放在阴凉处，促生根，效果较萘乙酸好，其中以40～60mg/kg效果最好。用于软材插条比硬材插条好。桃树嫁接后，用50～100mg/kg吲哚丁酸溶液处理12～14h，可促使接口愈合。

⑦ 枣树　在10～20kg的水中加入1g萘乙酸，在1～2kg水中加入0.1g吲哚丁酸，然后将萘乙酸和吲哚丁酸溶液按9：1的比例混合。使用时将其倒入塑料盆中，水面超过根系3～5cm，浸泡6～8h。

⑧ 石榴、月季　选取发育充实、芽眼饱满、无病虫害的1～2年生枝条，将其剪成60～80cm长，每50根一捆，沙藏后在上端距芽眼1.5cm处剪成马耳形，插条长15～20cm，斜面搓齐朝下，用50～200mg/kg吲哚丁酸钠药液浸泡8～12h，浓度愈高，浸泡时间愈短。浸后扦插，可促进插条生根，增加根系数量，提高成活率，加快新稍的生长速度，苗木长势好。

⑨ 桂花　剪取桂花的夏季新梢（新梢已停止生长，并有部分木质化），每根插条长5～10cm，并留上部2～3片绿叶，将插条浸于0.05％的吲哚丁酸溶液中5min，晾干后插于遮阴苗床上。

⑩ 红豆杉　以一年生、二年生的全部木质化的红豆杉枝条为插穗，长10～15cm，有1个顶芽或短侧芽，上切口平，下切口斜，在50～80mg/kg的吲哚丁酸钠药液中浸泡12h，可明显促进根系发育。

⑪ 满天星、杜鹃花、倒挂金钟、蔷薇、菊花　用100mg/kg吲哚丁酸钠溶液浸泡3h，或用2000mg/kg吲哚丁酸钠溶液快蘸20s，对满天星、杜鹃花、菊花插条有促进生根的作用。用500～1000mg/kg吲哚丁酸钠溶处理倒挂金钟，促进生根效果明显。用15～25mg/kg吲哚丁酸钠溶浸泡蔷薇插条，能促进生根。

⑫ 林木　育苗或移栽时，用萘乙酸与吲哚丁酸处理，即在10～20kg的水中加入1g萘乙酸，在1～2kg的水中加入0.1g吲哚丁酸，然后将二者按9：1的比例混合，施用时，将混合液倒入塑料盆中，水面超过根系3～5cm，浸泡6～8h。

⑬ 油桐　种子播种前在水中浸泡12h，然后再用吲哚丁酸溶液浸泡12h，可促进萌发。种子在−10℃下处理15min，可加快萌发速度和

提高萌发率。

⑭ 花生　播种前用吲哚丁酸溶液浸种 12h，可促进开花并提高产量。

⑮ 其他作物　用 250mg/kg 左右的吲哚丁酸溶液浸或喷花、果，可以促进番茄、辣椒、黄瓜、无花果、草莓、黑树莓、茄子等坐果或单性结实。

注意事项

（1）用吲哚丁酸处理插条时，不可使药液沾染叶片和心叶。

（2）本剂可与萘乙酸、2,4-滴混用，有增效作用。

（3）本剂应按不同作物严格控制使用浓度，0.06％吲哚丁酸药液对无花果有药害。

（4）吲哚丁酸见光易分解，产品须用黑色包装物包装，存放在阴凉干燥处。

（5）吲哚丁酸不溶于水，使用前先用乙醇溶解，然后加水稀释至需要浓度。

（6）高浓度吲哚丁酸乙醇溶液，用后必须密封，以免乙醇挥发。

吲哚丁酸钾

（indole-3-butyric acid potassium）

$C_{12}H_{12}KNO_2$，241.33，60096-23-3

化学名称　4-吲哚-3-基丁酸钾。

其他名称　IBA/K、生长素，扎根，3-吲哚丁酸钾。

理化性质　纯品为白色或淡黄色小鳞片结晶粉末，易溶于水。熔点 121～124℃，在中性、碱性介质中稳定，在强光下会缓慢分解，在遮光条件下贮存，分子结构稳定。

毒性　急性经口大鼠 LD_{50} ＞3160mg/kg；大鼠经皮 LD_{50} ＞5000mg/kg。稳定性好，使用安全。

作用机制与特点　吲哚丁酸钾是一种促生根类植物生长调节剂，经由叶面喷洒、蘸根等方式，由叶片、种子等部位传导进入植物体，并集中在生长点部位，用于细胞分裂和细胞增生，促进草木和木本植物的根的分生，诱导作物形成不定根，表现为根多、根直、根粗、根毛多。活性比吲哚乙酸高。吲哚丁酸钾可作用于植株全身各生长旺盛部位，如根、嫩芽、果实，对专一处理部位强烈表现为细胞分裂，促进生长；具有长效性与专一性的特点；吲哚丁酸钾可以促进新根生长，诱导根源体形成，促进插条不定根形成。

特点：

（1）吲哚丁酸钾变成钾盐后，稳定性比吲哚丁酸强，完全水溶。

（2）吲哚丁酸钾不仅能打破种子休眠，还能生根壮根。

（3）大树小树，扦插移栽所用最多的是原粉产品。

（4）冬季低温时用于生根壮苗的最佳调节剂。

适宜作物 黄瓜、西红柿、茄子、辣椒、苹果、桃、梨、柑橘、葡萄、猕猴桃、草莓、一品红、石竹、菊花、月季、木兰、茶树、杨树、杜鹃等。

剂型 98%原粉。

应用技术 主要用于插条生根剂，也可用于冲施、滴灌、叶面肥的增效剂。

（1）吲哚丁酸钾浸渍法 根据插条生根的难易程度，用 $50\sim300mg/kg$ 浸插条基部 $6\sim24h$。

（2）吲哚丁酸钾快浸法 根据插条生根的难易程度，用 $500\sim1000mg/kg$ 浸插条基部 $5\sim8s$。

（3）吲哚丁酸钾蘸粉法 将吲哚丁酸钾与滑石粉等助剂拌匀后，将插条基部浸湿、蘸粉、扦插。

（4）吲哚丁酸钾单独使用对多种作物有生根作用，如和其他的调节剂混用效果更好，使用范围更广。建议最佳用量为：冲施肥，$15\sim30g/hm^2$；滴灌肥，$7.5g/hm^2$；基肥，$15\sim30g/hm^2$；拌种，$0.5g$ 原药加 $30kg$ 种子；浸种（$12\sim24h$），$50\sim100mg/kg$；快蘸（$3\sim5s$），$500\sim1000mg/kg$；冲施肥，大水 $45\sim90g/hm^2$，滴灌 $1.0\sim1.5g/hm^2$，拌种 $0.05g/hm^2$，原粉拌 $30kg$ 种子。

注意事项

（1）吲哚丁酸钾见光易分解，产品必须用黑色包装物包装，存放在阴凉干燥处，注意避光保存。

（2）未使用过本产品，一定要遵循小范围调试，再大面积推广的原则。

附 吲哚丁酸钾相关产品

ABT 生根粉 （ABT rooting powder）

其他名称 ABT 增产灵、ABT 绿色植物生长调节剂。

理化性质 产品为白色粉末，难溶于水，易溶于乙醇，易光解，光解后颜色变红，长期保存应避光并置于低温（4℃）条件下，以免活性降低。

毒性 本品无毒、无残留，施用安全。

作用机制与特点 ABT 生根粉主要成分是吲哚丁酸钾和萘乙酸钠，能够提高苗木成活率，萘乙酸钠主要是生主根，而吲哚丁酸钾主要作用是生侧根和毛细根。ABT 生根粉具有补充外源激素与促进内源激素合成的作用，可促进不定根形成，缩短生根时间，不但能提供插条生根所需的生根促进物质，而且能促进插条内源激素的合成，同时还能促进一个根源基分化形成多个根尖，以诱导不定根原基分生组织细胞分化出簇状根尖，因而促进不定根形成，缩短生根时间，提高生根率。ABT 1 号生根粉是一种高效、广谱、复合型植物生长调节剂，对植物细胞的增殖、分化、根的发生与伸长具有重要的调节作用，可以促进林木插条生根，能明显缩短生根时间，提高育苗生根率，促进生长，增强抗性。

适宜作物 广泛用于粮油作物、蔬菜、薯类、果树、药用植物和经济植物等。

剂型 粉剂。

应用技术

（1）ABT 1 号生根粉 主要用于促进珍贵植物及难生根植物插条不定根的形成，如金茶花、玉兰、柑橘、泡桐、银杏、龙眼、荔枝等。扦插时，一般情况可用 100mg/kg 溶液浸条 2～8h。1g 生根粉可处理插条 3000～5000 根。

（2）ABT 2 号生根粉 主要用于一般苗木及花卉灌木扦插育苗，如月季、茶花、石榴、杜鹃、紫薇、紫藤、葡萄、油茶、法国梧桐、翠柏、冬青。扦插时，一般可用 50mg/kg 溶液浸条 2～4h。1g 生根粉可处理插条 3000～6000 根。

（3）ABT 3 号生根粉 主要用于苗木移栽时提高成活率，如长白落叶松、马尾松、油松、枣树、白水杏等。苗木移栽时，将根系放在 50mg/kg 溶液中浸蘸一下即可。1g 生根粉可处理 3000～6000 棵。

（4）ABT 4 号生根粉 又名作物增产灵，用于提高农作物产量，如水稻、小麦玉米、大豆、花生、棉花及叶菜类等。用 10mg/kg 溶液浸种或在作物苗期喷洒叶面，用 25mg/kg 溶液拌种或浸根，均有良好的增产效果。

（5）ABT 5 号生根粉　又名人参增产灵，用于人参、三七、甜菜、甘薯、马铃薯等作物，能促进根或地下茎生长，提高产品产量与质量。移栽时用 25mg/kg 溶液浸根或喷洒叶面。

（6）ABT 6～10 号生根粉　又称 ABT 绿色植物生长调节剂，为水溶性非污染型多种作物增产剂，可用于种子、种薯、种苗处理与叶面喷洒。

注意事项

（1）配制溶液时，忌用金属容器。

（2）现配现用。

（3）1～5 号生根粉必须先用少许酒精溶解后再加水。

（4）如长时间未使用需放冰箱内（0～5℃）贮存。

吲哚乙酸

（indolyle acetic acid）

$C_{10}H_9NO_2$，175.19，87-51-4

化学名称　3-吲哚乙酸。

其他名称　生长素，异生长素，吲哚醋酸，茁壮素，吲哚-3-乙酸，β-吲哚乙酸，2-（3-吲哚基）乙酸，indole-3-acetic acid，1H-Indole-3-acetic acid。

理化性质　纯品无色叶状结晶或结晶性粉末，见光速变为玫瑰色，熔点 168～169℃。易溶于无水乙醇、醋酸乙酯、二氯乙烷，可溶于乙醚和丙酮。不溶于苯、甲苯、汽油及氯仿。微溶于水，20℃水中的溶解度为 1.5g/L，其水溶液能被紫外光分解，但对可见光稳定。在酸性介质中很不稳定，在无机酸的作用下迅速胶化，水溶液不稳定，其钠盐、钾盐比游离酸本身稳定。易脱羧成 3-甲基吲哚（粪臭素）。

毒性　小鼠急性经皮 LD_{50} 为 1000mg/kg，腹腔内注射 LD_{50} 为

150mg/kg；鲤鱼 LC_{50}（48h）＞40mg/kg；对蜜蜂无毒。

作用机制与特点　吲哚乙酸属植物生长促进剂，最初曾称为异植物生长素。生理作用广泛，具有维持顶端优势、诱导同化物质向库（产品）中运输、促进坐果、促进植物插条生根、促进种子萌发、促进果实成熟及形成无籽果实等作用，还具有促进嫁接接口愈合的作用。主要作用是促进细胞伸长与产生，也能使茎、下胚轴、胚芽鞘伸长，促进雌花分化，但植株内由于吲哚乙酸氧化酶的作用，使脂肪酸侧链氧化脱羧而降解。试验证明，只有在生长素与细胞分裂素的共同作用下，才能完成细胞分裂过程。吲哚乙酸被植物吸收后，只能从顶部自上而下输送。生长素类物质具有低浓度促进，高浓度抑制的特性，其效应往往与植物体内的内源生长素的含量有关。如当果实成熟时，内源生长素含量较低，外施生长素可延缓果柄离层形成，防止果实脱落，延长挂果时间。而果实正在生长时，内源生长素含量较高，外施生长素可诱导植物体内乙烯的合成，促进离层形成，有疏花疏果的作用。在植物组织培养中使用，可诱导愈伤组织扩大和生根。

剂型　98.5％原粉，可湿性粉剂。

适宜作物　可用于促进水稻、花生、棉花、茄子和油桐种子萌发。促使李树、苹果树、柞树、松树、葡萄、桑树、杨树、水杉、亚洲扁担秆、绣线菊、马铃薯、甘薯、中华猕猴桃、西洋常春藤等插条生根。促进马铃薯、玉米、青稞、蚕豆、斑鸠菊、麦角菌、甜菜、萝卜和其他豆类的生长，提高产量。控制水稻、西瓜、番茄和应用纤维的大麻性别和促使单性结实。

应用技术

（1）促进种子萌发

① 水稻　种子在播种前以 10mg/kg 吲哚乙酸钠盐和乙二胺四乙酸二钠盐溶液处理，可促进出苗和生根。但浓度为 50mg/kg 时会抑制生长。

② 花生　以 10～25mg/kg 吲哚乙酸水溶液浸泡花生种子 12h，可促进种子萌发和提高花生产量。低浓度（10mg/kg）效果更好，而高浓度（25mg/kg）可略微提高花生中的油和粗蛋白质含量，并降低糖类的含量。

③ 棉花　在播种前，以 0.5～2.5mg/kg 吲哚乙酸溶液浸泡种子3～12h，能促进根的生长。

④ 茄子　以 1mg/kg 吲哚乙酸溶液浸泡茄子种子 5h，可促进萌发，

但会增加畸形幼苗的数量。

⑤ 马铃薯　插条生根后移植于培养基中，诱导其在高糖分的培养基中生长块根，吲哚乙酸可促进块根形成；在低糖分培养基中，由于不能供应充分的糖类，则不起作用。

⑥ 油桐　在种子播种前先用水浸泡 12h，再用 50～500mg/kg 吲哚乙酸溶液浸泡 12h，可促进萌发。将湿种子在低温 0～10℃ 下放置 15min，可提高萌发速度和萌发率，但在 15℃ 下则有抑制作用。

⑦ 甜菜　处理甜菜种子，可促进发芽，增加块根产量和含糖量。

（2）促进作物生长，提高产量

① 马铃薯　在种植前用 50mg/kg 吲哚乙酸溶液浸泡种薯 12h，可增加种薯吸水量，增强呼吸作用，增加种薯出苗数、植株总重和叶面积，有利于增加产量。在生长早期用 50mg/kg 吲哚乙酸溶液，也可加磷酸二氢钾（10g/L）喷洒马铃薯，可促进植株生长，提高叶片中过氧化氢酶活性，增加光合作用强度及叶片和块茎中维生素 C 与淀粉的含量。但只有在早期喷洒才有增产效果。

② 玉米　种子以 10mg/kg 吲哚乙酸溶液浸泡，可增产 15.6%；以 10mg/kg 的吲哚乙酸和赤霉素混合液浸泡，增产效果更明显。

③ 青稞（裸麦）种子　种子以 80mg/kg 吲哚乙酸水溶液处理 5h，可增加植株分蘖数和叶面积总量，春化作用延长 5d，提高抗寒性，使之生长良好，产量明显增加。

④ 甜菜　植株 5 叶期用 20mg/kg 的吲哚乙酸溶液喷洒 1 次，15d 后再喷 1 次。第二次喷洒时，每公顷施入过磷酸钙 25kg，能增强光合作用和呼吸强度及磷酸酶的活性，提高植株抗旱能力，增加甜菜含糖量和产量。

⑤ 萝卜　以 30～90mg/kg 该溶液处理萝卜种子或幼苗，可促进生长，增加内源激素。

⑥ 斑鸠菊　在植株开花前用 75mg/kg 吲哚乙酸溶液喷洒，可显著促进植株的营养生长和生殖生长，明显增加种子产量。

⑦ 麦角菌　在麦角菌培养液中加入 1mg/kg 吲哚乙酸，可使其生物碱增加 0.2～6 倍；加入 5mg/kg 时生物碱产量增加更多。

⑧ 蚕豆　用 10～100mg/kg 的吲哚乙酸溶液浸泡种子 24h，可增加果荚数和种子重量，增加种子多糖含量，如浸种时间超过 48h，则效果变差。

⑨ 其他豆类　种子在播种前，以 50mg/kg 的吲哚乙酸溶液浸泡，

或在盛花期喷洒，可增加根瘤的数量、体积、干重和植株中的总氮量。

（3）促进插条生根

① 李树、苹果树、柞树、松树等　用 20～150mg/kg 吲哚乙酸钾盐水溶液处理插条，能促进生根。品种不同使用浓度有差异。

② 葡萄　以 0.01mg/kg 吲哚乙酸溶液处理葡萄插条，可促进生根、增加果实产量。冬季在葡萄插条的顶端用该试剂处理，可诱导基部生根，但处理基部则不生根。

③ 桑树　以 100mg/kg 吲哚乙酸溶液处理桑树插条，生根率达 98%。

④ 杨树　插条在种植前浸于 150mg/kg 或 2500mg/kg 吲哚乙酸溶液中 24h，能促进生根，并增加幼苗生长速度。

⑤ 水杉　用 100～1000mg/kg 吲哚乙酸钾盐水溶液浸泡插条，可促进根和芽的形成。

⑥ 亚洲扁担秆　亚洲扁担秆用一般扦插法繁殖不易成活，在压枝时应用 1000mg/kg 吲哚乙酸溶液处理，有良好的生根效果。

⑦ 绣线菊　插条经 300mg/kg 吲哚乙酸溶液处理，对于根的形成有良好的效果。生根难度小一些的插条，用 200mg/kg 吲哚乙酸溶液处理即可。

（4）控制性别和促使单性结实

① 水稻　用 200mg/kg 吲哚乙酸溶液处理日本水稻品种赤穗，可促使雌性发育、雄性隐退，降低雄蕊数目，使部分雄蕊转变为雌蕊和多子房雌蕊。

② 西瓜　用 100mg/kg 吲哚乙酸溶液处理西瓜花芽，隔日一次，可诱导雌花发生。

③ 大麻　用 100mg/kg 吲哚乙酸溶液处理后，能促进雄性特征出现。

④ 番茄　盛花期用 10mg/kg 吲哚乙酸溶液浸蘸花簇，可诱导单性结实，增加坐果，产生无籽果实。

注意事项

（1）吲哚乙酸（IAA）在植物体内易分解，会降低应有的效能，可在 IAA 溶液中加入儿茶酚、邻苯二酚、咖啡酸、槲皮酮等多元酚类，抑制植物体内吲哚乙酸氧化酶的活性，减少对其降解。

（2）吲哚乙酸见光易分解，不稳定，易溶于无水乙醇、丙酮、乙酸乙酯、二氯乙烷等有机溶剂，不溶于水。其钠盐、钾盐比较稳定，因而配制溶液时应先用少量碱液（如 1mol/kg NaOH 或 KOH）溶解，形成钠盐或钾盐；再加水稀释到使用浓度。吲哚乙酸也可以配成 1000mg/kg 母液放于 4℃冰箱中备用，使用时按比例稀释到所需浓度，避光保存。也可以将吲哚乙酸结晶溶于 95%乙醇中，到全溶为止，即配成约 20%乙醇溶液。然后将乙醇溶液徐徐倒入一定量水中再定容。切忌将水倒入乙醇溶液中。如出现沉淀，则要重配。配制成溶液后遇光或加热易分解，应注意避光保存。

吲熟酯

（ethychlozate）

$C_{11}H_{11}N_2O_2Cl$，238.67，27512-72-7

化学名称　5-氯-1 氢-3-吲唑-3-基乙酸乙酯。

其他名称　丰果乐，富果乐，Figaron，J-455，IZAA。

理化性质　纯品为白色针状结晶，熔点 75～77.6℃，分解点为 250℃以上，难溶于水，易溶于甲醇、丙酮、乙醇等。在一般条件下贮藏较稳定，遇碱易分解。在植物体内易分解，在土壤中易被微生物分解。施用后 3～4h 遇雨，将降低应用效果。

毒性　大白鼠口服 LD_{50} 为 4800～5210mg/kg，小白鼠为 1580～2740mg/kg。大鼠急性经皮 LD_{50}＞10000mg/kg，对兔皮肤和眼睛无刺激作用。

作用机制与特点　吲熟酯可经过植物的茎、叶吸收，然后输送到根部，在植物体内阻抑生长素运转，增进植物根系生理活性，促进生根，增加根系对水分和矿质元素的吸收，控制营养生长，促进生殖生长，使光合产物尽可能多地输送到果实部位；也可促进乙烯的释放，使幼果脱落，起到疏果作用；还可以改变果实成分，有增糖作用，改善果实品质。

适宜作物　主要用于苹果、梨、桃、菠萝、葡萄、甘蔗，增加其含糖量和氨基酸含量。

剂型 95％粉剂，20％乳油。

应用技术

（1）苹果、梨、桃 苹果花瓣脱落 3 周后，用 50～200mg/kg 吲熟酯溶液喷叶，可起到疏果作用。当未成熟果实开始落果前，用 50～100mg/kg 吲熟酯溶液喷洒，可防止果实脱落，也可防止梨和桃采前落果。

（2）柑橘 盛花期后 2～3 个月，正值 6 月份生理落果期，用 100～300mg/kg 吲熟酯溶液喷施叶面，可起到疏果的作用。有报道对温州蜜柑在其盛花期后 35～50d，用 100～200mg/kg 吲熟酯溶液喷洒，疏果效果好，且不会产生落叶的副作用，为理想的疏果剂，并可增加柑橘果实中可溶性固形物，提高糖酸比，加速果实着色，改变氨基酸组成，明显地减少浮皮。

（3）菠萝、葡萄、甘蔗 菠萝收获前 20～30d，喷施 100～200mg/kg 吲熟酯溶液，可促进果实成熟，提高固态糖含量。对葡萄和甘蔗也有增加固态糖的效果。

（4）枇杷 用 75mg/kg 的吲熟酯溶液于生长期喷施，可降低枇杷酸度，提高糖酸比和维生素 C 含量，改善果实品质。

（5）西瓜 在幼瓜 0.25～0.5kg 时，施药浓度为 50～100mg/kg，喷后瓜蔓受到抑制，使其早熟 7d，糖度增加 10％～20％，且果肉中心糖与边糖的梯度较小，同时亩产增加 10％。

（6）甜瓜 厚皮甜瓜在受精后 20d 和 25d，以 1％的吲熟酯 1000～1300 倍液喷洒着果部位以上的茎叶，可促进果实生长速度，加快果实的膨大。

注意事项

（1）吲熟酯遇碱会分解，在用药前 1 周和用药后 1～2d 内，避免施用碱性农药。

（2）宜在生长健壮的成年树上使用，弱树不宜使用。连续多年使用有减弱树势的趋势。

（3）作为柑橘疏果剂使用，适宜的最高气温为 20～30℃，高于 30℃会造成落果过多，低于 20℃疏果效果不佳。用药后即使遇雨也不要补喷，否则会脱落过多。

（4）本品最佳施药时期为果实膨大期。

（5）施用该药品的次数以 1～2 次/年为宜，间隔期为 15d。

芸苔素内酯
（brassinolide）

C$_{28}$H$_{48}$O$_6$，480.68，72962-43-7

化学名称　（22R，23R，24R)-2α，3α，22，23-四羟基-β-均相-7-氧杂-5α-麦角甾烷-6-酮。

其他名称　油菜素内酯，油菜素甾醇，BR，农乐利，芸天力，果宝，益丰素，天丰素。

理化性质　外观为白色结晶粉，熔点 256～258℃，水中溶解度为5mg/kg，易溶于甲醇、乙醇、四氢呋喃、丙酮等多种有机溶剂。

毒性　原药大白鼠急性经口 LD$_{50}$＞2000mg/kg，急性经皮 LD$_{50}$＞2000mg/kg，对鱼类低毒。

作用机制与特点　芸苔素内酯是甾体化合物中生物活性较高的一种，广泛存在于植物体内。芸苔素内酯较易合成，是运用分子生物学研究的立体异构体，除能抑制植物中氧化酶和水解酶的活性外，还能增加植物呼吸和调节内源激素的平衡，使植物组织保持较高的渗透势和维持保幼延衰的能力，从而促使植物生长、生殖，达到增产目的。芸苔素内酯的处理浓度极低，一般在 10^{-5}～10^{-1}mg/kg 就可起到作用。它能促进作物生长，增加营养体收获量；提高坐果率，促进果实肥大，增加千粒重；提高作物的耐寒性，减轻药害，增加抗病性。具有增强植物营养生长、促进细胞分裂和生殖生长的作用。由于人工合成的 24-表芸苔素内酯活性较高，可经由植物的根、茎、叶吸收，然后传导到起作用的部位，目前农业生产上使用的是 24-表芸苔素内酯。

芸苔素内酯作为第 6 类植物生长调节剂，与前 5 类植物生长调节剂相比，在增产、抗逆、解药害、降农残等方面均有优异表现，具有明显的优势。在预防柑橘黄龙病、修复果树退化机能、降低植株重金属含量、提升盐碱地土壤上农作物生长机能等方面的研究也正在进行中。目前，芸苔素内酯制剂主要以单剂为主，但其与杀菌剂混用，或是与其他植物生长调节剂混用将是未来的一个发展趋势。

适宜作物　芸苔素内酯是一种高效、广谱、安全的多用途植物生长调节剂。可用于水稻、玉米、小麦、黄瓜、番茄、青椒、菜豆、马铃薯、果树等多种作物。

剂型 0.1%可溶性粉剂，0.01%可溶性液剂，0.01%乳油，0.0016%～0.04%水剂等。混剂产品有30%芸苔素内酯·乙烯利水剂，0.4%芸苔素内酯·赤霉素水剂，0.751%芸苔素内酯·烯效唑水剂，0.136%赤霉素·吲哚乙酸·芸苔素内酯可湿性粉剂和22.5%芸苔素内酯·甲哌鎓水剂等。

应用技术

（1）小麦 以0.05～0.5mg/kg浸种24h，促进根系发育，增加株高；以0.05～0.5mg/kg分蘖期喷施叶面，促进分蘖；以0.01～0.05mg/kg于开花、孕穗期喷叶，提高弱势花结实率、穗粒数、穗重、千粒重，同时增加叶片叶绿素含量，从而增加产量。

（2）玉米 玉米穗顶端籽粒败育是影响产量提高的一个重要因素。以0.01mg/kg的芸苔素内酯药液在玉米抽花丝期进行全株喷雾或喷花丝，能明显减少玉米穗顶端籽粒的败育率，使其增产20%左右，在抽雄前处理的效果优于吐丝后施药。处理后的玉米叶片变厚，叶重和叶绿素含量增高，光合作用增强，果穗顶端籽粒的活性增强。另外，吐丝后处理也有增加千粒重的效果。芸苔素内酯与乙烯利混剂在抽穗前3～5d（大喇叭口期）喷施叶面，能够调节玉米的营养生长，提高其抗倒伏能力。

（3）水稻 水稻分蘖后期至幼穗形成期到开花期于叶面喷施有效浓度0.01mg/kg的芸苔素内酯药液，可增加穗重、每穗粒数、千粒重，若开花期遇低温，提高结实率更明显。

（4）棉花 用有效浓度0.02mg/kg的芸苔素内酯药液浸种，可促使种子早发芽，棉苗长势好；用有效浓度0.01mg/kg的芸苔素内酯药液在苗期或开花前喷施，可使棉株粗壮，结蕾多，棉铃大，可提前10～15d采收。在棉花蕾期、初花期和盛花期使用芸苔素内酯和甲哌鎓的复配制剂，比两者单独处理效果都好，有显著的增效作用，表现为提高叶绿素含量和光合速率，促进根系活力，控制植株徒长。

（5）花生 在苗期使用有效成分含量为0.5～1.0mg/kg的芸苔素内酯处理茎叶，对花生幼苗生长发育有一定的促进作用，能使花生单株果针数增加20%以上。在花生生长始花期开始下针时，使用0.02～0.04mg/kg喷施叶面，能使花生生长稳健，单株总果数增加，百果重和百仁重增加，增产效果好，提高花生对低温的抵抗力。

（6）大豆　在大豆生育期多次喷施 0.04mg/kg 芸苔素内酯，能增加大豆有效荚数及百粒重，提高产量。能增加株高和主茎节数，提高产量 10% 以上，但略降低蛋白质和脂肪含量，对大豆种子发芽率基本无影响。

（7）烟草　芸苔素内酯处理烟草可促进烟草植株生长发育，扩大单株叶面积；促进光合作用和物质运输分配。改善烟叶化学成分，烟碱含量可增加 39.4%～76.7%；提高上等烟比例。烟草团棵期后，下午高温过后又有一点光照时，用 0.01mg/kg 的芸苔素内酯，每亩 50～75kg 药液，喷洒叶背面效果较好。

（8）番茄　以 0.01mg/kg 的芸苔素内酯于果实膨大期喷施叶面，每亩用药 25～30kg，可明显增加果实的重量。还可抑制猝倒病和后期的炭疽病、疫病和病毒病的发生。

（9）茄子　以 0.1mg/kg 浸低于 17℃ 开花的茄子花，能促进正常结果。

（10）黄瓜　用有效浓度 0.05mg/kg 的芸苔素内酯药液浸种，然后播种，可提高发芽势和发芽率，增强植株抗寒性；或在苗期或大田期，用 0.01～0.05mg/kg 的芸苔素内酯水溶液进行叶面喷雾，每亩喷药液 25～50kg，第 1 次喷后约 7～10d 再喷第 2 次，共喷 2～3 次，可使第一雌花节位下降，花期提前，坐果率增加，产量增加，品质改善，增加蛋白质、氨基酸、维生素 C 等含量。

（11）芹菜　在芹菜立心期，用 0.001mg/kg 的芸苔素内酯药液于叶面进行喷雾。可使植株增高、增重，叶绿素含量提高，叶色浓绿，富有光泽。如果在收获前 10d 再喷施 1 次，可提高生理活性，增加抗逆力，适合运输贮藏。

（12）油菜　在油菜幼苗期，喷施 0.01～0.02mg/kg 的芸苔素内酯，能促进下胚轴伸长，促进根系生长，提高单株鲜重、氨基酸、可溶性糖和叶绿素含量。

（13）甘蔗　在甘蔗分蘖期和抽节期，用 0.01～0.04mg/kg 的芸苔素内酯溶液于叶面进行喷雾，可增加甘蔗含糖量。

（14）果树　用 0.01mg/kg 的芸苔素内酯药液，在苹果、葡萄、杨梅、桃、梨等果树的初花期和膨果期喷施 2 次，可提高坐果率，使果大形美，口感好。

（15）茶树　上一季节茶叶采收后，用 0.08mg/kg 的芸苔素内酯喷施叶面 1 次，在茶叶抽新梢时喷第 2 次，抽梢后喷第 3 次，能调节茶叶生长，增加产量，增长芽梢，同时降低茶叶的粗纤维含量，提高茶多酚含量。

（16）观赏植物　月季花、康乃馨、茶花、兰花、黄杨、苏铁、仙人掌、银杏、水仙、茉莉花、菊花等用 0.005～0.01mg/kg 的芸苔素内酯药液喷叶面，可使植株生长旺盛，叶色鲜嫩亮丽，花朵增大，花期延长。

芸苔素内酯复配其他药剂：

① 氯吡脲＋芸苔素内酯　氯吡脲膨果效果显著；与芸苔素内酯复配，既能促进果实膨大，又能促进植物生长，保花保果，防止落果，对器官的横向生长和纵向生长都有促进作用，从而起到膨大果实的作用，有效地改善果实的品质。试验证明，用在小麦和水稻上，能增加千粒重，达到增产的效果。

② 叶面肥＋赤霉素＋芸苔素内酯　能促进幼苗生长及果实膨大，促进坐果、增产，促进休眠芽萌发，促进壮苗。喷保果药一般在第二次生理落果前约 15d 喷 1 次，以后每隔约 15d 喷 1 次，一般喷 2～3 次。

③ 芸苔素内酯＋胺鲜酯　芸苔素内酯和鲜露胺鲜酯制剂为水剂，是最近两年流行起来的植物生长调节剂，效果好、安全性高。

④ 芸苔素内酯＋乙烯利　乙烯利可以矮化玉米株高，促进根系发育，抗倒伏，但果穗发育也明显受抑制。与芸苔素内酯复配后处理玉米，相对于单独用乙烯利或芸苔素内酯，根系活力明显增强，后期叶片衰老延缓，并促进了果穗发育，使植株矮化，茎粗，纤维素含量高，茎秆韧性增强，在大风天气里倒伏率大大降低，较对照增产 52.4%。

⑤ 芸苔素内酯＋胺鲜酯＋乙烯利　这种复配方式是最近几年流行起来的玉米控旺的植物生长调节剂，也是现在控制玉米株高最好的植物生长调节剂。该产品克服了单用生长素控制玉米旺长时玉米棒小、秆细减产的副作用，使营养有效地转移到生殖生长上，所以植株表现为矮化、发绿、棒大、棒匀、植株根系发达，抗倒伏能力强。

⑥ 芸苔素内酯＋多效唑　为可溶性粉剂，主要用于果树的控梢和膨大果实，也是最近几年较为流行的果树专用植物生长调节剂，在果树上的应用方兴未艾。

⑦ 芸苔素内酯＋甲哌鎓　芸苔素内酯能够增强光合作用，促进根系发育；甲哌鎓能够协调棉株生长发育，控制棉株旺长，延缓叶片衰老和提高根系活力。研究表明，在棉花蕾期、初花期和盛花期使用芸苔素内酯和甲哌鎓的复配制剂，比两者单独处理效果都好，有显著的增效作

用，表现为提高叶绿素含量和光合速率，促进根系活力，控制植株徒长。

⑧ 芸苔素内酯＋甲哌鎓＋多效唑　甲哌鎓旺长较为迅速，但持效期短，多效唑具有控制营养生长，缩短节间距，促进生殖生长，持效长的特点。将两者复配使用，药效持效长，在控制旺长的同时，增加产量，抗倒伏。

注意事项

(1) 贮存在阴凉干燥处，远离食物、饲料、人畜等。操作时避免溅到皮肤和眼中，操作后用肥皂和清水洗手、脸后再用餐。

(2) 芸苔素内酯活性较高，使用时要正确配制浓度，防止浓度过高引起植株疯长，果实少而小，后期形成僵果等药害症状。

(3) 芸苔素内酯不能与碱性农药混用，以免分解失效。

(4) 施用本剂后要加强肥水管理，充分发挥作物增产效果。

(5) 施用芸苔素内酯时，应按水量的 0.01% 加入表面活性剂，以便药物进入植物体内。

(6) 在倒春寒来临前与 0.2% 的磷酸二氢钾混配喷施，可降低倒春寒对果实落花落果的危害，使作物的抗寒能力增加一到两度，且可最大限度地激活植物体的抗旱、抗逆能力。

增产胺

（DCPTA）

$C_{12}H_{17}Cl_2NO$，262.18，65202-07-5

化学名称　2-(3,4-二氯苯氧基)-乙基-二乙胺，2-(3,4-二氯苯氧基)三乙胺。

其他名称　SC-0046。

理化性质　纯品为液体，有芳香味，难溶于水，可溶于乙醇、甲醇等有机溶剂，常温下稳定。

毒性　低毒。

作用机制与特点　DCPTA 是至今为止所发现的植物生长调节剂中第一个直接作用于植物细胞核，通过影响某些植物的基因、修补残缺的基因来改善作物品质的物质。DCPTA 能显著增加作物产量，显著提高光合作用，增加对二氧化碳的吸收、利用，增加蛋白质、脂类等物质的积累贮存，促进细胞分裂和生长，增加某些合成酶的活性等。

① 增加光合作用　DCPTA 能显著地增加绿色植物的光合作用，使用后叶片明显变绿、变厚、变大。棉花试验表明，用 21.5mg/kg 的 DCPTA 喷施，可增加 CO_2 的吸收 21％，增加干茎重量 69％，棉株增高 36％，茎直径增加 27％，棉花提前开花，蕾铃增多。

② 阻止叶绿素分解　DCPTA 具有阻止叶绿素分解、保绿保鲜、防止早衰的功能。经甜菜、大豆、花生的田间试验证明，DCPTA 能防止老叶叶片褪绿，使其仍具有光合作用功能，防止植物早衰。经花卉离体培养试验表明，DCPTA 可使叶片保绿，防止花、叶衰败。所以，DCPTA 在防早衰方面具有很好的推广前途。

③ 改善品质　DCPTA 可以增加豆类作物中蛋白质、脂类等物质的积累，可以增加有色果类着色，增加水果、蔬菜的维生素、氨基酸等营养物质含量，加强瓜类、水果的香味，改善口感，提高产品的商品价值。

④ 增强抗逆性　DCPTA 可增加作物的抗旱、抗冻、抗盐碱、抗贫瘠、抗干热、抗病虫的能力。在天气恶劣有变化时不减产。

适宜作物　水稻、小麦、玉米等粮食作物；大豆、荷兰豆、豆角、豌豆等豆类作物；大白菜、芹菜、菠菜、生菜、芥菜、空心菜、甘蓝等叶菜类；萝卜、甜菜、马铃薯、甘薯、洋葱、大蒜、芋、人参、西洋参、党参等块根块茎类作物；韭菜、大葱、洋葱、大蒜等葱蒜类；荔枝、龙眼、柑橘、苹果、梨、葡萄、桃、李、枇杷、杏等果树。

应用技术

（1）促进块根块茎生长，增加产量　萝卜、甜菜、马铃薯、甘薯、洋葱、大蒜、芋、人参、西洋参、党参等块根块茎类作物，在成苗期、根茎形成期、膨大期整株均匀喷施 20～30mg/kg 的 DCPTA 药液 3 次，可使果实大幅度膨大，改善品质，增加产量。

甜菜喷施 30mg/kg DCPTA，能促进生长发育，增强甜菜对褐斑病的抗性，同时能显著提高甜菜的含糖量和产糖量。

（2）促进营养生长　大白菜、芹菜、菠菜、生菜、芥菜、空心菜、甘蓝等叶菜类，在成苗期、生长期整株均匀喷施 20～30mg/kg 的 DCPTA 药液，可促使壮苗，提高植株抗逆性，促进营养生长，使长势快，叶片增多，叶片宽、大、厚、绿，茎粗、嫩，达到提前采收的效果。

韭菜、大葱、洋葱、大蒜等葱蒜类，在营养生长期整株均匀喷施20～30mg/kg 的 DCPTA 药液，间隔 10d 以上喷施一次，共 2～3 次，可达到促进营养生长、提高抗性的效果。

（3）膨果拉长

① 大豆、荷兰豆、豆角、豌豆等豆类作物　在 4 片真叶期以后、始花期、结荚期整株均匀喷施 30～40mg/kg 的 DCPTA 药液，不仅可以大幅度提高豆类的产量，还可改善豆类的质量。使大豆的主要营养成分（蛋白质和脂肪）含量提高。

② 番茄、茄子、辣椒、马铃薯、山药等蔬菜　在 4 片真叶期、初花期、花期、坐果期、膨果期整株均匀喷施 20～30mg/kg 的 DCPTA 药液，可使黄瓜、苦瓜、辣椒等膨果拉长，使瓜类增产、提高商品价值，使番茄增色膨果，平均增产 31%。

③ 荔枝、龙眼、柑橘、苹果、梨、葡萄、桃、李、枇杷、杏等果树　在始花期、幼果期、膨果期整株均匀喷施 20～30mg/kg 的 DCPTA 药液，可保花保果，有效促进幼果膨大，使果实大小均匀，味甜着色好。

④ 西瓜、甜瓜、哈密瓜等瓜类　在坐果期、膨果期整株均匀喷施20～30mg/kg 的 DCPTA 药液，可有效提高坐果率，增加单瓜重，增加含糖量从而增加甜味，并提前成熟。

⑤ 香蕉　在花蕾期、果成长期整株均匀喷施 30～40mg/kg 的 DCPTA 药液，可以实现膨果拉长，增加维生素、氨基酸等营养物质含量，改善口感，提高产品的商品性。

⑥ 花生　在始花期、下针期、结荚期整株均匀喷施 30～40mg/kg的 DCPTA 药液，可提高结荚数，膨果增产。

（4）壮苗、壮秆、增强抗逆性

① 水稻、小麦、玉米等粮食作物　在四叶期、拔节期、抽穗扬花期、灌浆期整株均匀喷施 20～30mg/kg 的 DCPTA 药液，可促使壮苗，灌浆充分，提高营养成分含量，增加千粒重，同时增强植株的抗虫性、抗寒性和抗倒性。

② 玉米　在播种前用 1mg/kg 的 DCPTA 药液浸泡 7h，可促使苗壮苗齐。

③ 草坪草　在生长期均匀喷施 10～20mg/kg 的 DCPTA 药液，可促使草坪草苗壮浓绿。

（5）着色，提高品质，增强果香，改善口感

① 荔枝、龙眼、柑橘、苹果、梨、葡萄、桃、李、枇杷、杏等果树　在始花期、幼果期、膨果期整株均匀喷施 20～30mg/kg 的 DCPTA 药液，可增加有色果类着色，增加水果的维生素、氨基酸等营养物质含量，加强水果的香味，改善口感，提高产品的商品价值。

② 西瓜、甜瓜、哈密瓜等瓜类　在四片真叶期、初花期、花期、坐果期、膨果期整株均匀喷施 20～30mg/kg 的 DCPTA 药液，可促进着色，增加含糖量，从而增加甜味，改善口感，提高商品性。

③ 草莓　在四片真叶期以后、初花期、幼果期整株均匀喷施 20～30mg/kg 的 DCPTA 药液，可使膨果增色，提高产量。

④ 茶叶　在茶芽萌动期、采摘期整株均匀喷施 20～30mg/kg 的 DCPTA 药液，可增加茶叶中维生素、茶多酚、氨基酸和芳香物质的含量，提高口感，提高商品性。

（6）保花保果，提高坐果率

① 苹果、梨、柑橘、橙、荔枝、龙眼等果树　在始花期、坐果后、膨果期整株均匀喷施 20～30mg/kg 的 DCPTA 药液，可达到保花保果，坐果率提高，果实大小均匀，味甜着色好，早熟增产的效果。

② 番茄、茄子、辣椒等茄果类　在幼苗期、初花期、坐果后整株均匀喷施 20～30mg/kg 的 DCPTA 药液，可达到增花保果，提高结实率，果实均匀光滑，品质提高，早熟增产的效果。

③ 黄瓜、冬瓜、南瓜、丝瓜、苦瓜、西葫芦等瓜类　在幼苗期、初花期、坐果后整株均匀喷施 20～30mg/kg 的 DCPTA 药液，可达到苗壮、抗病、抗寒，开花数增多，结果率提高，瓜型美观，色正，干物质增多，品质提高，早熟增产的效果。

④ 西瓜、香瓜、哈密瓜、草莓等　在初花期、坐果后、果实膨大期整株均匀喷施 20～30mg/kg 的 DCPTA 药液，可达到味好汁多，含糖量提高，增加单瓜重，提前采收，增产，抗逆性好的效果。

⑤ 桃、李、梅、枣、樱桃、枇杷、葡萄、杏、山楂等　在始花期、坐果后、果实膨大期整株均匀喷施 20～30mg/kg 的 DCPTA 药液，可达到提高坐果率，果实生长快，大小均匀，百果重增加，酸度下降，含糖度增加，抗逆性好，提前采收，增产的效果。

⑥ 香蕉　在花蕾期、断蕾期后整株均匀喷施 30～40mg/kg 的 DCPTA 药液，可达到结实多，果簇均匀，增产早熟，品质好的效果。

⑦ 棉花　在四片真叶期以后、花蕾期、花铃期整株均匀喷施 20～

40mg/kg 的 DCPTA 药液，可增加叶片光合作用，从而使叶片和茎秆干重增加，提前开花，蕾铃数增加，防止落铃。

（7）抗早衰

① 花卉及观赏作物　在成苗后、初蕾期、花期整株均匀喷施 10～20mg/kg 的 DCPTA 药液，使叶片保绿保鲜，防止花叶衰败。

② 烟草　在定植后、团棵期、生长期整株均匀喷施 20～30mg/kg 的 DCPTA 药液，可促使苗壮、叶绿，防早衰。

注意事项

（1）对敏感作物及新品种须先做试验，然后再推广使用。

（2）贮存于阴凉通风处，与食物、种子、饲料隔开。

（3）避免药液接触眼睛和皮肤。

增产灵

（iodophenoxyacetic acid，IPA）

$C_8H_7O_3I$，278.05，1878-94-0

化学名称　4-碘苯氧乙酸。

其他名称　增产灵 1 号，保棉铃，肥猪灵，碘苯乙酸。

理化性质　纯品白色针状或鳞片状结晶，略带刺激性碘臭味，熔点 154～156℃。商品为橙黄色结晶。难溶于冷水，能溶于热水，易溶于醇、醚、丙酮、苯和氯仿等有机溶剂。遇碱金属离子易生成盐，性质稳定，可长期保存

毒性　小白鼠急性口服 LD_{50} 为 1872mg/kg。对鱼类安全。低毒，在使用浓度范围内，对人、畜安全。

作用机制与特点　增产灵为内吸性植物生长调节剂，类似于吲哚乙酸。低浓度的增产灵能调节植物营养器官的营养物质运转到生殖器官，促进开花、结实、提高产量。有促进细胞分裂与分化、阻止离层形成等作用。可刺激植物生长，增强光合能力，加快营养物质运输，提高根系活力，增加对养分的吸收。具有促进生长，防止落花落果，提早成熟和增加产量等作用。

适宜作物　用于棉花可防止蕾铃脱落，增加铃重；用于小麦、水

稻、玉米、高粱等禾谷类作物可减少秕谷，促使穗大、粒饱；用于花生、大豆、芝麻等油料作物，可防止落花、落荚；用于果树、蔬菜、瓜果，可促进生长，提高坐果率。

剂型 95%粉剂，0.1%乳油。一般加工成铵盐使用。

应用技术

（1）增产灵可采用喷雾、点涂或浸种等方法喷施。配制药液时先将原药用酒精或热水溶解，配成母液，再用冷水稀释至规定浓度。

（2）棉花 将30～50mg/kg增产灵药液加温至55℃，将棉籽浸泡8～16h，冷却后播种，可促进壮苗。棉花开花当天用20～30mg/kg药液滴涂在花冠内，或在幼铃上每间隔3～4d滴涂2～3次，用药量7.5～15kg/hm²，可防止棉花蕾铃脱落，增加铃重。在棉花现蕾至始花期，喷洒5～10mg/kg增产灵，或始花至盛花期喷洒10～30mg/kg增产灵1～2次，都能增加单株结铃数，减少10%左右的脱落。特别是对营养生长较差的棉花，减少脱落和增产的效果更为显著。

（3）水稻 移栽前1～2d，喷洒20mg/kg或幼穗分化期喷洒30mg/kg增产灵，能促进水稻生长、茎叶粗壮、根系发达、干物质重增加、分蘖早生快发。单位面积穗数、每粒穗数和千粒重均有增加。增产幅度为12%～19%，其中以秧苗期喷洒增产灵效果最好，且又省工、经济。苗期喷洒10～20mg/kg药液，加快秧苗生长。水稻抽穗、扬花、灌浆期，按20～30mg/kg用量喷洒增产灵，能提高叶绿素含量，增强光合作用，增加对矿物质营养的吸收，促进营养物质转移，加快籽粒灌浆，减少空秕率，提高千粒重，增产效果一般为1%～10%，且能早熟3～5d。

（4）小麦 用20～100mg/kg药液浸种8h，促进幼苗健壮。抽穗期用20～30mg/kg喷洒叶面1次，可提高结实率和千粒重。

（5）玉米 在抽丝、灌浆期，用20～40mg/kg药液喷洒全株或灌注在果穗丝内，可使果穗饱满，防止秃顶，增加穗重、千粒重。

（6）大豆 在大豆始花期和盛花期各喷洒10～20mg/kg的增产灵1次，每公顷喷洒药液30～50kg，可使大豆植株生长、分枝增多、扩大绿色面积、提高光合效率、增加干物质积累、促进花荚发育、提高结荚率。特别对肥力较低的土壤和早熟品种，其作用尤为明显，而对长势旺盛，植株高大的品种，效果则较差。在一般培养条件下，大豆喷洒增产灵后增产幅度为7%～20%。但要注意喷药过早或浓度过大，都会引起植株徒长、倒伏。

（7）花生　于花生开花期和盛花期各喷 1 次 10～20mg/kg 药液，可防止花生落花，能增加果荚数、果仁产量，并能促进早熟，增产 15％左右。

（8）高粱　于开花至灌浆期，喷洒 20mg/kg 增产灵，能使籽粒灌浆饱满，千粒重增加 1～3g，成熟整齐，提早 3～7d，增产 10％左右。繁殖和制种时使用增产灵可调节亲本花期，促进早熟。移栽高粱在栽前 5～7d，喷洒 20mg/kg 增产灵，可缩短缓苗时间。

（9）苹果　元帅苹果于盛花期、落花期喷洒 20mg/kg 增产灵，能提高坐果率 30％左右。在其他作物上的使用方法见表 2。

表 2　增产灵的应用

作物	使用浓度/（mg/kg）	施药时间和方法
葡萄	20	初花期、末花期和果实膨大期各喷 1 次
甘薯	10～20	浸秧、灌根或叶面喷雾
蚕豆、豌豆	10	盛花、结荚期喷 1～2 次
芝麻	10～20	蕾花期喷 2 次
番茄	20～30	蕾花期喷 2 次
黄瓜	5～10	点涂幼果
大白菜	20～30	包心期喷 2 次
茶	10～20	喷雾
白术	10～20	喷雾或浇灌
樟子松幼苗	10～60	每半月喷 1 次，连喷 3 次

注意事项

（1）增产灵不溶于水，配制药液时先用适量乙醇溶解。也可用开水溶解，充分搅匀（不要有沉淀），然后加水稀释至所需浓度。药液如有沉淀，可加入少量纯碱促使溶解。

（2）花期喷药宜在下午进行，以免药液喷洒在花蕊上影响授粉，喷药后 6h 内降雨，需再补喷。

（3）浸种时间超过 12h 应适当降低浓度。

（4）使用增产灵应重视氮、磷、钾肥料的施用，只有在科学用肥的基础上才能发挥增产灵的作用。

（5）可与酸性或碱性农药或化肥混用。

增产肟

（heptopargil）

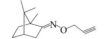

C$_{13}$H$_{19}$NO，205.3，73886-28-9

化学名称　（E）-(1RS,4RS)-崁-2-酮-O-丙-2-炔基肟。

其他名称　Limbolid，EGYT 2250。

理化性质　本品为浅黄色油状液体，沸点95℃（133Pa），相对密度0.9867。水中溶解性1g/L（20℃），易溶于有机溶剂。

毒性　大鼠急性经口LD$_{50}$（mg/kg）：雄2100，雌2141。大鼠急性吸入LC$_{50}$＞1.4mg/L空气。

作用机制与特点　可由种子吸收，促进发芽和幼苗生长。

适宜作物　玉米、水稻、甜菜。

剂型　50％乳油，用于种子包衣。

应用技术　用于玉米、水稻、甜菜的种子处理，促进种子发芽和幼苗生长，提高作物产量。

增甘膦

（glyphosine）

C$_4$H$_{11}$NO$_8$P$_2$，263.08，2439-99-8

化学名称　N,N-双（膦酸甲基）甘氨酸。

其他名称　草甘双膦，催熟磷，Polaris，CP-41845。

理化性质　纯品为白色结晶固体，有霉臭味。熔点200℃，熔化时分解。易溶于水，在水中溶解度（20℃）为248mg/kg。对光稳定。

毒性　原药急性口服LD$_{50}$大鼠为3925mg/kg，小鼠为2800mg/kg；大鼠经皮LD$_{50}$＞3000mg/kg，兔经皮LD$_{50}$＞5010mg/kg。对人、畜皮肤、眼睛无太大的刺激作用，对兔眼睛有强烈刺激作用，对皮肤有中等刺激作用。兔、狗饲喂 90d 无不良作用，对动物无致畸、致突变、致癌作用。甘蔗允许残留量为 1.5mg/kg。

作用机制与特点　属于能刺激植物生成乙烯的药剂。通过植物叶面吸收，抑制植物顶芽生长，促进侧芽生长。也抑制酸性转化酶的活性，在低浓度时可延缓作物生长，减少呼吸消耗，增加糖分积累，并具有催熟作用；在高浓度时，是一种除草剂。主要用于甘蔗、甜菜等作物，以增加糖分含量；用于棉花，可脱叶催熟。因易被微生物降解，只能喷洒叶面，不宜作土壤浇灌。

剂型　主要剂型为 85% 粉剂。

适用作物　通过植物叶面吸收，对甘蔗、西瓜、糖用甜菜、玉米等的成熟及含糖量有显著作用。在高浓度下，被用作棉花脱叶剂。

应用技术

（1）甘蔗　收获前 4～8 周作叶面喷洒，用 3750g/hm² 喷顶部叶片，可增加甘蔗节间糖的含量，并有促进提前成熟的效果。

（2）糖用甜菜　收获前 4 周用 750g/hm² 叶面喷洒，可提高含糖量。

（3）西瓜　于西瓜直径 5～10cm 时以 750g/hm² 叶面喷洒，可提高含糖量。

（4）玉米　在 6～7 叶期，用 500～700mg/kg 增甘膦溶液喷洒，使玉米茎秆矮壮，防止玉米倒伏，减少玉米棒秃尖现象，增加产量。

（5）棉花　棉花吐絮期每亩用 85% 可湿性粉剂 37.4g 加水 50kg 喷洒，7 天内有 70%～90% 棉花叶脱落。

（6）苹果、梨　采前 9 周喷 1500mg/kg。

注意事项

（1）严格掌握使用浓度，以免产生药害。避免与皮肤、眼睛接触，操作后用清水洗手。施药后要及时清洗喷药器具。

（2）喷药时千万不要与其他农药混用，病瓜不要喷药。处理后 4h 如遇雨不受影响。不宜土壤浇灌，在土壤中无活性。

（3）在使用时注意用清洁水稀释药液，以免影响药效。

（4）用聚氯乙烯塑料袋包装，贮存在阴凉干燥通风处；在运输过程中防淋、防晒，不得与有污染的产品混放。

（5）晴天处理效果好，应用时需加入适量活性剂。

增色胺

（CPTA）

$C_{12}H_{19}Cl_2NS$，280.3，13663-07-5

化学名称　2-对氯苯硫基三乙胺盐酸盐。

理化性质　纯品熔点 123－124.5℃。溶于水和有机溶剂。在酸介质中稳定。

作用机制与特点　通过叶片和果实表皮吸收，传导到其他组织。可增加类胡萝卜素的含量。作用机制有待于进一步研究。

适宜作物　番茄、柑橘等。

应用技术　增色胺可增加番茄和柑橘属植物果实的色泽。在橘子由绿转黄色时用 2500mg/kg 药液喷雾。番茄接近成熟时喷增色胺可诱导红色素产生，加速由绿色向红色转变。

增糖胺

（sustar）

$C_{10}H_{11}F_3N_2O_3S$，296.27，47000-92-0

化学名称　3′-(1,1,1-三氟甲烷磺酰氨基)-P-乙酰对甲苯胺。

其他名称　撒斯达，MBR-6033。

理化性质　纯品为白色结晶固体，熔点 175～176℃。溶于甲醇和丙酮。水中溶解度 130mg/kg。

毒性　其二乙醇胺盐对大鼠急性经口 LD_{50} 为 2576mg/kg，小鼠 1000mg/kg。对皮肤无刺激性。

作用机制与特点　增糖胺作为植物生长调节剂，可作为矮化剂，增糖胺还可作为除草剂。

适宜作物　本品作甘蔗催熟剂，在收获前 6～8 周喷施，可以增加甘蔗含糖量。也可作为草坪草与某些观赏植物的矮化剂。

剂型 一般使用其二乙醇胺盐。

应用技术 抑制草坪草茎的生长及盆栽植物的生长。剂量1～3kg（a.i.）/hm²。也可用于甘蔗上，在收获前6～8周，以0.75～1kg（a.i.）/hm²剂量整株施药，可加速成熟和提高含糖量。

注意事项 按照一般农药的要求处理，要避免药液与皮肤和眼睛接触；勿吸入药雾。本品无专用解毒药，应按照出现中毒症状作对症治疗。

整形素

（chlorflurenol-methy）

$C_{15}H_{11}ClO_3$，274.7，2536-31-4

化学名称 氯-9-羟基芴-9-羧酸甲酯。

其他名称 形态素、疏果丁、氯芴醇、氯甲丹、整形剂。

理化性质 微溶于水，溶于乙醇丙酮等。熔点152℃，沸点385.02℃，折射率1.4585，贮存条件0～6℃，酸度系数10.87±0.20，水溶解性18mg/kg（20℃）。

毒性 大鼠急性口服LD_{50}为3100mg/kg。

作用机制与特点 整形素是一种芴类植物生长素的抑制剂，药剂通过茎叶吸收，被植物内吸后传导至全身，阻碍内源激素从顶芽向下转运，提高吲哚乙酸氧化酶活性，使生长素含量下降。幼嫩组织中药剂的含量较高，抑制顶端分生组织有丝分裂，减慢分裂速度，拉长线粒体，从而抑制节间伸长，使叶面积缩小，阻碍生长素从顶芽向下传导，减弱顶端优势，促进侧芽生长，形成丛生株，并抑制侧根形成，使植物发育成矮小灌木状。整形素还具有使植株不受地心引力和光影响的特性。

适宜作物 橡胶树、菜花、萝卜、葡萄、番茄、黄瓜等。

应用技术

（1）提高胶乳产量，在割胶期以1％整形素与8％乙烯利复合制剂涂切口，每株含整形素0.024g，一般比单用乙烯利增产20％以上。

（2）促进菜花花球提前成熟，在12～14片叶时，以1000mg/kg药液喷洒全株一次，可使25％植株提早采收。

（3）减少萝卜空心，在收前20天，用100～1000mg/kg药液喷洒一次，可减少空心，改善品质。

（4）诱导愈伤组织和不定根的形成，将1mg/kg的整形素加入含吲哚乙酸的培养基中，可诱导葡萄扦插枝条不定根的形成。

（5）诱导无籽果实，用0.1～100mg/kg的整形素处理去雄后的番茄，可形成无籽番茄果。

（6）黄瓜三叶期用100mg/kg药液喷一次，可长成无籽黄瓜。

（7）矮化植株，大多数单、双子叶植物，在顶端生长期，用100～1000mg/kg药液喷洒一次，都可抑制顶端生长，促进侧芽、侧枝生长，使植株矮化，株型紧凑。

（8）常用于盆景的造型，使植株成为丛生形态。有些用途在扩大中。

注意事项 整形素燃烧时会产生有毒氯化物气体，因此库房保存应通风、低温、干燥。

正葵醇
（n-decanol）

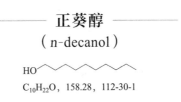

$C_{10}H_{22}O$，158.28，112-30-1

化学名称 正-葵醇或葵-1-醇。

其他名称 1-葵醇，葵醇，葵烷-1-醇，壬基甲醇，第十醇，正-十碳醇，Agent 148；Sucker Agent 504；Alfol-10；Fair-85；Royaltac M-2；Royaltac 85；Sellers 85。

理化性质 黄色透明黏性液体，具有强折光性，凝固时成叶状或长方形板状结晶。6.4℃固化形成长方形片状体，沸点232～239℃（93.3kPa），107～108℃（0.93kPa），相对密度0.8297（20℃/4℃），折光率1.4371，闪点82℃，黏度13.8MPa•s。微溶于水，水中溶解度2.8％（质量），溶于冰醋酸、乙醇、苯、石油醚，极易溶于乙醚。

毒性 大鼠急性经口LD_{50}为18000mg/kg，小鼠急性经口LD_{50}为6500mg/kg。对皮肤和眼睛有刺激性，吸入、摄入或经皮肤吸收后对身体有害。有强烈刺激作用，接触后可引起烧灼感、咳嗽、喉炎、气短、头痛、恶心和呕吐等症状。接触时间长能引起麻醉作用。

作用机制与特点 本品为接触性植物生长抑制剂，用以控制烟草腋芽。

适宜作物 在农业方面，可用作除草剂；作为生长调节剂，主要用以控制烟草腋芽。

剂型 63％、79％、85％溶液剂，78.4％、85％乳油。

应用技术 561kg 水中加浓液剂 16.8～22.5kg 可喷 $1hm^2$。施药时间为烟草拔顶约 1 周或拔顶后 2 天进行，在第 1 次喷药后 7～10d，再喷第 2 次，一般在施药后 30～60min 即可杀死腋芽。

注意事项

（1）采取一般防护，避免药液接触皮肤和眼睛，勿吸入药雾。如药液溅到皮肤和眼睛，要用肥皂水冲洗。脱下的工作服需经洗涤后再用。

（2）药品贮存于低温、干燥、通风处，远离热源、食物及饲料。误服后可大量饮用牛奶、蛋白或白明胶水溶液，催吐，勿饮酒类，并迅速送医院。

仲丁灵

（butralin）

$C_{14}H_{21}N_3O_4$，295.33，33629-47-9

化学名称 *N*-仲丁基-4-叔丁基-2,6-二硝基苯胺。

其他名称 止芽素、地乐胺、比达宁、硝苯胺灵、双丁乐灵、A-820、Amchem70-25、AmchemA-820，TAMEX。

理化性质 略带芳香味橘黄色晶体，熔点 60～61℃，沸点 134～136℃/0.5mmHg，溶解度水中 1mg/kg（24℃），丁酮 9.55g/kg，丙酮 4.48g/kg，二甲苯 3.88g/kg，苯 2.7g/kg，四氯化碳 1.46g/kg（24～26℃）。265℃分解，光稳定性好，贮存 3 年稳定，不宜低于－5℃下存放。

毒性 大鼠急性口服 LD_{50} 为 2500mg/kg，急性经皮 LD_{50} 为 4600mg/kg，急性吸入 LC_{50} 为 50mg/L 空气。鱼毒：鲤鱼 LC_{50} 4.2mg/kg，鳟鱼 LC_{50} 3.4mg/kg。对黏膜有轻度刺激作用。

作用机制与特点 仲丁灵为选择性芽前土壤处理的除草剂，其作用与氟乐灵相似，药剂进入植物体后，主要抑制分生组织的细胞分裂，从而抑制杂草幼芽及幼根生长。亦可作植物生长调节剂使用，控制烟草腋芽生长。

适宜作物 适用于大豆、茴香、胡萝卜、西红柿、青椒、茄子、韭菜、芹菜、菜豆、萝卜、大白菜、黄瓜、蚕豆、豌豆、牧草、棉花、水稻、玉米、向日葵、马铃薯、花生、西瓜、甜菜、甘蔗、烟草等作物田中防除稗草、牛筋草、马唐、狗尾草等1年生单子叶杂草及部分双子叶杂草。对大豆田菟丝子也有较好的防除效果。亦可用于控制烟草腋芽生长。

应用技术

（1）播种前或移栽前土壤处理 大豆、茴香、胡萝卜、育苗韭菜、菜豆、蚕豆、豌豆和牧草等在播种前，每亩用48%地乐胺200～300g兑水作地表均匀喷雾处理。西红柿、青椒和茄子在移栽前每亩用48%乳油200～250g兑水均匀喷布地表，混土后移栽。

（2）播后苗前土壤处理 大豆、茴香、胡萝卜、芹菜、菜豆、萝卜、大白菜、黄瓜和育苗韭菜在播后出苗前，每亩用48%乳油200～250g兑水作土表均匀喷雾。花生田在播前或播后出苗前，每亩用48%仲丁灵乳油150～200g兑水均匀喷布地表，如喷药后进行地膜覆盖效果更好。

（3）苗后或移栽后进行土壤处理 水稻插秧后3～5d用48%仲丁灵乳油125～200g拌土撒施。

（4）茎叶处理 在大豆始花期（或菟丝子转株危害时），用48%仲丁灵乳油100～200倍液喷雾（喷液量75～150g/m²），对菟丝子及部分杂草有良好防治效果。

（5）烟草抑芽 烟草打顶后24h内用36%乳油兑水100倍液从烟草打顶处倒下，使药液沿茎而下流到各腋芽处，每株用药液15～20g。

注意事项

（1）使用仲丁灵一般要混土，混土深度3～5cm可以提高药效。在低温季节或用药后浇水，不混土也有较好的效果。

（2）防除菟丝子时，喷雾要均匀周到，使缠绕的菟丝子都能接触到药剂。

（3）作烟草抑芽剂使用时，不宜在植株太湿、气温过高、风速太大时使用。

（4）避免药液与烟草叶片直接接触。已经被抑制的腋芽不要人为摘除，避免再生新腋芽。

（5）施药时注意安全防护。

坐果酸

（clocxyfonac）

$C_9H_9ClO_4$，216.6，6386-63-6

化学名称　4-氯-2-羟甲基苯氧基乙酸。

其他名称　CHPA，PCHPA。

理化性质　纯品为无色结晶，熔点 $140.5 \sim 142.7℃$，蒸气压 $0.089MPa$（25℃）。溶解度（g/kg）：水 2，丙酮 100，二氧六环 125，乙醇 91，甲醛 125；不溶于苯和氯仿。稳定性，40℃以下稳定，在弱酸、弱碱性介质中稳定，对光稳定。

毒性　雄性和雌性大、小鼠急性经口 $LD_{50} > 5000mg/kg$，雄性和雌性大鼠急性经皮 $LD_{50} > 5000mg/kg$。对大鼠皮肤无刺激性。

作用机制与特点　属芳氧基乙酸类植物生长调节剂，具有类生长素作用。

适宜作物　番茄和茄子。

应用技术　在花期施用，有利于促进番茄和茄子坐果，并使果实大小均匀。

参 考 文 献

[1] 陈馥衡, 李增民, 陈光明, 等. 新型水稻生育调节剂抗倒胺的研制. 农药, 1990, 29 (3): 16.

[2] 陈昱君. 三七病虫害防治. 昆明: 云南科技出版社, 2005.

[3] 程伯瑛. 农药使用问答. 太原: 山西科学技术出版社, 2005.

[4] 邓旭明, 何宏轩, 曾忠良. 兽医药理学. 长春: 吉林人民出版社, 2001.

[5] 董学会, 何钟佩, 关彩虹. 根系导入生长素和玉米素对玉米光合产物输出及分配的影响. 中国农业大学学报, 2001, 6(3): 21-25.

[6] 杜连涛, 樊堂群, 王才斌, 等. 调环酸钙对夏直播花生衰老、产量和品质的影响. 花生学报, 2008, 37(4): 32-36.

[7] 高立起, 孙阁. 生物农药集锦. 北京: 中国农业出版社, 2009.

[8] 何晓明, 谢大森. 植物生长调节剂在蔬菜上的应用. 北京: 化学工业出版社, 2010.

[9] 菅向东, 周镁. 中毒急救速查. 济南: 山东科学技术出版社, 2008.

[10] 蒋科技, 皮妍, 侯嵘, 等. 植物内源茉莉酸类物质的生物合成途径及其生物学意义. 植物学报, 2010, 45(2): 137-148.

[11] 李怀方, 李腾武, 宗静, 等. 玉米病虫草鼠害防治. 北京: 知识出版社, 2000.

[12] 里程辉, 冯孝严, 孙乃波, 等. 单氰胺对设施桃物候期及果实品质的影响. 北方园艺, 2012(5): 46-48.

[13] 林起. 氯酸镁对棉花脱叶催熟应用试验. 棉花机械化, 2008(3): 36-38, 43.

[14] 刘乾开, 朱国念. 新编农药使用手册. 上海: 上海科学技术出版社, 2000.

[15] 吕勤, 吕林, 陶洁. 新编农药使用技术. 南宁: 广西科学技术出版社, 2008.

[16] 毛景英, 闫振领. 植物生长调节剂调控原理与实用技术. 北京: 中国农业出版社, 2005.

[17] 闵跃中, 卢普滨. 康壮素(Messenger)在水稻上的应用效果研究初报. 江西农业学报, 2005, 17(4): 152-153.

[18] 彭正萍, 门明新, 薛世川, 等. 腐植酸复合肥对土壤养分转化和土壤酶活性的影响. 河北农业大学学报, 2005, 28(4): 1-4.

[19] 钱万红, 王忠灿, 吴光华. 鼠害防治技术. 北京: 人民卫生出版社, 2011.

[20] 邱立新. 林业药剂械使用技术. 北京: 中国林业出版社, 2011.

[21] 任继周. 草业大辞典. 北京: 中国农业出版社, 2008.

[22] 邵莉楣, 孟小雄. 植物生长调节剂应用手册. 北京: 金盾出版社, 2009.

[23] 沈成国, 金留福. 抗倒胺(Inabenfide)对棉花幼苗生长的影响. 植物学通报, 1997, 14(2): 49-51.

[24] 史春余, 金留福, 傅金民, 等. 抗倒胺对水稻秧苗素质和与抗倒伏有关性状的影响. 植物生理学通讯, 1997, 33(5): 343-344.

[25] 孙振成, 张海燕, 童金春, 等. 玉米素在西葫芦上的应用技术研究. 现代农业科技, 2008 (17): 30.

[26] 谭伟明, 樊高琼. 植物生长调节剂在农作物上的应用. 北京: 化学工业出版社, 2010.

[27] 屠予钦. 农药科学使用指南. 2版. 北京: 金盾出版社, 1993.

[28] 屠豫钦. 农药科学使用指南. 4版. 北京: 金盾出版社, 2009.

[29] 汪诚信. 有害生物治理. 北京：化学工业出版社，2005.

[30] 王青松. 新农药使用手册. 福州：福建科学技术出版社，2001.

[31] 王三根. 植物生长调节剂与施用方法. 北京：金盾出版社，2009.

[32] 王永露，戴继红，王立永. 乙烯利对花生产量的影响. 农技服务，2011，28(6)：786，813.

[33] 王涛，陶章安. 绿色植物生长调节剂应用技术论文集(第三集). 北京：北京科学技术出版社，1999.

[34] 魏民，金焕贵，张世斌. 调环酸钙5%泡腾片调控水稻生长、预防水稻倒伏效果评价. 农药科学与管理，2011，32(9)：55-58.

[35] 吴永汉，叶利勇，陈小影，等. 康壮素在黄瓜上的应用效果. 安徽农业科学，2002，30(4)：596-597.

[36] 向子钧. 常用新农药实用手册. 武汉：武汉大学出版社，2011.

[37] 肖年湘，郁松林，王春飞. 6-BA、玉米素对全球红葡萄果实发育过程中糖分含量和转化酶活性的影响. 西北农业学报，2008，17(3)：227-231.

[38] 徐彦军，刘帅刚. 我国禁用限用农药手册. 北京：化学工业出版社，2011.

[39] 杨健，米洪江. 急性杀鼠迷中毒的诊治(附189例报告). 中国媒介生物学及控制杂志，2002，5：390-391.

[40] 杨平华. 农田植物生长调节剂使用技术. 成都：四川科学技术出版社，2009.

[41] 姚允聪，郭红，孙书玲，等. 常用农药安全使用技术. 北京：中国农业大学出版社，1999.

[42] 叶明儿. 植物生长调节剂在果树上的应用. 北京：化学工业出版社，2011.

[43] 于世鹏，高东升，李治红. 急性中毒. 北京：中国医药科技出版社，2006.

[44] 于维森，高汝钦，靳晓梅. 常见化学性食物中毒快速处置技术. 青岛：中国海洋大学出版社，2009.

[45] 张洪昌，李星林. 植物生长调节剂使用手册. 北京：中国农业出版社，2011.

[46] 张锡刚. 常用农药中毒的预防与救治. 北京：军事医学科学出版社，2010.

[47] 张晓松，曹春田，陈光. 康壮素在辣椒上的应用效果研究初报. 现代农村科技，2011(1)：54.

[48] 张元湖，程炳嵩，郁生福，等. 采前喷施增甘膦对苹果采后生理特性的影响. 山东农业大学学报，1992，23(2)：119-123.

[49] 张宗俭，李斌. 世界农药大全：植物生长调节剂卷. 北京：化学工业出版社，2011.

[50] 赵桂芝. 鼠药应用技术. 北京：化学工业出版社，1999.

[51] 赵国安. 多效唑在水稻育秧上的应用效果及喷施技术. 现代农业科技，2012(7)：189，191.

[52] 郑先福. 植物生长调节剂应用技术. 北京：中国农业大学出版社，2009.

[53] 中华人民共和国农业部. 农民实用技术教育读本. 北京：中国农业出版社，1995.

[54] 朱桂梅. 新编农药应用表解手册. 南京：江苏科学技术出版社，2011.

[55] 朱蕙香. 常用植物生长调节剂应用指南. 北京：化学工业出版社，2002.

[56] 邹华娇. 玉米素对甘蓝生长、增产影响的研究. 农药科学与管理，2007，28(5)：27-28，35.

[57] 蒋卫华，孟启，席海涛，等. $NaHSO_4$绿色催化合成植物生长调节剂乙二醇缩糠醛[J]. 化学试剂，2009，31(12)：985-988.

[58] 徐玫，黄艳刚，董小文，等. 菊乙胺酯增产机理的初步探讨. 新农药，2003，3：29-30.

[59] 毛景英，闫振领. 植物生长调节剂调控原理与实用技术. 北京：中国农业出版社，2005.

[60] 刘刚. 介绍两种新型植物生长调节剂. 四川农业科技, 2006(10): 33.

[61] 新农药介绍. 农药科学与管理. 2003(6): 45-46.

[62] 新农药介绍. 农药科学与管理, 2005(12): 48.

[63] 新农药介绍. 农药科学与管理, 2007(6): 59.

[64] 司宗兴. 创新型植物生长调节剂: 呋苯硫脲. 世界农药, 2007(4): 48, 47.

[65] 杨平华. 农田植物生长调节剂使用技术. 成都: 四川科学技术出版社, 2009: 172.

[66] 霍建明, 乐丽红, 江文凡, 等. 植物生长调节剂在水稻上的应用研究. 天津农业科学, 2010, 16(4): 150-152.

[67] 刘鸿. 植物生长强壮剂: 碧护. 湖南农业, 2011(3): 15.

[68] 苏玉环, 刘保华, 王雪香, 等. 植物生长调节剂麦巨金对冬小麦产量及抗倒性的影响. 河北农业科学, 2014, 18(2): 36-38.

[69] 文廷刚, 陈昱利, 杜小凤, 等. 不同植物生长调节剂对小麦籽粒灌浆特性及粒重的影响. 麦类作物学报, 2014, 34(1): 84-90.

[70] 陈虞超, 巩檑, 张丽, 等. 新型植物激素独脚金内酯的研究进展. 中国农学通报, 2015, 31(24): 157-162.

[71] 俞伟. 新型植物生长调节剂: 瓜果防裂素. 农村新技术, 2016(11): 40.

[72] 陈黎明. 植物生长调节剂二氢卟吩铁. 农药科学与管理, 2018, 39(3): 67-68.

[73] 任丹, 姜鹰. 植物生长调节剂 14-羟基芸苔素甾醇 14-hydroxylated brassinosteroid. 农药科学与管理, 2018, 39(1): 67.

[74] 毛丹, 胡锐, 张俊涛, 等. 农作物科学用药手册. 郑州: 中原农民出版社, 2018: 304.

[75] 白小宁, 李友顺, 王宁, 等. 2017 年我国登记的新农药. 农药, 2018, 57(2): 79-84.

[76] 白小宁, 李友顺, 王宁, 等. 2018 年我国登记的新农药. 农药, 2019, 58(3): 165-169.

[77] 王宁, 周蔚, 许国建, 等. 解析我国农药登记产品现状. 农药市场信息, 2018(17): 30-32.

[78] 周洲. 氨基乙氧基乙烯基甘氨酸和 MAP 对冷藏和货架期猕猴桃果实品质的影响. 中国果业信息, 2019, 36(5): 63-64.

[79] 黎家, 李传友. 新中国成立 70 年来植物激素研究进展. 中国科学: 生命科学, 2019, 49(10): 1227-1281.

[80] 芦志成, 张鹏飞, 李慧超, 等. 中国农药创制概述与展望. 农药学学报, 2019, 21(Z1): 551-579.

[81] 李友顺, 白小宁, 袁善奎, 等. 2019 年及近 7 年我国农药登记情况和特点分析. 农药市场信息, 2020(10): 28-31.

[82] 欧阳倩, 王毅梅, 夏文斌. 水培蔬菜中植物生长调节剂的功能与危害. 食品安全导刊, 2020(3): 50-51, 57.

[83] 中农立华原药公司. 植物生长调节剂: 噻苯隆. 农村新技术, 2020(4): 43.

[84] 郑晨. 新型植物生长调节剂独脚金内酯生物学功能及应用. 湖北农业科学, 2020, 59(2): 9-13.

农药英文通用名称索引

（按首字母排序）